U0248570

中文版 **Dreamweaver+ Flash+Photoshop**
网页设计从入门到精通

王新颖　李少勇 编著

中国铁道出版社
CHINA RAILWAY PUBLISHING HOUSE

内 容 简 介

本书结合大量实例,全面、翔实地介绍了使用 Dreamweaver、Flash 和 Photoshop 制作网页的方法和技巧。全书共分 16 章,具体内容包括网页基础知识及网页色彩知识,Dreamweaver CS5.5快速入门,创建基本图文网页,网页中的表格和 AP Div,超链接与多媒体,使用 CSS 美化网页,Flash CS5.5 快速入门,Flash CS5.5 工具详解,素材文件的导入和元件、实例的使用,制作 Flash 动画,Photoshop CS5.1 快速入门,色彩调整与图层的使用,文字、路径与网页切片输出,以及制作鲜花店网站、学校网站和公司网站页面。

本书附赠光盘中包含书中实例的语音视频教程、源文件和素材文件。

本书适合网页制作的初级读者学习,可作为在校学生,网页设计、平面设计、广告设计等相关行业的从业人员,以及网页制作爱好者理想的参考书;同时,本书也可作为大中专院校网页设计、平面设计、广告设计等相关专业及网页设计培训班的教材。

图书在版编目(CIP)数据

中文版 Dreamweaver+Flash+Photoshop 网页设计从入门到精通 / 王新颖,李少勇编著. — 北京:中国铁道出版社,2012.10

ISBN 978-7-113-14972-7

Ⅰ. ①中… Ⅱ. ①王… ②李… Ⅲ. ①网页制作工具 Ⅳ. ①TP393.092

中国版本图书馆 CIP 数据核字(2012)第 137367 号

书　　名:中文版 Dreamweaver+Flash+Photoshop 网页设计从入门到精通
作　　者:王新颖　李少勇　编著

策划编辑:于先军	读者热线电话:010-63560056
责任编辑:于先军	特邀编辑:赵树刚
责任印制:赵星辰	

出版发行:中国铁道出版社(北京市西城区右安门西街 8 号　　邮政编码:100054)
印　　刷:北京新魏印刷厂
版　　次:2012 年 10 月第 1 版　　2012 年 10 月第 1 次印刷
开　　本:787mm×1 092mm　1/16　印张:28.75　字数:681 千
书　　号:ISBN 978-7-113-14972-7
定　　价:59.80 元(附赠 1DVD)

Dreamweaver、Flash、Photoshop 三个软件的组合，是当前大家在进行网页设计时经常使用的软件，这三套软件的共同点就是简单易懂、容易上手，而且可以保证让用户的设计展现出不同的风采。

本书内容

Dreamweaver、Flash、Photoshop 是目前网页制作的首选工具。本书结合大量实例，全面、翔实地介绍了使用 Dreamweaver 创建和编辑网页、使用 Flash 制作矢量动画，以及使用 Photoshop 处理图像的方法和技巧。

全书共分 16 章，具体内容包括网页基础知识及网页色彩知识，Dreamweaver CS5.5 快速入门，创建基本图文网页，网页中的表格和 AP Div，超链接与多媒体，使用 CSS 美化网页，Flash CS5.5 快速入门，Flash CS5.5 工具详解，素材文件的导入和元件、实例的使用，制作 Flash 动画，Photoshop CS5.1 快速入门，色彩调整与图层的使用，文字、路径与网页切片输出，第 14～16 章介绍 3 个大型项目练习案例，包括制作鲜花店网站、制作学校网站、制作公司网站页面。

本书特色

本书面向网页设计制作的初、中级用户，并具有以下特点：

1. 全面系统地介绍各类不同网页的制作方法、流程和技巧

书中详细介绍不同风格和不同用途的网页的制作方法，内容涉及面广，读者可全面掌握各类常见网页的制作。

2. 丰富的教学案例都来自真实的商业项目，内容更贴近实际应用

书中通过大量真实的商业案例来讲解网页制作的全过程，技术实用，贴近实际应用。

3. 全程语音视频教学+海量网页设计素材，学习高效，内容超值

本书附赠的光盘不仅提供了书中实例的语音视频教学，还赠送了网页制作基础和实例的语音视频教学及网页设计的素材，内容超值。

配书光盘

- 书中实例的素材和源文件。
- 书中实例和三个软件基础操作的语音视频教学文件。
- 赠送网页制作基础和实例的语音视频教学。

读者对象

- 网页设计、平面设计、广告设计等相关行业的从业人员。
- 大中专院校网页设计、平面设计、广告设计等相关专业及网页设计培训班的学生。
- 网页制作爱好者。

编　者

2012 年 8 月

Contents 目 录

01 Chapter 网页基础知识及网页色彩知识

要想制作出精美的网页，不仅需要熟练地应用网页设计软件，还要掌握与网页相关的一些基础知识，本章将介绍网页的基础知识以及网页色彩知识等。

Unit 01 网页基础知识

先来认识一下网页和网站，了解什么是网页和网站，以及有哪些常见的网站类型，为以后的学习打好基础。

网页

在网上浏览网站时看到的一个个页面就是网页。一个网页可能包含图片、文字、超链接、表单、动画、音频和视频等元素中的一种或多种。图1-1所示为网站中的一个页面，可以看到文字和图片是构成网页的两大基本元素。

图 1-1　网页

网页由网址（URL）来识别与存取，当用户在浏览器的地址栏中输入网址后，经过一段复杂而又快速的程序，网页文件会被传送到用户的计算机，然后通过浏览器解释网页的内容，再展示到用户眼前。网页是万维网中的一"页"，通常是 HTML 格式（文件扩展名为.html或.htm）。网页通常用图像档来提供图画。网页要通过网页浏览器阅读。

网站

网站是有独立域名、独立存放空间的内容集合。这些内容可以是网页，也可以是程序或其他文件，不一定要有很多网页，只要有独立的域名和空间，哪怕只有一个页面也叫网站。

网站就是把一个个网页系统地链接起来的集合，如新浪、搜狐等。网站按其内容可分为专业网站、个人网站、门户网站和职能网站，许多公司都拥有自己的网站，他们利用网站来进行宣传、产品资讯发布、招聘等。随着网页制作技术的流行，很多个人也开始制作个人主页，这些通常是制作者用来自我介绍、展现个性的地方。也有提供专业企业网站制作的公司，通常在这些公司的网站上会提供人们生活中各个方面的资讯、服务、NNT、新闻、旅游、娱乐、经济等。下面将对其进行简单介绍。

1．专业网站

专业网站具有较强的单一性和专业性，不同的专业网站能满足不同浏览者的需要。专业网站一般只涉及生活中的某一领域，但内容却十分专业、广博，一般为一些专业人士提供服务。图 1-2 所示为专业网站。

图 1-2　专业网站

2．个人网站

个人网站包括博客、个人论坛、个人主页等。网络的大发展趋势就是向个人网站发展。个人网站是一个可以发布个人信息及相关内容的网站。

个人网站是指个人或团体因某种兴趣、拥有某种专业技术、提供某种服务，或者把自己的作品、商品展示销售而制作的具有独立空间域名的网站，具有较强的个性化特色，带有很明显的个人色彩，无论内容、风格，还是样式，都形色各异，包罗万象。个人网站是由一个人来完成的，相对于大型网站来说，个人网站的内容一般比较少，但是技术的采用不一定比大型网站的差。图 1-3 所示为个人网站。

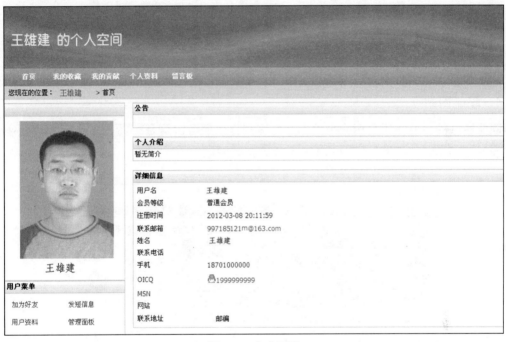

图 1-3　个人网站

3．门户网站

所谓门户网站，是指提供某类综合性互联网信息资源并提供有关信息服务的应用系统。门户网站最初提供搜索引擎、目录服务。

由于市场竞争日益激烈，门户网站不得不快速地拓展各种新的业务类型，希望通过门类众多的业务来吸引和留住互联网用户，以至于目前门户网站的业务包罗万象，成为网络世界的"百货商场"或"网络超市"。

门户网站涉及的领域非常广泛，是一种综合性网站。这类网站还具有非常强大的服务功能，如搜索、论坛、聊天室、电子邮箱、虚拟社区、短信等。门户网站的外观通常整洁大方，用户所需的信息在上面基本都能找到。

目前国内比较大的门户网站有很多，如新浪（www.sina.com.cn）、搜狐（www.sohu.com）和网易（www.163.com）等。图 1-4 所示为铁道网。

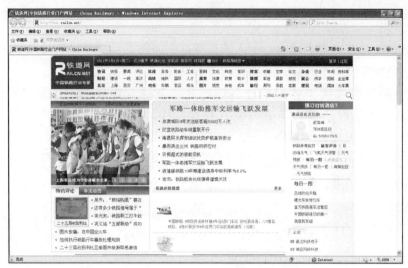

图 1-4　铁道网

4．职能网站

职能网站的主要作用是树立形象以及为客户提供服务。这是一类具有专门功能的网站，如政府部门网站、商务网站等。图 1-5 所示为招聘网站。

图 1-5　招聘网站

Unit 02　网页的基本构成元素

网页的构成元素众多，下面就来介绍网页的基本构成元素。在网页制作中，文本和图像起着不可或缺的作用，图文并茂的网页传递着丰富的信息，让网页的制作者和浏览者之间能有一个良好的沟通。

网站 Logo

Logo 就是网站的标志，它的设计能够充分体现该网站的核心理念，并且设计要求动感、简约、大气、高品位，色彩搭配合理、美观，印象深刻。

完整的 Logo 设计，一般都应考虑至少有中英文双语的形式，要考虑中英文文字的比例搭配。一般要有中文图案、英文图案及中文、英文的组合形式。有的还要考虑繁体、其他特定语言版本等。另外，还要兼顾标识或文字展开后的应用是否美观。图 1-6 所示为网站 Logo。

网站 Banner

Banner 是横幅广告，是因特网广告中最基本的广告形式。Banner 可以位于网页顶部、中部或底部任意一处，一般横向贯穿整个或者大半个页面。Banner 的尺寸有许多，如 468×60 像素、392×60 像素、234×60 像素、125×125 像素、120×90 像素等，常见的尺寸是 480×60 像素。使用 GIF 格式的图像文件，可以使用静态图像，也可以使用动画。除 GIF 格式外，还可以使用 Flash 动画。图 1-7 所示为某网站的网站 Banner。

图 1-6　网站 Logo　　　　　　　　　　　　　　图 1-7　网站 Banner

导航栏

导航栏是浏览者浏览网页时有效的指向标志。导航栏可分为框架导航、文本导航和图片导航等；根据导航栏放置的位置，又可分为横排导航栏和竖排导航栏。图 1-8 所示为某网站的导航栏，导航栏的使用原则如下：

- 对于内容丰富的网站，可以使用框架导航，以便浏览者在任何页面都可快速切换到另一个栏目。
- 若利用 JavaScript、DHTML 等动态隐藏层技术实现导航栏，则需注意浏览器是否支持。
- 图片导航虽然很美观，但占用的空间较大，会影响网页打开的速度，不应多用。
- 多排导航条应在导航栏很多的情况下使用。
- 导航栏超过 8 个可分两行进行排列，如果栏目过多，则可以多行排列。

女士系列	男士系列	婴儿系列	纤体瘦身	健康之源	饰物精品	心意礼物
护肤　香水　彩妆　护体　护发　防晒　全部产品						

图 1-8　导航栏

文本

文本是网页传递信息的主要载体，文本传输速度快，而且可以设置网页中文本的大小、颜色、段落、层次等属性，风格独特的网页文本设置会给浏览者赏心悦目的感觉。

图像

相对于文字来说，图像更加生动直观，可以给人较强的视觉冲击，因此使用图像可使网页更具吸引力。

图像在网页中充当着各种角色，网站标识、网页背景和链接等都可以使用图像，而且图像可以传递一些文字较难表达的信息。

动画

在网页中加入动画，可使网页更具动感，更能吸引浏览者的眼球。动画一般有 GIF 格式和 Flash 等。

Unit 03 网页色彩的基本知识

网站能给用户留下第一印象的既不是网站丰富的内容，也不是网站合理的版面布局，而是网站的色彩。色彩对人的视觉效果影响非常明显，色彩的冲击力是最强的，它很容易给用户留下深刻的印象。一个网站设计成功与否，在某种程度上取决于设计者对色彩的运用和搭配。因此，在设计网页时，必须要高度重视色彩的搭配。下面将对网页色彩的基本知识进行介绍。

色彩的分类与特性

自然界中有许多种色彩，如香蕉是黄色的，天是蓝色的，橘子是橙色的、草是绿色的……色彩千变万化。平时所看到的白色光，经过分析在色带上可以看到，它包括红、橙、黄、绿、青、蓝、紫 7 种颜色，各颜色间自然过渡。其中，红、绿、蓝是三原色，三原色通过不同比例的混合可以得到各种颜色。色彩有冷色、暖色之分，冷色给人的感觉是安静、冰冷；而暖色给人的感觉是热烈、火热，冷色、暖色的巧妙运用可以使网站产生意想不到的效果。

我国古代把黑、白、玄（偏红的黑）称为"色"，把青、黄、赤称为"彩"，合称"色彩"。现代色彩学也把色彩分为两大类，即无彩色系和有彩色系。无彩色系是指黑和白，只有明度属性；有彩色系有 3 个基本特征，分别为色相、纯度和明度，在色彩学上也称它们为色彩的"三要素"或"三属性"。

1．色相

色相指色彩的名称，这是色彩最基本的特征，是一种色彩区别于另一种色彩最主要的因素。例如，紫色、绿色和黄色等就代表不同的色相。观察色相要善于比较，色相近似的颜色也要区别，比较出它们之间的微妙差别。这种相近色中求对比的方法在写生时经常使用，如果掌握得当，能形成一种色调的雅致、和谐、柔和耐看的视觉效果。将色彩按红→黄→绿→蓝→红依次过渡渐变，即可得到一个色环。图 1-9 所示为色相环。

2．明度

明度指色彩的明暗程度。明度越高，色彩越亮；明度越低，颜色越暗。色彩的明度变化产生出浓淡差别，这是绘画中用色彩塑造形体、表现空间和体积的重要因素。初学者往往容易将色彩的明度与纯度混淆起来，一说要使画面明亮些，就赶快调粉加白，结果明度是提高了，色彩纯度却降低了，这就是色彩认识的片面性所致。明度差的色彩更容易调和，如紫色与黄色、暗红与草绿、暗蓝与橙色等。

3．纯度

纯度指色彩的鲜艳程度，纯度高则色彩鲜亮；纯度低则色彩黯淡，含灰色。颜色中以三原色红、绿、蓝为最高纯度色，而接近黑、白、灰的颜色为低纯度色。凡是靠视觉能够辨认出来的，具有一定色相倾向的颜色都有一定的鲜灰度，而其纯度的高低取决于它含中性色黑、白、灰总量的多少。

下面介绍几个色彩的特性。

- 相近色：色环中相邻的 3 种颜色，如图 1-10 所示。相近色的搭配给人的视觉效果舒适而自然，所以相近色在网站设计中极为常用。

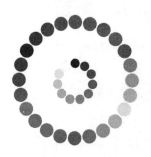

图 1-9　色相环

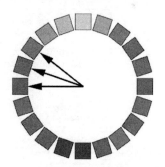

图 1-10　相近色

- 互补色：色环中相对的两种色彩，就是互补色，图 1-11 中所示为相对的互补色。
- 暖色：黄色、橙色、红色和紫色等都属于暖色系列。暖色与黑色调和可以达到很好的效果。暖色一般应用于购物类网站、儿童类网站等。暖色划分如图 1-12 上半部分所示。
- 冷色：绿色、蓝色和蓝紫色等都属于冷色系列。冷色与白色调和可以达到一种很好的效果。冷色一般应用于一些高科技和游戏类网站，主要表达严肃、稳重等效果。冷色划分如图 1-12 下半部分所示。

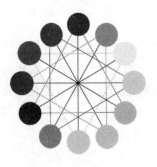

图 1-11　相对的互补色

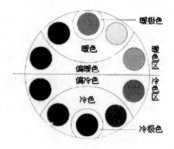

图 1-12　冷暖色相环

网页色彩搭配原理

　　色彩搭配既是一项技术性工作，也是一项艺术性很强的工作，因此在设计网页时除了要考虑网站本身的特点外，还要遵循一定的艺术规律，从而设计出色彩鲜明、性格独特的网站。

　　一个页面使用的色彩尽量不要超过 4 种，用太多的色彩让人没有方向，没有侧重点。当主题色彩确定好以后，在考虑其他配色时，一定要考虑其他配色与主题色的关系，要体现什么样的效果。另外，还要考虑哪种因素占主要地位，是色相、亮度还是纯度。

　　网页色彩搭配的技巧有以下几点。

1．色彩的鲜明性

　　网页的色彩要鲜明，这样容易引人注目。一个网站的用色必须要有自己独特的风格，这样才能个性鲜明，给浏览者留下深刻的印象，如图 1-13 所示。

图 1-13　色彩鲜明的网页

2．色彩的艺术性

　　网站设计也是一种艺术活动，因此必须遵循艺术规律，在考虑到网站本身特点的同时，按照内容决定形式的原则，大胆进行艺术创新，设计出既符合网站要求，又有一定艺术特色的网站。不同色彩会产生不同的联想，选择色彩要与网页的内涵相关联。

3．对比色彩搭配

一般来说，色彩的三原色最能体现色彩间的差异，色彩的对比越强，看起来就越具有诱惑力，能够起到集中视线的作用，对比色可以突出重点，产生强烈的视觉效果，合理使用对比色能够使网站特色鲜明、突出重点。

网页设计虽然属于平面设计的范畴，但又与其他平面设计不同，它在遵循艺术规律的同时，还考虑人的生理特点，色彩搭配一定要合理，给人一种和谐、愉快的感觉，避免采用纯度很高的单一色彩，这样容易造成视觉疲劳。

4．色彩的合适性

网页的色彩和要表达的内容气氛相适应，例如如何用粉色体现女性站点的柔性等，如图 1-14 所示。

图 1-14　色彩合适性的网页

5．色彩的联想性

不同色彩会让人产生不同的联想，例如，看到蓝色想到天空，看到黑色想到黑夜，看到红色想到喜事等，选择色彩要与网页的内涵相关联。

常见的网页配色分析

下面介绍几种常见的网页配色。

1．红色

红色的色感温暖，性格刚烈而外向，是一种对人刺激性很强的颜色。红色容易引人注意，也容易使人兴奋、激动、紧张、冲动，它还是一种容易造成人视觉疲劳的颜色，如图 1-15 所示。

图 1-15　红色系网页

2．橙色

橙与红同属暖色，具有红与黄之间的色性，它使人联想起火焰、灯光、霞光、水果等物象，是最温暖、明亮的色彩。感觉活泼、华丽、辉煌、跃动、炽热、温情、甜蜜、愉快，但也有疑惑、嫉妒、伪诈等消极倾向性。

3．黄色

黄色给人的感觉是冷漠、高傲、敏感，具有扩张和不安宁的视觉印象。黄色是各种色彩中最为娇气的一种颜色。只要在纯黄色中混入少量的其他色，其色相感就会发生较大程度的变化，如图 1-16 所示。

图 1-16　黄色系网页

4．蓝色

蓝色与红、橙色相反，是典型的寒色，表示沉静、冷淡、理智、高深、透明等含义，随着人类对太空事业的不断开发，它又有了象征高科技的强烈现代感。

浅蓝色系明朗而富有青春朝气，为年轻人所钟爱，但也有不够成熟的感觉。深蓝色系沉着、稳定，为中年人普遍喜爱的色彩。其中略带暖味的浅青色，充满着动人的深邃魅力，藏青则给人以大度、庄重的印象。靛蓝、普蓝因在民间广泛应用，似乎成了民族特色的象征。在蓝色中分别加入少量的红、黄、黑、橙、白等颜色，均不会对蓝色的表达效果构成较明显的影响，如图 1-17 所示。

5. 白色

白色的色感光明，给人以朴实、纯洁、快乐的感觉。白色具有圣洁的不容侵犯性。在白色中加入其他任何颜色，都会影响其纯洁性，使其变得含蓄。白色代表纯洁、纯真、朴素、神圣、明快。

6. 紫色

紫色具有神秘、高贵、优美、庄重、奢华行的气质，有时也感孤寂、消极。但含浅灰的红紫或蓝紫色，却有着类似太空、宇宙色彩的幽雅和神秘感，为现代生活所广泛采用。

7. 绿色

绿色是具有黄色和蓝色两种成分的颜色。在绿色中，将黄色的扩张感和蓝色的收缩感相中和，将黄色的温暖感与蓝色的寒冷感相抵消，这样使得绿色的感觉最为平和、安稳。绿色是一种表达柔顺、恬静、满足、优美的颜色，如图 1-18 所示。

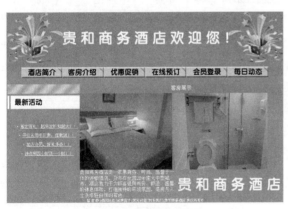

图 1-17　蓝色系网页

图 1-18　绿色系网页

8. 黑色

黑色是最具有收敛性的、沉郁的、难以琢磨的色彩，给人以一种神秘感。同时黑色还表达凄凉、悲伤、忧愁、恐怖，甚至死亡，但若运用得当，还能产生黑铁金属质感，可表达时尚前卫、科技等。

9. 灰色

灰色在商业设计中具有柔和、高雅的意象，属于中性色彩，男女皆能接受，所以灰色也是永远流行的主要颜色。在许多高科技产品中，尤其是和金属材料有关的，几乎都采用灰色来传达高级、科技的形象。使用灰色时，大多利用不同的层次变化组合或搭配其他色彩，才不会产生过于平淡、沉闷、呆板、僵硬的感觉。

Unit 04 网络术语

近年来，随着网络的快速普及以及技术的广泛应用和发展，网络中的一些语言更加专业化，本节将介绍一些常用的网络术语。

因特网

因特网（Internet）又称为互联网，因特网是一组全球信息资源的总汇。有一种粗略的说法，认为 Internet 是由于许多小的网络（子网）互连而成的一个逻辑网，每个子网中连接着若干台计算机（主机）。Internet 以相互交流信息资源为目的，基于一些共同的协议，并通过许多路由器和公共互联网互连而成，它是一个信息资源和资源共享的集合。

万维网

万维网（亦作"网络"、WWW、3W），是英文 Web 或 World Wide Web 的中文名字，是一个资料空间。在这个空间中：一样有用的事物，称为一样"资源"；并且由一个全域"统一资源标识符"（URL）标识。这些资源通过超文本传输协议（Hypertext Transfer Protocol）传送给使用者，而后者通过单击链接来获得资源。万维网常被当成因特网的同义词，但万维网与因特网有着本质的差别。因特网（Internet）指的是一个硬件的网络，全球的所有电脑通过网络连接后便形成了因特网。而万维网更倾向于一种浏览网页的功能。

HTML

超文本标记语言（HTML）即 Hypertext Markup Language 的缩写，它是一种用来制作超文本文档的简单标记语言。超文本传输协议规定了浏览器在运行 HTML 文档时所遵循的规则和进行的操作。

所谓超文本，是因为它可以加入图片、声音、动画、影视等内容，事实上每一个 HTML 文档都是一种静态的网页文件，这个文件中包含了 HTML 指令代码，这些指令代码并不是一种程序语言，它只是一种排版网页中资料显示位置的标记结构语言，易学易懂，非常简单。HTML 的普遍应用就是带来了超文本的技术——通过单击鼠标从一个主题跳转到另一个主题，从一个页面跳转到另一个页面，与世界各地主机的文件链接，直接获取相关的主题。

HTML 只是一个纯文本文件。创建一个 HTML 文档，只需要两个工具，HTML 编辑器和 Web 浏览器。HTML 编辑器是用于生成和保存 THML 文档的应用程序。Web 浏览器是用来打开 Web 网页文件，提供给用户查看 Web 资源的客户端程序。

域名

所谓域名，简单地说就是上网单位的名称，是一个通过计算机登上网络的单位在该网中的地址。域名是上网单位和个人在网络上的重要标识，起着识别作用，便于他人识别和检索某一企业、组织或个人的信息资源，从而更好地实现网络上的资源共享。通俗地说，域名就相当于一个家庭的地址，别人可以通过这个地址很容易地找到你。

IP 地址

IP（Internet Protocol）即互联网协议，是为计算机网络相互连接进行通信而设计的协议，是计算机在 Internet 上进行相互通信时应当遵守的规则，IP 地址是给 Internet 上的每台计算机和其他设备分配的一个唯一地址。

Unit 05　网页制作常用工具和技术

由于网页元素的多样化，因此要想制作出精致美观、丰富生动的网页，单靠一种软件是很难实现的，需要结合使用多种软件才能实现。这些软件包括网页布局软件 Dreamweaver、网页图像处理软件 Photoshop 和 Fireworks、网页动画制作软件 Flash，以及网页标记语言 HTML、网页脚本语言 JavaScript 和 VBScript、动态网页编程语言 ASP 等。

网页编辑排版软件

Dreamweaver 是专业网页编辑排版软件中非常大众化的，它的应用相当广、排版能力较强，功能全面，操作灵活，专业性强，因而受到广大网站专业设计人员的青睐。Dreamweaver 用于网页的整体布局和设计，以及对网站的创建和管理。图 1-19 所示为 Dreamweaver CS5.5 界面。

图 1-19　Dreamweaver CS5.5 的界面

网页动画制作软件

Flash 是一款非常优秀的交互式矢量动画制作工具，它具有小巧、灵活且功能卓越等特点。用 Flash 制作的动画文件很小，有利于网上发布，而且它还能制作出有交互功能的矢量动画。用 Flash 编制的网页文件比普通网页文件要小得多，这样会大大加快浏览器的速度，Flash 强大的交互功能使其能方便地与其他网页建立链接关系。Flash 界面如图 1-20 所示。

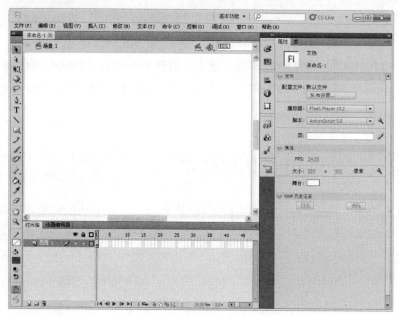

图 1-20　Flash CS5.5 的界面

网页图像设计软件

图像处理的软件很多，Photoshop 是其中较常用的一种。在网页中，图像是通过网络来进行浏览的，所以文件一般要求尽量小，以提高网络的传输速度，而文件格式则要求能被大多数浏览器所兼容，这样才能使更多的用户浏览到网页。

网页脚本语言 JavaScript

使用 HTML 只能制作出静态的网页，无法独立地完成与客户端动态交互的任务。虽然也有其他的语言如 CGI、ASP、Java 等能制作出交互的网页，但是因为其编程方法较为复杂，因此 Netscape 公司开发出了 JavaScript 语言，它引进了 Java 语言的概念，是内嵌于 HTML 中的脚本语言。Java 和 JavaScript 语言虽然在语法上很相似，但它们仍然是两种不同的语言。JavaScript 仅仅是一种嵌入到 HTML 文件中的描述性语言，它并不编译产生机器代码，只是由浏览器的解释器将其动态地处理成可执行的代码。而 Java 语言则是比较复杂的编译性语言。

JavaScript 是一种内嵌于 HTML 文件的、基于对象的脚本设计语言。它是一种解释性的语言，不需要 JavaScript 程序进行预先编译而产生可运行的机器代码。由于 JavaScript 由 Java 集成而来，因此它也是一种面向对象的程序设计语言。它所包含的对象有两个组合部分，即变量和函数，也称为属性和方法。

动态网页编程语言 ASP

ASP 是 Active Server Page 的缩写。ASP 是微软公司开发的代替 CGI 脚本程序的一种语言，它可以与数据库和其他程序进行交互，是一种简单、方便的编程工具。ASP 文件的格式是.asp，可以用来创建和运行动态网页或 Web 应用程序。ASP 网页可以包含 HTML 标记、普通文本、脚本命令及 COM 组件等。与 HTML 相比，ASP 网页具有以下特点：

● 利用 ASP 实现动态网页技术。

● ASP 文件是包含在 HTML 代码所组成的文件中的，易于修改和测试。

● ASP 语言无须进行编译或链接就可以直接执行，使用一些相对简单的脚本语言，如 JavaScript、VBScript 的一些基础知识，结合 HTML 即可完成网站的制作。

● ASP 提供了一些内置对象，使用这些对象可以使服务器端脚本功能更强。

● ASP 可以使用服务器端 ActiveX 组件来执行各种各样的任务。

● 由于服务器是将 ASP 程序执行的结果以 HTML 格式传回客户端浏览器的，因此使用者不会看到 ASP 所编写的原始程序代码，可确保源程序的完全。

Unit 06 网页建设的基本流程

在创建网页之前，首先要确定网页的结构和风格等，本节将介绍网页建设的基本流程，使读者对网页制作流程有简单的了解，为后面的学习打下基础。

确认网站结构和风格

在开始网页制作之前，首先要根据网站制作的需求确定网站的整体结构和风格。对于不同的设计需求，网站的整体结构和风格都应该是不同的。例如，注重实用效果的网站，往往会使浏览者能够通过网站快捷地获取尽量多的信息；注重视觉效果的网站，则会使浏览者在登录该网站时，感受到网站具有强烈的视觉冲击效果和整体感。确定网站的整体结构和风格，需要抓住网站的开发要求和面对的浏览者群体，利用现有的知识，具有针对性地将网站的功能进行分类，完成对网站结构和风格的设计。

确认网页的布局及颜色

在制作网页时，首先就是对页面进行布局，以便合理地放置网页内容。通过设置文本颜色、背景颜色、链接颜色和图像颜色等，可以构造出很多网页布局效果。一般来说，如果选择了一种颜色作为网站的主色调，那么最后在页面中就要保持这种风格。

确定网页尺寸

在制作网页的过程中，确定网页的尺寸相当重要，由于页面尺寸和显示器大小及分辨率有关，网页的局限性在于无法突破显示器的范围，而且因为浏览器也占去不少空间，留给页面的范围变得越来越小。一般分辨率在 640×480 的情况下，页面的显示尺寸为 620×311 像素；分辨率在 800×600 的情况下，页面的显示尺寸为 780×428 像素；分辨率在 1024×768 的情况下，页面的显示尺寸为 1007×600 像素。从以上数据可以看出，分辨率越高，页面尺寸越大。

一般浏览器的工具栏都可以取消或者增加，当显示全部工具栏和关闭全部工具栏时，页面的尺寸是不一样的。在网页设计过程中，向下拖动页面是给网页增加更多内容的方法。除非站点的内容能吸引大家拖动，否则不要让访问者拖动页面超过三屏。如果需要在同一页面显示超过三屏的内容，那么最好能在网页顶部加上页面内部链接，以方便访问者浏览。

插入素材

明确了网站的主题以后，就要围绕主题开始收集素材了。要想让自己的网站有声有色，能够吸引客户，就要尽量收集素材，包括图片、音频、文字、视频、动画等。这些素材的准备很重要，收集的素材越充分，以后制作网站就越容易。素材的准备既可以从图书、报刊、光盘、多媒体上得来，也可以自己制作，还可以从网上收集。素材收集后，把收集的素材去粗取精、去伪存真，作为自己制作网页的素材。

域名和空间的申请

下面介绍域名和空间的申请。

1．域名申请

要想拥有属于自己的网站，首先要拥有域名。域名在互联网上代表名字。网站只有靠这个名字才可以在互联网上接触和沟通。域名是 Internet 上的服务器或网络系统的名字，全世界没有重复的域名。域名的形式是以若干个英文字母和数字组成的，由 "." 分隔成几部分，如 qianyan.com 就是域名。

（1）如何申请域名

域名是 Internet 上的名字，具有商标性质的无形资产的象征，它对于商业企业来说显得格外重要。域名分为国内域名和国际域名两种。

国内域名是由中国互联网中心管理和注册的，网址是 http://www.cnnic.net.cn，注册申请域名首先要在线填写申请表，收到确认信后，提交申请表，加盖公章，交费就完成了。由于许多人不熟悉办理手续，于是出现了委托代理办理域名注册申请，用户只要将自己的材料交给代理商，就可由代理商全权代理。

国际域名与国内域名的管理办法不一样，可以买卖域名。国际域名的主要申请网址是http://www.networksolutions.com，国际域名量很大，分布在全球，所以给每位域名拥有者发证书是不可能的，它们通过电子信箱，即域名管理联系人的信箱来控制。

因为申请国际域名的网站是英文网站，交费需要在线用信用卡支付美元，所以很多国际域名就由国内的代理机构代办，用户只需到代理机构缴纳相应的人民币即可。

（2）如何选择域名

按照习惯，一般使用单位的名称或商标作为域名。域名的字母组成要便于记忆，能够给人留下较深的印象。如果有多个很有价值的商标，最好都进行注册保护。也可以选择产品或行业类型作为域名，如果是网络公司，net.com 将是很好的选择，但这类域名基本上已经被瓜分完了，因此很难注册到。

注册域名之后，下一步就是为网站申请空间，其实就是经常说的主机。这个主机必须是一台功能相当的服务器级的计算机，并且要用专线或其他形式 24 小时与互联网相连。

这台网络服务器除存放公司的网页，为浏览者提供浏览服务之外，同时充当"电子邮局"的角色，负责收发公司的电子邮件。用户还可以在服务器上添加各种各样的网络服务功能，前提是有足够的技术支持。

2．空间的申请

有以下两种常见的主机类型。

（1）主机托管

将购置的网络服务器托管于网络服务机构，每年支付一定数额的费用。要架设一台最基本的服务器，在购置成本上可能已需要数万元，而在配套软件的购置上更要花上一笔相当高的费用。另外，还需要聘请技术人员负责网站建设及维护。如果是中小企业网站，则不必采用这种方式。

（2）虚拟主机

使用虚拟主机不仅节省了购买相关软硬件设施的费用，公司也无须招聘或培训更多的专业人员，因而其成本也较主机托管低得多。不过，虚拟主机只适合于小型、结构较简单的网站，对于大型网站来说，还应该采用主机托管的形式，否则在网站管理上会十分麻烦。

目前网站存放所采用的操作系统只有两大类，一类是 UNIX，另一类是微软的 Windows NT 和 Windows 2000。

通常提供的虚拟主机的规格为 100MB～600MB。对于普通客户来说，100MB～150MB的空间已经足够了，如果每个网页为 20KB～50KB，则 1MB 空间可以存放 20～50 页。如果使用的图像比较多，则使用的空间将更多，因为通常一个图像的大小都在 10KB 以上。如果网站要使用数据库，则随着数据库内容的丰富，网站所占的空间也就随之增加。由于目前空间的租用费用并不高，所以建议使用 100MB 或 150MB 的空间，有备无患。

在租用虚拟主机之前，通常需要考虑 3 个方面的问题。

① 采用什么系统，UNIX 还是 Windows NT/Windows 2000？

UNIX 系统的可靠性和稳定性是其他系统所无法比拟的，是世界公认的最好的 Internet 服务器操作系统。采用 Windows NT 或 Windows 2000 的最大好处是其中的数据库可以和本地的局域网（Windows NT）中的数据库相兼容，可以很容易地保持本地数据库和远端数据库的一致性。

② 需要多大的空间？

一般一个中等网站使用 150MB 已经够了，而且可以随时为客户增加空间，所以建议在网站建设初期采用 150MB 或 200MB 的空间配置，一旦发现空间紧张，可以申请增加空间。

③ 需要哪些权限？

通常最重要的权限有两个：一个是 CGI 权限，是网站可以运行 CGI 程序的保证，许多现成的程序如 BBS、留言簿等均是用 Perl 编写的 CGI 程序，只有具备这个权限才能运行这些程序；另一个是支持数据库，也许网站当前并不使用数据库，但随着网站的发展，使用数据库是必然的，因此虽然现在不使用数据库，但最好租用的空间能够支持数据库，以免今后要使用数据库时产生不必要的麻烦。通常要求 UNIX 系统的主机支持 MySQL 数据库，Windows NT 和 Windows 2000 系统支持 SQL Server 数据库。

Dreamweaver CS5.5 快速入门

本章将主要介绍 Dreamweaver CS5.5 的入门基础知识，包括 Dreamweaver CS5.5 的安装、卸载、启动与退出，然后对其工作界面进行介绍。通过本章的学习，使读者对 Dreamweaver CS5.5 有一个初步的认识，为后面章节的学习奠定良好的基础。

Unit 01 Dreamweaver CS5.5 的安装、卸载、启动与退出

在学习 Dreamweaver CS5.5 之前，首先要安装 Dreamweaver CS5.5 软件。下面介绍在 Microsoft Windows XP 系统中安装、卸载、启动与退出 Dreamweaver CS5.5 的方法。

运行环境

在 Microsoft Windows 系统中运行 Dreamweaver CS5.5 的配置要求如下：

- Win Intel®Pentium® 4 或 AMD Athlon®64 处理器。
- Microsoft® Windows® XP Service Pack 2（推荐使用 Service Pack 3）或 Windows Vista® Home Premium、Business、Ultimate 或 Enterprise Service Pack 1（已认证可用于 32 位 Windows XP 和 Windows Vista）或 Windows 7。
- 推荐使用 1GB 或更大的内存。
- 2GB 可用硬盘空间用于安装；安装过程中需要更多可用空间（无法在闪存式存储设备上进行安装）。
- 1280×800 的显示分辨率，16 位显卡。
- DVD-ROM 驱动器。
- 联机服务和 Creative Suite Subscription Edition 软件所必需的宽带 Internet 连接。

Dreamweaver CS5.5 的安装

Dreamweaver CS5.5 是专业的设计软件，其安装方法比较标准，具体安装步骤如下：

01 双击安装文件图标，即可初始化文件，如图 2-1 所示。

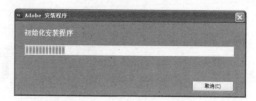

图 2-1　安装初始化

02 初始化完成后将会弹出许可协议界面，单击【接受】按钮，如图 2-2 所示。

03 执行操作后将会弹出序列号界面，在该界面中输入序列号，将语言设置为【简体中文】，如图 2-3 所示。

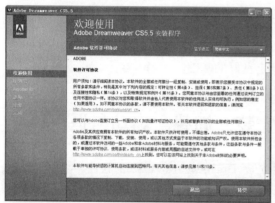

图 2-2　单击【接受】按钮

图 2-3　输入序列号

04 单击【下一步】按钮，弹出 Adobe ID 界面，在该界面中单击【跳过此步骤】按钮，如图 2-4 所示。

05 执行操作后，即可弹出【安装选项】界面，在该界面中指定安装路径，如图 2-5 所示。

图 2-4　单击【跳过此步骤】按钮

图 2-5　指定安装路径

06 单击【安装】按钮，在弹出的安装界面中将显示所安装的进度，如图 2-6 所示。

07 安装完成后，将会弹出完成界面，单击【完成】按钮即可，如图 2-7 所示。

图 2-6 安装进度

图 2-7 单击【完成】按钮

Dreamweaver CS5.5 的卸载

下面将介绍如何卸载 Dreamweaver CS5.5，具体操作步骤如下：

01 单击【开始】按钮，在弹出的菜单中选择【设置】|【控制面板】命令，如图 2-8 所示。

02 在打开的【控制面板】窗口中单击【添加/删除程序】图标，如图 2-9 所示。

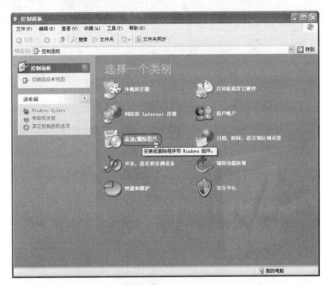

图 2-8 选择【控制面板】命令

图 2-9 单击【添加/删除程序】图标

03 在打开的【添加或删除程序】窗口中选择【Adobe Dreamweaver CS5.5】选项，单击其右侧的【删除】按钮，如图 2-10 所示。

04 在弹出的【卸载选项】界面中单击【卸载】按钮，如图 2-11 所示。

05 执行操作后，即可弹出卸载界面，在该界面中将显示卸载进度，如图 2-12 所示。

06 卸载完成后，在弹出的完成界面中单击【完成】按钮即可，如图 2-13 所示。

图 2-10　单击【删除】按钮

图 2-11　单击【卸载】按钮

图 2-12　卸载进度

图 2-13　单击【完成】按钮

启动 Dreamweaver CS5.5

　　如果要启动 Dreamweaver CS5.5，可选择【开始】|【程序】|Adobe Dreamweaver CS5.5 命令，如图 2-14 所示。除此之外，用户还可在桌面上双击该程序的图标，或双击与 Dreamweaver CS5.5 相关的文档。

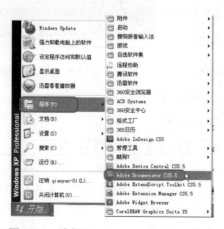

图 2-14　选择 Dreamweaver CS5.5 命令

退出 Dreamweaver CS5.5

如果要退出 Dreamweaver CS5.5，可在程序窗口中选择【文件】|【退出】命令，如图 2-15 所示。

用户还可以在程序窗口左上角的图标上右击，在弹出的快捷菜单中选择【关闭】命令，如图 2-16 所示。或单击程序窗口右上角的【关闭】按钮、按 Alt+F4 组合键、按 Ctrl+Q 组合键等操作退出 Dreamweaver CS5.5。

图 2-15 选择【退出】命令　　　　　图 2-16 选择【关闭】命令

Unit 02 Dreamweaver CS5.5 的工作界面

Dreamweaver CS5.5 的工作界面的设计非常系统化，便于操作和理解，同时也易于被人们接受，主要由菜单栏、标题栏、文档工具栏、面板组、文档窗口和【属性】面板等几个部分组成，如图 2-17 所示。

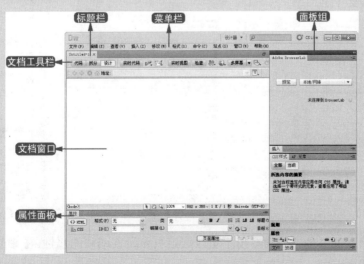

图 2-17 Dreamweaver CS5.5 工作界面

Dreamweaver 工作区可以查看文档和对象属性。工作区还将许多常用操作按钮放置于工具栏中，可以快速更改文档。

Dreamweaver 提供了一个将全部元素置于一个窗口的集成布局。在集成的工作区中，全部窗口和面板都被集成到一个更大的应用程序窗口中。

1. 菜单栏

菜单栏显示的菜单包括文件、编辑、查看、插入、修改、格式、命令、站点、窗口、帮助 10 个菜单项，如图 2-18 所示。

图 2-18 菜单栏

- 文件：在该下拉菜单中的命令主要用于对文档进行打开、保存、关闭、导入、导出等操作。【文件】下拉菜单如图 2-19 所示。
- 编辑：该下拉菜单中包括用于基本编辑操作的标准菜单命令。【编辑】下拉菜单如图 2-20 所示。
- 查看：该下拉菜单中的命令用于查看、显示和隐藏不同类型的页面元素和工具栏等,【查看】下拉菜单如图 2-21 所示。
- 插入：在该下拉菜单中提供了【插入】面板的扩充选项，用于将适用于 Dreamweaver CS5.5 的对象插入到文档中。【插入】下拉菜单如图 2-22 所示。

图 2-19 【文件】下拉菜单

图 2-20 【编辑】下拉菜单

图 2-21 【查看】下拉菜单

图 2-22 【插入】下拉菜单

- 修改：该下拉菜单中的命令用于更改选定页面元素或项的属性。【修改】下拉菜单如图 2-23 所示。

- 格式：该下拉菜单中的命令用于设置文本的格式。【格式】下拉菜单如图 2-24 所示。
- 命令：该下拉菜单中提供了对各种命令的浏览。【命令】下拉菜单如图 2-25 所示。

图 2-23　【修改】下拉菜单　　　图 2-24　【格式】下拉菜单　　　图 2-25　【命令】下拉菜单

- 站点：该下拉菜单的命令用于创建和管理站点。【站点】下拉菜单如图 2-26 所示。
- 窗口：用户可以通过该下拉菜单中的命令打开不同的面板和窗口。【窗口】下拉菜单如图 2-27 所示。
- 帮助：用户可以通过该下拉菜单中的命令打开 Dreamweaver 帮助、技术中心和 Dreamweaver 的版本说明等。【帮助】下拉菜单如图 2-28 所示。

图 2-26　【站点】下拉菜单　　　图 2-27　【窗口】下拉菜单　　　图 2-28　【帮助】下拉菜单

2. 文档窗口

文档窗口用于显示当前创建和编辑的网页文档，用户可以在【查看】下拉菜单中选择设计、代码、拆分代码、代码和设计等命令查看文档，文档窗口如图 2-29 所示。

3.【属性】面板

【属性】面板用于查看和编辑所选对象的各种属性。【属性】面板可以检查和编辑当前选定页面元素的

图 2-29　文档窗口

最常用属性。【属性】面板中的内容根据选定元素的不同会有所不同，【属性】面板如图 2-30 所示。

图 2-30　【属性】面板

4．面板组

除【属性】面板以外的其他面板可以统称为浮动面板，每个面板都可以展开和折叠，并且可以和其他面板停靠在一起或取消停靠，如图 2-31 所示。

图 2-31　各种不同的面板

Unit 03　Dreamweaver CS5.5 的新增功能

随着版本的升级，Dreamweaver CS5.5 的功能做了很大的改变，本节将介绍 Dreamweaver CS5.5 的新增功能。

多屏幕预览

以标准屏幕分辨率预览用户的设计，或使用媒体查询定义分辨率。测试根据设备的握持方式更改页面方向的设备时，请在预览过程中使用横向和纵向选项。

CSS3/HTML5 支持

通过 CSS 面板设置样式，该面板经过更新可支持新的 CSS3 规则。设计视图现在支持媒体查询，在用户调整屏幕尺寸的同时可应用不同的样式。使用 HTML5 可以进行前瞻性的编码，同时提供代码提示和设计视图渲染支持。实时视图现在包括对标记的支持。

jQuery 集成

借助 jQuery 代码提示加入高级交互性。jQuery 是行业标准 JavaScript 库，允许用户为网页轻松加入各种交互性。借助针对手机的起动模板快速启动。

借助 PhoneGap 构建本机 Android 和 iOS 应用程序

借助新增的 PhoneGap 功能为 Android 和 iOS 构建并打包本机应用程序。借助开放源代码 PhoneGap 框架，在 Dreamweaver 中将现有的 HTML 转换为手机应用程序。

FTPS 支持

使用 FTPS 传输数据。SFTP 仅支持加密，与其相比，FTPS（FTP over SSL）既支持加密，又支持身份验证。

移动 UI 构件

为移动世界进行开发。以 Adobe AIR®为后盾，与 Widget Browser 的进一步集成允许用户更轻松地为站点添加移动 UI 构件。Dreamweaver 提供基础，用户提供细节，从而共同创建出引人入胜的移动应用程序。

Unit 04　创建网页文件

在 Dreamweaver CS5.5 中，可以创建空白网页，还可以基于示例文件创建网页。下面来介绍网页的创建方法。

创建空白网页

在 Dreamweaver CS5.5 中创建空白网页的方法与 Dreamweaver CS5 的方法基本相同，下面将介绍如何创建空白网页。

01 打开 Dreamweaver CS5.5 后，在菜单栏中选择【文件】|【新建】命令，如图 2-32 所示。

02 在弹出的对话框中选择【空白页】选项卡，然后在【页面类型】列表框中选择 HTML 选项，在【布局】列表框中选择【无】选项，如图 2-33 所示。

图 2-32　选择【新建】命令

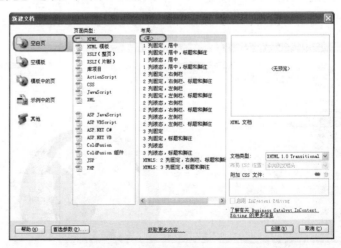

图 2-33　【新建文档】对话框

03 然后单击【创建】按钮，即可创建一个新的空白网页文件。

除此之外，当启动 Dreamweaver CS5.5 程序以后，在 Dreamweaver CS5.5 欢迎界面中，选择【新建】栏下的【HTML】选项可以直接创建空白网页，如图 2-34 所示。

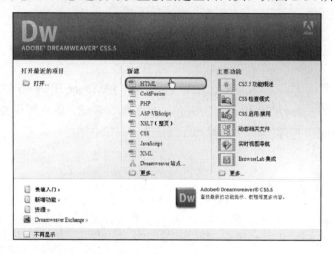

图 2-34　选择 HTML 选项

基于示例文件创建网页

在 Dreamweaver CS5.5 中，用户可以根据需要使用示例文件创建网页，从而减少从头设计的时间，提高工作效率。具体操作步骤如下：

01 在菜单栏中选择【文件】|【新建】命令，弹出【新建文档】对话框。

02 在【新建文档】对话框中选择【示例中的页】选项卡，然后在【示例文件夹】列表框中选择【Mobile 起始页】选项，然后根据需要选择不同的示例类型，在【示例页】列表框中选择一种示例文档，并可以在【新建文档】对话框右侧预览该示例图。这里选择【jQuery Mobile（CDN）】的框架页，如图 2-35 所示。

03 单击【创建】按钮，即可在文档窗口中创建一个示例文档，如图 2-36 所示。

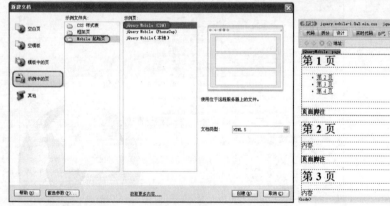

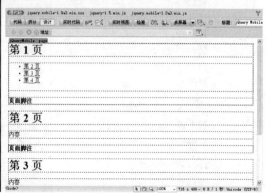

图 2-35　选择示例文档　　　　　　　　图 2-36　使用示例文档创建的网页

Unit 05　本地站点

在开始制作网页之前，都应该首先创建一个本地站点，这是为了更好地利用站点对文件进行管理，下面将本地站点进行简单介绍。

创建本地站点

在 Dreamweaver CS5.5 中创建站点非常简单，下面将介绍如何创建本地站点，其具体操作步骤如下：

01 启动 Dreamweaver CS5.5，在菜单栏中选择【站点】|【新建站点】命令，如图 2-37 所示。

02 在弹出的对话框中选择【站点】选项卡，并将【站点名称】设置为【效果】，如图 2-38 所示。

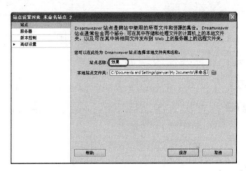

图 2-37　选择【新建站点】命令　　　　图 2-38　输入站点名称

03 然后在该对话框中单击【浏览】按钮，即可弹出【选择根文件夹】对话框，在该对话框中选择根文件夹，如图 2-39 所示。

04 单击【打开】按钮，然后在该对话框中单击【选择】按钮，即可指定本地站点文件夹，如图 2-40 所示。

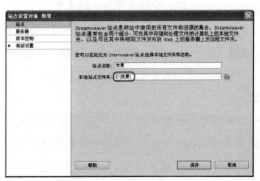

图 2-39　选择根文件夹　　　　图 2-40　指定本地站点文件夹

05 设置完成后，单击【保存】按钮，即可创建本地站点，用户可以在【文件】面板中查看创建的站点文件夹，如图 2-41 所示。

除此之外，用户还可以通过【文件】面板创建本地站点，在【文件】面板中单击【管理站点】链接，如图 2-42 所示；在弹出的对话框中单击【新建】按钮，如图 2-43 所示；然后在弹出的【站点设置对象】对话框中进行相应的设置即可。

图 2-41　【文件】面板　　　　图 2-42　单击【管理站点】链接　　　图 2-43　【管理站点】对话框

修改站点信息

在 Dreamweaver CS5.5 中如果用户对站点的设置不满意，还可以对其进行修改。修改站点信息的具体操作步骤如下：

01 在菜单栏中选择【站点】|【管理站点】命令，如图 2-44 所示。

02 在弹出的对话框中选择要修改信息的站点，然后单击【编辑】按钮，如图 2-45 所示。

图 2-44　选择【管理站点】命令　　　　　图 2-45　单击【编辑】按钮

03 执行该操作后，即可打开【站点设置对象 效果】对话框，在该对话框中选择【高级设置】选项卡，然后选择【本地信息】选项，如图 2-46 所示。

默认情况下，【高级设置】选项卡显示的是【本地信息】的参数设置，其具体含义和作用如下。

● 默认图像文件夹：用来设定默认的存放网站图片的文件夹，文件夹的位置可以直接输入，也可以单击右侧的【浏览】按钮，在弹出的对话框中寻找正确的目录。对于比较复杂的网站，图片往往不只是存放在一个文件夹中，因此实用价值不大。

● 站点范围媒体查询文件：指定站点内所有包括该文件的页面的显示设置。站点范围媒体查询文件充当站点内所有媒体查询的中央存储库。创建此文件后，在站点内必须使用此文件中的媒体查询才能在显示页面中链接到此文件。

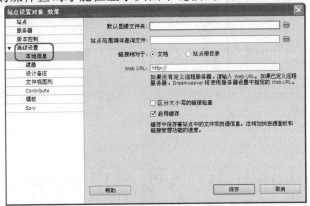

图 2-46 【站点设置对象 效果】对话框

● 链接相对于：该选项用来更改用户创建的链接到站点中其他页面链接的路径表达方式，更改此设置不会转换现有链接的路径。默认情况下，Dreamweaver 使用相对文档的路径创建链接；如果选择【站点根目录】单选按钮，则将采用相对站点根目录的路径描述链接。

● Web URL：当没有定义远程服务器时，在这里输入 Web URL；在服务器选项卡中定义过一个远程服务器以后，将使用已定义过的服务器设置。

● 区分大小写的链接检查：勾选该复选框后，即可启用区分大小写的链接检查。

● 启用缓存：如果勾选了此复选框，当用户在站点中创建文件夹时，将会自动在该目录下生成一个名为_notes 的缓存文件夹，该文件夹默认是隐藏的。每当用户添加一个文件时，Dreamweaver 就会在该缓存文件中添加一个容量很小的文件，专门记录该文件中的链接信息。当用户修改某个文件中的链接时，Dreamweaver 也会自动修改缓存文件中的链接信息。这样当修改某个文件的名称时，软件将不需要读取每个文件中的代码，而只要读取缓存文件中的链接信息即可，可以大大节省更新站点链接的时间。

站点的基本操作

1．复制站点

如果新建站点的设置和已经存在的某个站点的设置大部分相似，就可以使用复制站点的方法对其进行复制。下面将介绍如何对站点进行复制。

01 在菜单栏中选择【站点】|【管理站点】命令，如图 2-47 所示。

02 在弹出的对话框中选择要进行复制的站点，然后单击【复制】按钮，即可将选中的站点进行复制，如图 2-48 所示。

提 示

由于复制出的站点的设置和被复制的原站点相同，因此还需要修改站点的某些设置，如站点的存放目录等。

图 2-47　选择【管理站点】命令

图 2-48　复制后的效果

2．删除站点

如果只是想从 Dreamweaver CS5.5 的【管理站点】对话框中删除站点，可以先选中要删除的站点名称，然后单击该对话框中的【删除】按钮，将会弹出一个提示对话框，如图 2-49 所示，单击【是】按钮后即可将站点进行删除。

图 2-49　提示对话框

删除站点时只是删除 Dreamweaver 中的站点定义信息，并不会删除硬盘中的站点文件。

3．创建一级目录

当创建完成站点后，用户可以根据需要创建一级目录，下面将介绍如何创建一级目录，具体操作步骤如下：

01 在【文件】面板中的站点文件夹上右击，在弹出的快捷菜单中选择【新建文件夹】命令，如图 2-50 所示。

02 此时将在【文件】面板中创建一个空的文件夹，默认的名称是 untitled，更改其名称，以后将用它来存放站点中公用的图片文件，如图 2-51 所示。

提　示

通过上面的操作可以看出，在 Dreamweaver CS5.5 中创建文件夹的方式和在 Windows 资源管理器中是类似的。

03 使用同样的方法，在站点根目录中创建出另外一个文件夹，构成一级目录，如图 2-52 所示。

图 2-50　选择【新建文件夹】命令

图 2-51　新建的文件夹

图 2-52　创建后的效果

4．修改文件名和文件夹名

在 Dreamweaver CS5.5 中，用户可以根据需要修改文件夹名和文件名，下面将介绍如何修改其名称，具体操作步骤如下：

01 选中要修改名称的文件或文件夹并右击，在弹出的快捷菜单中选择【编辑】|【重命名】命令，如图 2-53 所示；或按 F2 快捷键。

02 修改文件夹的文件名为 Unit 06，最后按 Enter 键确认文件的名称，修改后的效果如图 2-54 所示。

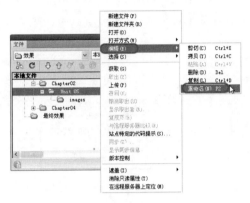

图 2-53　选择【重命名】命令　　　　图 2-54　修改名称后的效果

5．移动文件和文件夹

移动文件和文件夹的操作与 Windows 资源管理器中的操作一样，只要拖动文件或文件夹到相应的位置就可以了。下面将简单介绍如何移动文件或文件夹，具体操作步骤如下：

01 在【文件】面板中选择要移动的文件或文件夹，例如选择 Chapter02 文件夹，按住鼠标左键将其拖动到【最终效果】文件夹中，如图 2-55 所示。

02 松开鼠标后，如果有其他文件链接到该文件，就会打开【更新文件】对话框，在该对话框中将会显示链接的文件，如图 2-56 所示。

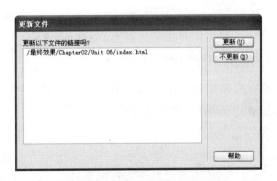

图 2-55　移动文件夹　　　　图 2-56　【更新文件】对话框

03 单击【更新】按钮，Dreamweaver CS5.5 就会自动更新文件中的链接。如果单击【不更新】按钮，就会出现断链。

提 示

由于站点管理器有动态更新链接的功能，因此无论是改名还是移动都应在站点管理器中进行，这样可以确保站点内部不会出现断链。

6．删除文件和文件夹

在 Dreamweaver CS5.5 中，用户还可以删除不再需要的文件或文件夹。

01 在【文件】面板中选中要删除的文件并右击，在弹出的快捷菜单中选择【编辑】|【删除】命令，如图 2-57 所示。或按 Delete 键，Dreamweaver CS5.5 将开始自动检查站点缓存文件中的链接信息，检查完毕后，将会弹出一个提示对话框，如图 2-58 所示。

图 2-57　选择【删除】命令　　　　　图 2-58　提示对话框

02 单击【是】按钮后，即可将选中的文件或文件夹进行删除。

Unit 06　文件目录的命名规范

由于网页是给全世界的人浏览的，因此必须保证使用不同操作系统、不同浏览器的用户都可以访问页面，因此制作的网页必须符合一定的规范。

文件和文件夹的命名

给文件和文件夹命名时需要注意以下 5 点。

1．最好不使用中文命名

所有的操作系统中，只有英文字符和数字的编码是完全一致的。也就是说，采用其他字符（如中文字符），就可能导致许多人无法正常浏览用户的网站。

提 示

除了可以在网页上输入中文外，其他地方都应该尽量使用英文，如框架的命名、脚本变量命名等，否则将可能在源文件中导致乱码。

2．最好使用小写

因为有些操作系统（如 UNIX 等）对大小写敏感。因此对它们而言，http://www.pku.edu.cn/

index.htm 和 http://www.pku.edu.cn/INDEX.htm 是两个不同的地址。为了让浏览者能顺利访问用户的页面，最好将所有的文件名和文件夹名小写。

3．不能使用特殊字符

文件名和文件夹名不能使用特殊符号、空格，以及"~"、"!"、"@"、"#"、"$"、"%"、"^"、"&"、"*"等符号，但是下画线"_"可以用来命名。

例如，如果用户需要将两个单词分开，千万不要命名为 about us.htm，而应当使用名称 about_us.htm。

4．不推荐使用拼音命名

用户经常由于一时想不到合适的英文名字，就用拼音来给文件或文件夹命名。例如，将"产品说明"栏目所在的文件夹命名为 cpsm。这样的名字如果只有一个还好，如果有其他的拼音首字母缩写相同的文件夹要命名就非常麻烦了。

5．合理使用下画线

下画线"_"在命名时主要有两个方面的作用：一是将两个单词分开；另外一个是给同类文件批量命名。

对于第 1 种情况，除了上面提到的 about_us.htm 外，更多的是给文件分类。这种名称分为头尾两部分，用下画线隔开。头部表示此文件的大类性质，尾部用来表示文件的具体含义，如 banner_sohu.gif，menu_job.gif，title_news.gif，logo_police.gif，pic_people.jpg 等。

表 2-1 中列出的是常见文件名的头部。

表 2-1　常见文件名的头部

头　部　名　称	文　件　用　途
Banner	放置在页面顶部的广告
Logo	标志性的图片
Button	在页面上位置不固定并且带有链接的小图片
Menu	在页面上某一个位置连续出现，性质相同的链接栏目的图片
Pic	装饰用的照片
Title	不带链接表示标题的图片

对于第 2 种情况，同类型文件使用英文加数字命名，英文和数字之间用"_"分隔。例如，news_001.htm 表示新闻页面中的第 1 个文件。

网站首页的命名

当用户在浏览新浪网时，只要在地址栏中输入 http://www.sina.com.cn，并按 Enter 键，就能打开新浪网的首页，并不需要输入首页的文件名。这是因为在网站发布服务器中设置了默认文档。一般的默认文档包括 default.htm 和 index.htm，但由于很多网站使用 Active Server Pages（动态服务页面，简称 ASP）文件发布数据，这种文件的扩展名为.asp 或.aspx，因此首页的文件名也可以是 default.asp，index.asp 或 default.aspx，index.aspx。

但如果用户的网站中只是设计静态网页，并没有涉及动态网页，则最好将网站首页的文件名设为 index.htm。这样在网站发布后，只需在浏览器中输入网站的域名就可以访问首页。

Unit 07 文件目录的命名规范

建立目录的原则就是层次最少，结构最清晰，访问最容易。具体而言，需要注意以下一些原则。

- 站点根目录一般只存放 index.htm 以及其他必需的系统文件，不要将所有网页都放在根目录下。
- 每个一级栏目创建一个独立的目录。
- 根目录下的 images 用于存放各页面都要使用的公用图片，子目录下的 images 目录存放本栏目页面使用的私有图片。
- 所有 JavaScript 等脚本文件存放在根目录下的 scripts 文件夹中。
- 所有 CSS 文件存放在根目录下的 styles 文件夹中。
- 如果有多个语言版本，最好分别位于不同的服务器上或存放于不同的目录中。
- 多媒体文件存放在根目录下的 media 文件夹中。
- 目录层次不要太深，建议不要超过 3 层。
- 如果链接目录结构不能控制在 3 层以内，建议在页面中添加明确的导航信息，这样可以帮助浏览者明确自己所处的位置。
- 不要使用过长的目录名。

当然，这里提到的规范只是行业中大家的一种共识，用户也可以提出更加合理的命名方案，只要能保证提高效率就可以。养成一个好习惯，将会给浏览者和自己带来更多方便。

03 Chapter 创建基本图文网页

文本是网页中最基本的元素，也是最直观最简洁的传递信息的方式。文本信息的表现方式在网页设计中占了很大比例。

除文本外，图像也是网页设计中的重要元素之一。图像不但可以美化网页，而且还能配合文字更加直观地说明问题，使表达的意思一目了然。同时精美的图像和丰富的色彩搭配也会使网页更加美观、形象和生动，在第一时间吸引读者的注意力。

Unit 01 文本的输入

编辑网页文本是网页制作最基本的操作，灵活应用各种文本属性可以排版出更加美观、条理清晰的网页。

输入普通文本

文本是最基本的信息载体，任何网页几乎都很难摆脱文本而独立存在，在文本提供丰富的信息时，对文本进行不同的版式设计也会对整个网页的风格和观赏性产生影响。所以熟练掌握文本的操作和使用，是制作网页的基本要求。

下面介绍如何向 Dreamweaver CS5.5 中输入普通文本，该操作比较简单，具体操作步骤·如下：

01 在菜单栏中选择【文件】|【打开】命令，在弹出的【打开】对话框中选择随书附带光盘中的【效果】|【原始文件】|【Chapter03】|【index.html】文件，然后单击【打开】按钮，如图 3-1 所示。此时即可打开素材文件，如图 3-2 所示。

02 在需要输入文本的位置处单击，即可插入光标，如图 3-3 所示。

03 然后输入文本即可，输入完成后的效果如图 3-4 所示。

04 输入完成后，按 F12 键在浏览器中预览，如果没有保存，将会弹出保存提示对话框，单击【是】按钮即可，如图 3-5 所示。

图 3-1　选择文件

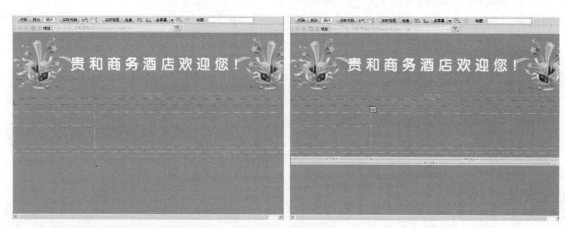

图 3-2　打开素材文件　　　　　　　　　　　　　图 3-3　插入光标

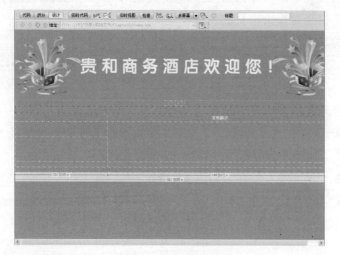

图 3-4　输入文本

图 3-5　保存提示对话框

图 3-6 所示为浏览器中的预览效果。

图 3-6　预览效果

插入列表符号

为了使多行并且单独成行的文字更加整齐和美观，可以用列表形式进行表现。列表分为编号列表和项目列表，编号列表可以将文本按照数字编号进行顺序排列，项目符号列表则没有顺序之分。

01 首先在网页文档中输入文本，如图 3-7 所示。按 Enter 键可进行换行。

02 选择输入的文本，在菜单栏中选择【格式】|【列表】|【编号列表】命令，如图 3-8 所示。选择的文本即可应用编号列表样式，如图 3-9 所示。

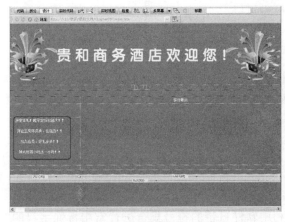

图 3-7　输入列表文本

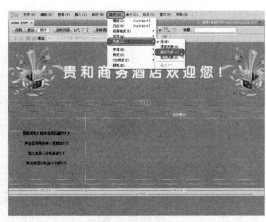

图 3-8　选择【编号列表】命令

03 在菜单栏中选择【格式】|【列表】|【项目列表】命令，选择的文本即可应用项目列表样式，如图 3-10 所示。

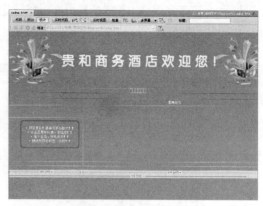

图 3-9 应用编号列表   图 3-10 应用项目列表

04 输入完成后，按 F12 键在浏览器中预览，如图 3-11 所示。

05 在菜单栏中选择【格式】|【列表】|【属性】命令，如图 3-12 所示。

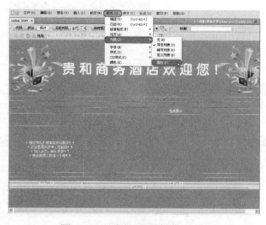

图 3-11 预览效果   图 3-12 选择【属性】命令

06 弹出【列表属性】对话框，在该对话框中可以对列表属性进行更改，如图 3-13 所示。

 提 示

　　除上述方法外，在菜单栏中选择【插入】|HTML|【文本对象】命令，在弹出的级联菜单中选择【项目列表】或【编号列表】命令即可。

图 3-13 【列表属性】对话框

 插入特殊字符

　　在网页制作中，经常会使用一些特殊字符，例如版权符号、注册商标符号以及钱币符号等，手动输入往往比较烦琐和复杂，这时可以利用软件自带的符号集合进行常用特殊字符的输入。

01 在需要插入特殊字符的位置处单击，即可插入光标，如图 3-14 所示。

02 然后在菜单栏中选择【插入】|HTML|【特殊字符】|【版权】命令，如图 3-15 所示。

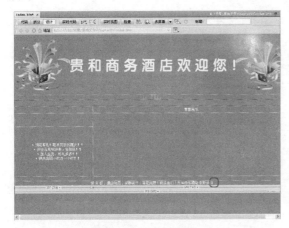

图 3-14　插入光标

图 3-15　选择【版权】命令

03 选择完成后，即可将【版权】符号插入到光标所在位置，如图 3-16 所示。

04 如果级联菜单中显示的符号无法满足用户的需求，则可以在弹出的级联菜单中选择【其他字符】命令，在弹出的【插入其他字符】对话框中进行选择，如图 3-17 所示。

图 3-16　插入【版权】符号

图 3-17　【插入其他字符】对话框

查找和替换文本

在 Word 中可以使用查找和替换功能对文本进行替换操作，同时 Dreamweaver CS5.5 也提供了该功能，方便用户快速进行大量错误字符的修改和替换操作。

01 在菜单栏中选择【编辑】|【查找和替换】命令，如图 3-18 所示。

02 此时会弹出【查找和替换】对话框，在该对话框中可以进行字符的查找和替换，如图 3-19 所示。

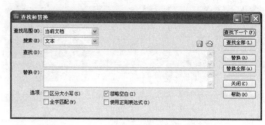

图 3-18　选择【查找和替换】命令　　　　图 3-19　【查找和替换】对话框

在该对话框中各项命令的含义如下：

● 查找范围：指定查找的范围。
● 搜索：指定搜索的类型。
● 查找：在该文本框中输入需要查找的内容。
● 替换：在该文本框中输入需要替换的内容。
● 选项：勾选相应复选框可进行更加精确的查找。
● 查找下一个：单击该按钮则只进行下一个符合要求的字符的查找，而不进行替换。
● 查找全部：功能与【查找下一个】类似。
● 替换：单击该按钮，只完成当前查找内容的替换。
● 全部替换：单击该按钮，将替换查找到的所有符合条件的信息。

Unit 02 文本属性的设置

文本输入完成后，还需要根据不同的要求对文本属性进行设置，文本属性主要包括字体、字号以及文本颜色和对齐方式等。

添加新字体

Dreamweaver CS5.5 中默认字体比较少，用户可以自己添加所需字体，具体操作如下：

01 选择文本后在【属性】面板中单击【字体】右侧的下拉按钮，在弹出的下拉列表中选择【编辑字体列表】选项，如图 3-20 所示。

02 此时会弹出【编辑字体列表】对话框，在【可用字体】列表框中选中需要添加的字体，然后单击 << 按钮，如图 3-21 所示。

图 3-20　选择【编辑字体列表】　　　　　　图 3-21　【编辑字体列表】对话框

03 此时选择的字体就会显示在【选择的字体】列表框中，然后单击【确定】按钮，如图 3-22 所示。

04 再次单击【字体】右侧的下拉按钮，在弹出的下拉列表中即可显示出新添加的字体，如图 3-23 所示。

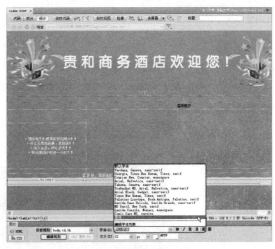

图 3-22　单击【确定】按钮　　　　　　图 3-23　显示新添加的字体

05 选择该字体后即可应用，此时会发现页面中所有文本都更换了字体，如图 3-24 所示。

06 如果用户只想更改选中文本的字体，可以通过新建 CSS 样式来进行更改，撤销刚才的操作，单击 CSS 按钮，选择需要更改字体的文本后单击【目标规则】右侧的下拉按钮，在弹出的下拉列表中选择【新 CSS 规则】选项，如图 3-25 所示。

07 选择完成后单击【编辑规则】按钮，弹出【新建 CSS 规则】对话框，在该对话框中将【选择器类型】定义为【类（可应用于任何 HTML 元素）】，然后输入选择器名称，设置完成后单击【确定】按钮，如图 3-26 所示。

08 弹出【规则定义】对话框,在左侧【分类】列表框中选择【类型】选项,将 Font-family 设置为【黑体】,然后单击【确定】按钮,如图 3-27 所示。

图 3-24　更换字体　　　　　　　　　　　　图 3-25　选择【新 CSS 规则】选项

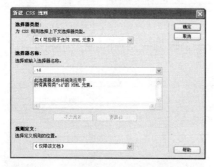

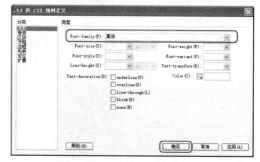

图 3-26　【新建 CSS 规则】对话框　　　　　图 3-27　【规则定义】对话框

09 此时选择的文本即可应用新的 CSS 样式,并且会根据设置的 CSS 样式发生改变,如图 3-28 所示。

图 3-28　完成后的效果

设置字号

文本创建完成后字号大小都为默认设置，有时需要根据页面的设计对不同的文本设置不同的字号，下面就介绍设置字号的方法。

01 选择文本后在【属性】面板中单击【大小】右侧的下拉按钮，在弹出的下拉列表中选择【18】选项，如图 3-29 所示。

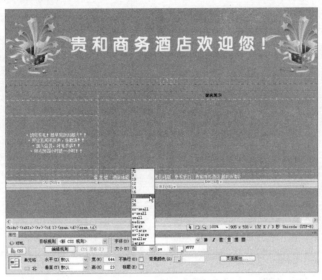

图 3-29　选择字号

02 选择完成后选择的文本即可更改为该字号大小，如图 3-30 所示。

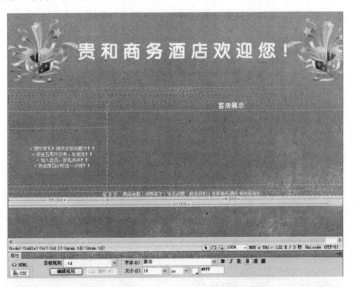

图 3-30　字号设置完成后的效果

 提 示

对文本属性进行设置时，一定要选中需要设置的文本，否则任何调整都不会起作用。

设置文本颜色

文本的颜色可以用来美化页面和强调文章的重点，输入文本时颜色为默认设置，下面介绍如何设置文本的颜色。

01 选择文本后在【属性】面板中单击【文本颜色】框，在弹出的颜色列表框中选择需要的文本颜色，如图 3-31 所示。

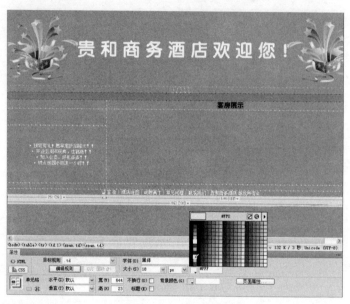

图 3-31　颜色列表框

02 选择完成后文本即可应用选择的颜色，如图 3-32 所示。

图 3-32　颜色设置完成后的效果

添加下画线

在很多网页中都可以看到文本下方添加了下画线，以突出显示该段文本，在 Dreamweaver CS5.5 提供了添加下画线的功能。

01 首先选择需要添加下画线的文本，单击 📊 CSS 按钮，将【目标规则】定义为【新 CSS 规则】，然后单击【编辑规则】按钮，如图 3-33 所示。

02 弹出【新建 CSS 规则】对话框，在该对话框中将【选择器类型】定义为【类（可应用于任何 HTML 元素）】，然后输入选择器名称，设置完成后单击【确定】按钮，如图 3-34 所示。

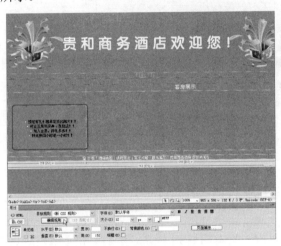
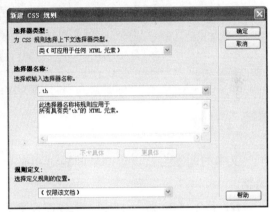

图 3-33　新建 CSS 规则   图 3-34　【新建 CSS 规则】对话框

03 弹出【规则定义】对话框，在左侧【分类】列表框中选择【类型】选项，将 Font-size 设置为 16，勾选 underline 复选框，然后单击【确定】按钮，如图 3-35 所示。此时选择的文本即可添加下画线，如图 3-36 所示。

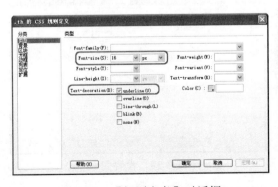
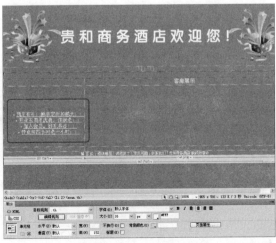

图 3-35　【规则定义】对话框   图 3-36　添加下画线

04 输入完成后，按 F12 键在浏览器中预览，如图 3-37 所示。

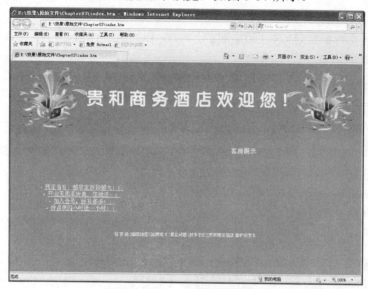

图 3-37　预览效果

调整间距

　　文本的间距为默认值，当间距过小时会显得比较拥挤，这时可以适当对文本间距进行调整。

　　01 首先单击 <u>CSS</u> 按钮，选择需要更改间距的文本的 CSS 样式，然后单击【编辑规则】按钮，如图 3-38 所示。

　　02 弹出规则定义对话框，在左侧【分类】列表框中选择【类型】选项，将 Line-height 设置为 30，然后单击【确定】按钮，如图 3-39 所示。

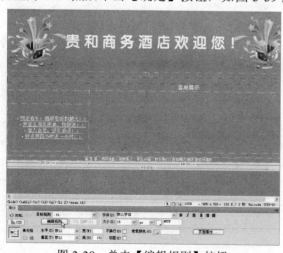

图 3-38　单击【编辑规则】按钮

图 3-39　设置间距

　　此时应用该规则的段落间距即可发生改变，效果如图 3-40 所示。

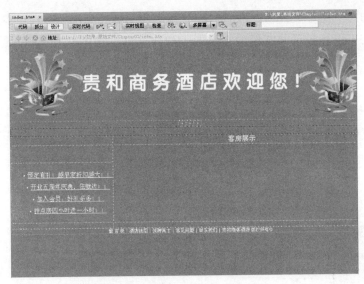

图 3-40　间距设置完成后的效果

Unit 03　使用图像美化网页

一个漂亮的网页通常都是图文并茂的,精美的图像和精巧的按钮不但能使网页更加美观、形象和生动,而且能使网页中的内容更加丰富多彩。

网页图像的格式

网页中图像的格式通常有 3 种,即 GIF、JPEG 和 PNG。目前大多数浏览器都支持 GIF 和 JPEG 格式。

（1）GIF 格式

GIF 是英文单词 Graphics Interchange Format 的缩写,即图像交换格式,文件最多使用 256 种颜色,最适合显示色调不连续或具有大面积单一颜色的图像,例如导航条、按钮、图标、徽标或其他具有统一色彩和色调的图像。

（2）JPEG 格式

JPEG 格式是一种压缩的非常紧凑的格式,专门用于不含大色块的图像。JPEG 的图像有一定的失真度,但在正常情况下肉眼分辨不出 JPEG 和 GIF 图像的区别,而 JPEG 文件的大小只有 GIF 文件的 1/4。JPEG 对图标之类的含大色块的图像不是很有效,不支持透明度、动态度,但能够保留全真的色调板格式。如果图像需要全彩模式才能表现效果,则 JPEG 是最佳的选择。

（3）PNG 格式

PNG 格式是英文单词 Portable Network Graphics 的缩写,即便携网络图像,文件格式是一种非破坏性的网页图像文件格式，它提供了将图像文件以最小的方式压缩却又不造成图像失真的技术。它不仅具备了 GIF 图像格式的大部分优点，而且还支持 48-bit 的色彩、更快的交错显示、跨平台的图像亮度控制、更多层的透明度设置。

插入图像

图像是网页中最重要的设计元素之一，美观的图像可以为网页增添活力，提升整体的美感，下面介绍如何在网页中插入图像。

01 首先将光标置于需要插入图像的表格内，在菜单栏中选择【插入】|【图像】命令，如图 3-41 所示。

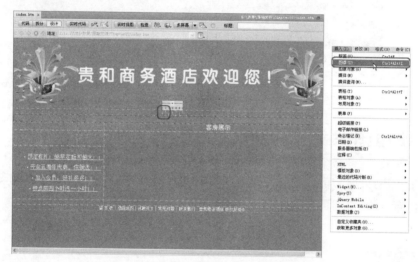

图 3-41　选择【插入】|【图像】命令

02 在弹出的【选择图像源文件】对话框中选择随书光盘中的【效果】|【原始文件】|【images】|【1.jpg】文件，然后单击【确定】按钮，如图 3-42 所示。

03 弹出【图像标签辅助功能属性】对话框，这里不需要进行操作，直接单击【确定】按钮即可，如图 3-43 所示。此时即可将选择的图像素材插入到页面中光标所在的位置，完成后的效果如图 3-44 所示。

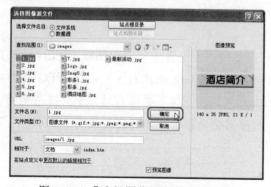

图 3-42　【选择图像源文件】对话框

图 3-43　【图像标签辅助功能属性】对话框

04 使用相同的方式继续插入其他图像素材，完成后的效果如图 3-45 所示。

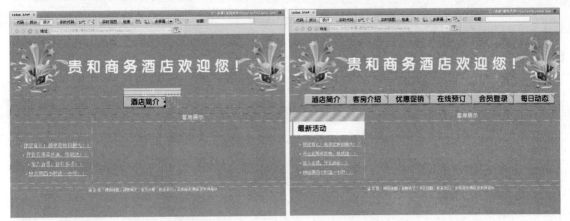

图 3-44　插入图像素材 1　　　　　　　　图 3-45　插入图像素材 2

💨 **提　示**

也可以在【插入】面板中选择【常用】选项，单击【图像】按钮，也可打开【选择图像源文件】对话框。

05 在菜单栏中选择【文件】|【保存】命令将文档保存，按 F12 键在浏览器中预览效果，如图 3-46 所示。

图 3-46　预览效果

调整图像大小

插入图像后，图像的大小不一定与用户的页面布局相匹配，这时就需要对图像进行调整。

01 首先将光标置于需要插入图像的表格内，在菜单栏中选择【插入】|【图像】命令，弹出【选择图像源文件】对话框，选择随书光盘中的【效果】|【原始文件】|【Chapter 03】|

【image】|【7.jpg】文件，然后单击【确定】按钮，如图 3-47 所示。

02 此时即可将选择的图像素材插入到页面中光标所在的位置。选择插入的图像，在【属性】面板中将【宽】、【高】分别设为 638、252，如果需要恢复图像原始大小，可以单击右侧【重设大小】按钮，如图 3-48 所示。

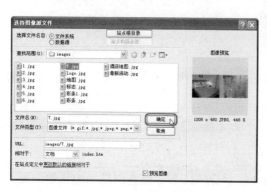

图 3-47　选择图像素材

图 3-48　调整图像大小

03 调整完成后单击【对齐】右侧的下拉按钮，在弹出的下拉列表中选择【左对齐】选项，如图 3-49 所示。此时图像在表格中左对齐显示，如图 3-50 所示。

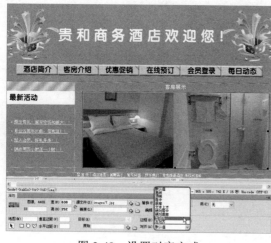

图 3-49　设置对齐方式

图 3-50　左对齐效果

04 在菜单栏中选择【文件】|【保存】命令将文档保存，按 F12 键在浏览器中预览效果，如图 3-51 所示。

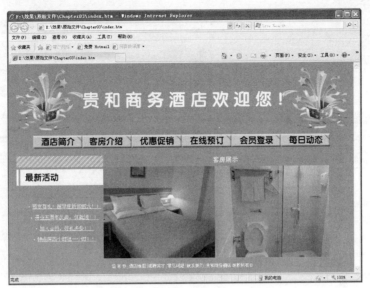

图 3-51 预览效果

图像的对齐方式

当图像和文本互相混合排列时，就要设置图像的对齐方式来协调与文本的关系，使页面整齐划一。

01 首先在表格中输入文本，将光标置于需要输入文本的表格内，如图 3-52 所示。

02 然后输入文本对象。输入完成后，将光标放置在文本前方，如图 3-53 所示。

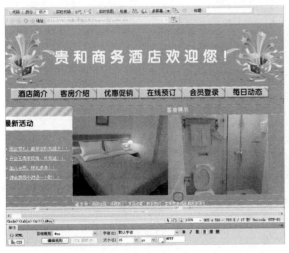

图 3-52 插入光标

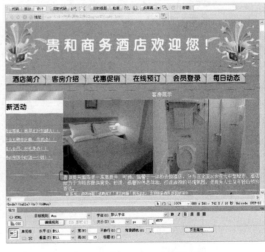

图 3-53 输入文本

03 在菜单栏中选择【插入】|【图像】命令，弹出【选择图像源文件】对话框，选择【标志.jpg】文件，然后单击【确定】按钮，如图 3-54 所示。此时即可将选择的图像插入到表格中，如图 3-55 所示。

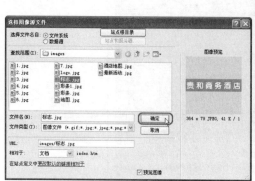

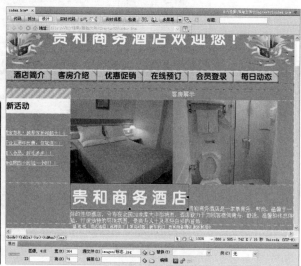

图 3-54 【选择图像源文件】对话框　　　　　　　图 3-55　插入图像

04 选中插入的图像，单击【对齐】右侧的下拉按钮，在弹出的下拉列表中选择【右对齐】选项，如图 3-56 所示。

05 继续选择插入的素材图像，在【属性】面板中将【垂直边距】设置为 8，将【水平边距】设置为 3，如图 3-57 所示。

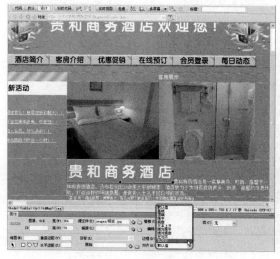

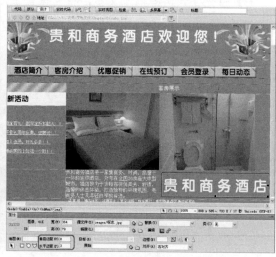

图 3-56　设置对齐方式　　　　　　　　　　图 3-57　设置边距

06 在菜单栏中选择【文件】|【保存】命令将文档保存，按 F12 键在浏览器中预览效果，如图 3-58 所示。

图 3-58　预览效果

Unit 04 使用图像编辑器

图片插入完成后如果不符合要求，还需要对图像进行处理，Dreamweaver CS5.5 中提供了几种简单的图像编辑功能，省去了使用其他软件处理的烦琐过程。

裁剪图像

插入的图像如果有多余部分，通常情况下需要返回到专用的图像处理软件中进行重新编辑、裁剪，而在 Dreamweaver 中则可以直接利用裁剪功能进行裁剪。

01 选择需要进行裁剪的图像，在【属性】面板中单击【裁剪】按钮，如图 3-59 所示。

02 此时会弹出 Dreamweaver 提示对话框，单击【确定】按钮即可，如图 3-60 所示。

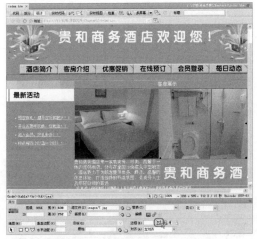

图 3-59　单击【裁剪】按钮

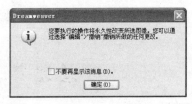

图 3-60　Dreamweaver 提示对话框

03 此时选择的图片中会出现方框，拖动控制柄调整方框大小，其中深色部分表示要被裁减的范围，如图 3-61 所示。

04 调整完成后双击鼠标即可对图像进行裁剪，如图 3-62 所示。

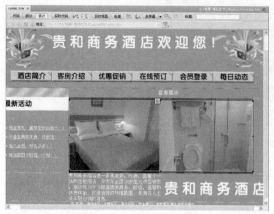 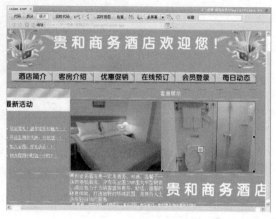

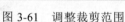

图 3-61　调整裁剪范围　　　　　　　　图 3-62　裁剪后的效果

 提　示

如果需要撤销操作，在菜单栏中选择【编辑】|【撤销裁剪】命令，或者按【Ctrl+Z】组合键。

调整图像亮度和对比度

当图像过亮或者过暗时，可以使用亮度和对比度工具进行调整。

01 选择需要进行亮度和对比度调整的图像，在【属性】面板中单击【亮度和对比度】按钮，如图 3-63 所示。

02 此时会弹出【亮度/对比度】对话框，将【亮度】和【对比度】参数都设置为 10，然后单击【确定】按钮即可，如图 3-64 所示。

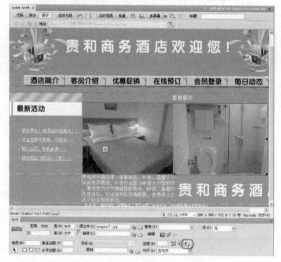 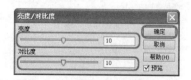

图 3-63　单击【亮度和对比度】按钮　　　　图 3-64　【亮度/对比度】对话框

此时即可对图像进行亮度和对比度调整，如图 3-65 所示。

03 如果需要撤销操作，则在菜单栏中选择【编辑】|【撤销对比度和亮度】命令即可，如图 3-66 所示。

图 3-65 调整亮度和对比度后的效果　　图 3-66 选择【撤销对比度和亮度】命令

锐化图像

锐化工具可以增加图像像素的对比度，从而使图像清晰度得到提升。

01 选择需要进行锐化的图像，在【属性】面板中单击【锐化】按钮△，如图 3-67 所示。

02 此时会弹出【锐化】对话框，将【锐化】参数设置为 2，然后单击【确定】按钮即可，如图 3-68 所示。

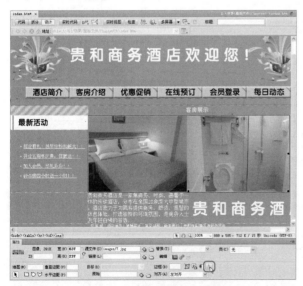

图 3-67 单击【锐化】按钮　　图 3-68 【锐化】对话框

03 在菜单栏中选择【文件】|【保存】命令将文档保存，按 F12 键在浏览器中预览效果，此时会发现调整后的图像边缘更加清晰，如图 3-69 所示。

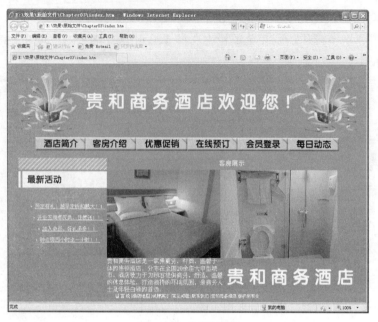

图 3-69　预览效果

提　示

在【属性】面板中单击【编辑图像设置】按钮，在弹出的【图像预览】对话框中可以对图像进行进一步设置，如图 3-70 所示。单击【编辑】按钮，即可将选择的图片在 Photoshop 中打开。

图 3-70　【图像预览】对话框

Unit 05 设置图像效果

通过 Dreamweaver CS5.5 可以创建鼠标经过图像和图像占位符两种图像效果，这两种效果在网页制作中经常用到。

插入鼠标经过图像

鼠标经过图像就是在浏览器中浏览网页时，当鼠标经过图像时，原图像会变成另外一张图像。鼠标经过图像效果其实是由两张图像组成的，即原始图像和鼠标经过图像。

01 将光标放置在需要插入图像的位置，在菜单栏中选择【插入】|【图像对象】|【鼠标经过图像】命令，如图 3-71 所示。

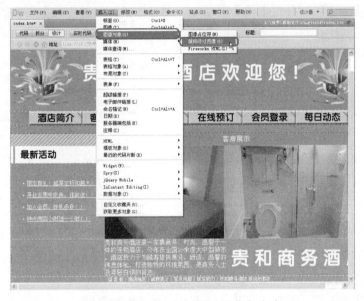

图 3-71　选择【鼠标经过图像】命令

02 弹出【插入鼠标经过图像】对话框，单击【原始图像】右侧的【浏览】按钮，如图 3-72 所示。

- 图像名称：输入鼠标经过的图像名称。
- 原始图像：鼠标指针经过前显示的图像。
- 鼠标经过图像：鼠标指针经过时显示的图像。
- 预载鼠标经过图像：勾选此复选框可以将图像预先载入，以便在预览图像时不发生延迟。
- 替换文本：为使用只显示文本的浏览器的读者设置描述该图像的文本。
- 按下时，前往的 URL：该选项可以设置单击鼠标经过图像时打开的网页路径或文件。

提 示

也可以在【插入】面板中选择【常用】选项，单击【图像】按钮右侧的下拉按钮，在弹出的下拉列表中选择【鼠标经过图像】选项，如图 3-73 所示。

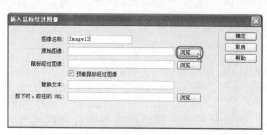

图 3-72　【插入鼠标经过图像】对话框　　　图 3-73　选择【鼠标经过图像】选项

03 在弹出的【原始图像】对话框中选择随书光盘中的【效果】|【原始文件】|【Chapter 03】|【images】|【酒店地图.jpg】，单击【确定】按钮，如图 3-74 所示。

04 返回到【插入鼠标经过图像】对话框，单击【鼠标经过图像】右侧的【浏览】按钮，如图 3-75 所示。

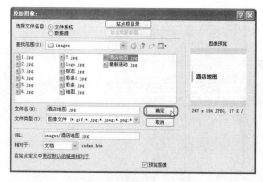

图 3-74　选择原始图像　　　　　　　图 3-75　单击【浏览】按钮

05 在弹出的【鼠标经过图像】对话框中选择【效果】|【原始文件】|【Chapter 03】|【images】|【地图.jpg】，单击【确定】按钮，如图 3-76 所示。

06 返回到【插入鼠标经过图像】对话框，勾选【预载鼠标经过图像】复选框，单击【确定】按钮，如图 3-77 所示。此时鼠标经过图像就设置完成了，如图 3-78 所示。

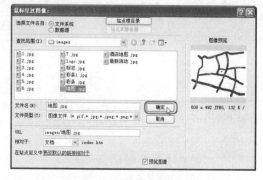

图 3-76　选择鼠标经过图像　　　　　图 3-77　单击【确定】按钮

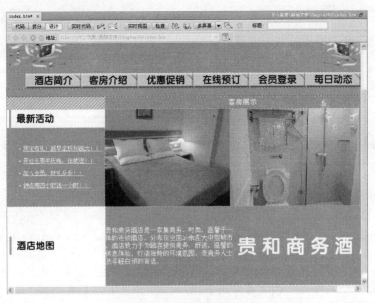

图 3-78　设置完成后的效果

07 在菜单栏中选择【文件】|【保存】命令将文档保存，按 F12 键在浏览器中预览效果，鼠标经过前如图 3-79 所示，鼠标经过时如图 3-80 所示。

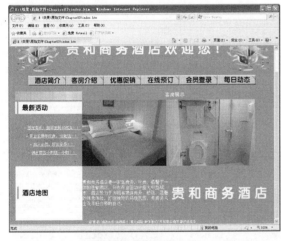

图 3-79　鼠标经过前　　　　　　　　　　　图 3-80　鼠标经过时

插入图像占位符

图像占位符可以暂时替代网页中没有制作好的图像的位置，并且能根据实际图片大小对占位符大小进行设置，以便于用户在制作前期对网页的版式布局进行查看和修改。

01 将光标置于需要插入图像占位符的位置，如图 3-81 所示。

02 在菜单栏中选择【插入】|【图像对象】|【图像占位符】命令，如图 3-82 所示。

图 3-81　插入光标　　　　　　　　　　　图 3-82　选择【图像占位符】命令

提　示

也可以在【插入】面板中选择【常用】选项，单击【图像】按钮右侧的下拉按钮，在弹出的下拉列表中选择【图像占位符】选项。

03 此时会弹出【图像占位符】对话框，使用默认设置，单击【确定】按钮，如图 3-83 所示。

- 名称：占位符名称。
- 宽度：占位符的宽度值。
- 高度：占位符的高度值。
- 颜色：占位符所显示的颜色。
- 替换文本：为使用只显示文本的浏览器的读者设置描述该图像的文本。

此时可在页面中光标所在位置插入一个图像占位符，如图 3-84 所示。

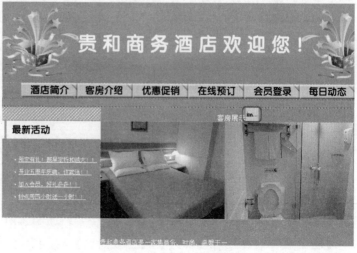

图 3-83　【图像占位符】对话框　　　　　　　图 3-84　占位符效果

实战
应用 制作图文并茂的网页

通过上面的学习可以掌握制作网页的基本方法，下面利用本章所学内容制作一个简单的图文并茂的网页。

01 在菜单栏中选择【文件】|【打开】命令，在弹出的【打开】对话框中选择随书附带光盘中的【效果】|【原始文件】|【Chapter03】|【实战应用】|【index.html】文件，然后单击【打开】按钮，如图 3-85 所示。

图 3-85　打开文件

02 将光标置于表格边框处，然后单击鼠标选择表格，或者单击<table>标签也可选择表格，在【属性】面板中单击【对齐】右侧的下拉按钮，在弹出的下拉列表中选择【居中对齐】选项，如图 3-86 所示。

03 将光标置于第 1 行表格中，在菜单栏中选择【插入】|【图像】命令，如图 3-87 所示。

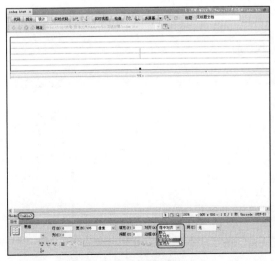

图 3-86　设置表格对齐方式

图 3-87　选择【图像】命令

🖙 **提 示**

将光标定位在表格中的任意一个单元格内，可以看到状态栏左侧的标签选择器处显示为<body><table><tr><td>"，其中<table>表示表格，<tr>表示表格中的行，<td>表示单元格。

04 弹出【选择图像源文件】对话框，选择随书光盘中的【效果】|【原始文件】|【Chapter03】|【实战应用】|【images】|【logo.jpg】文件，然后单击【确定】按钮，如图 3-88 所示。此时即可将选择的图像素材插入到页面中光标所在位置，完成后的效果如图 3-89 所示。

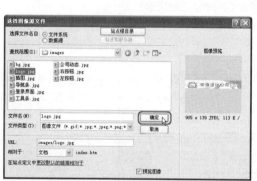

图 3-88　选择【logo.jpg】文件 

图 3-89　插入 logo 图像

05 将光标置于第 2 行单元格中，继续在菜单栏中选择【插入】|【图像】命令，在弹出的【选择图像源文件】对话框中选择随书光盘中的【效果】|【原始文件】|【Chapter03】|【实战应用】|【images】|【导航条.jpg】文件，然后单击【确定】按钮，如图 3-90 所示。

06 此时即可将选择的导航条图像素材插入到页面中光标所在位置，然后在页面空白处单击，在【属性】面板中单击【页面属性】按钮，如图 3-91 所示。

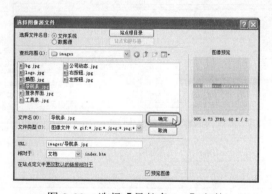

图 3-90　选择【导航条.jpg】文件

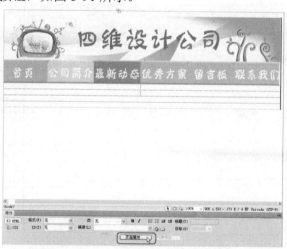

图 3-91　单击【页面属性】按钮

👆 **提 示**

除以上方法外，在菜单栏中选择【修改】|【页面属性】命令，也可打开【页面属性】对话框。

07 弹出【页面属性】对话框，在【分类】列表框中选择【外观 CSS】选项，然后单击【背景图像】文本框右侧的【浏览】按钮，如图 3-92 所示。

08 弹出【选择图像源文件】对话框，选择随书光盘中的【效果】|【原始文件】|【Chapter03】|【实战应用】|【images】|【bg.jpg】文件，单击【确定】按钮，如图 3-93 所示。

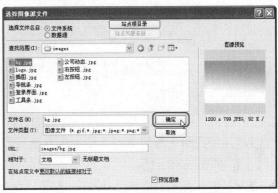

图 3-92 【页面属性】对话框 　　　　　　 图 3-93 选择【bg.jpg】文件

此时网页文件即可应用背景图像，如图 3-94 所示。将文件保存后可以在浏览器中对效果进行预览。

09 使用前面插入图像的方法在第 3 行表格中继续插入【登录界面.jpg】和【导航条.jpg】文件，如图 3-95 所示。

图 3-94 背景图片效果 　　　　　　 图 3-95 插入其他图片

10 选择插入的第 3 行表格，在【属性】面板中将垂直对齐方式设置为【顶端】，如图 3-96 所示。

11 使用前面插入图像的方法在第 4 行第 1 列表格中继续插入随书光盘中的【效果】|【原始文件】|【Chapter03】|【实战应用】|【images】|【公司动态.jpg】文件，然后在【属性】面

板中将水平对齐方式设置为【居中对齐】，如图 3-97 所示。

图 3-96 设置垂直对齐方式　　　　图 3-97 设置水平对齐方式 1

12 继续在第 4 行第 2 列表格中插入素材图像，然后选择将表格水平对齐方式设置为【居中对齐】，如图 3-98 所示。

13 设置完成后，在第 3 行第 1 列表格中图片下方输入文本，然后选择输入的文本，单击【属性】面板中的【编辑规则】按钮，如图 3-99 所示。

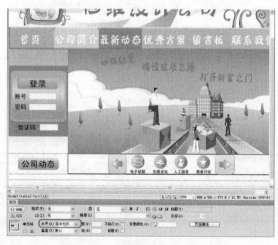

图 3-98 设置水平对齐方式 2　　　　图 3-99 单击【编辑规则】按钮

14 弹出【新建 CSS 规则】对话框，在该对话框中将【选择器类型】定义为【类（可应用于任何 HTML 元素）】，然后输入选择器名称，设置完成后单击【确定】按钮，如图 3-100 所示。

15 弹出【规则定义】对话框，在左侧【分类】列表框中选择【类型】选项，将 Font-size 设置为 12，将 Color 设置为#F60，最后勾选 underline 复选框，然后单击【确定】按钮，如图 3-101 所示。

此时选择的文本即可应用设置完成的 CSS 样式，如图 3-102 所示。

16 在第 6 行表格中输入版权信息，并将该表格水平对齐方式设置为【居中对齐】，如图 3-103 所示。

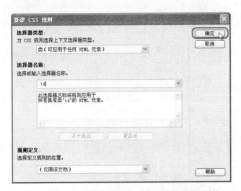

图 3-100　【新建 CSS 规则】对话框

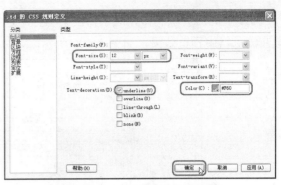

图 3-101　【规则定义】对话框

图 3-102　应用 CSS 样式

图 3-103　输入版权信息

17 下面设置输入的版权信息文本。选择文本，单击【属性】面板中【编辑规则】按钮，弹出【新建 CSS 规则】对话框，在该对话框中将【选择器类型】定义为【类（可应用于任何 HTML 元素）】，然后输入选择器名称，设置完成后单击【确定】按钮，如图 3-104 所示。

18 弹出【规则定义】对话框，在左侧【分类】列表框中选择【类型】选项，将 Font-size 设置为 12，将 Color 设置为#390，然后单击【确定】按钮，如图 3-105 所示。

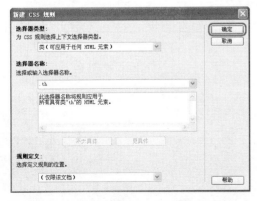

图 3-104　【新建 CSS 规则】对话框

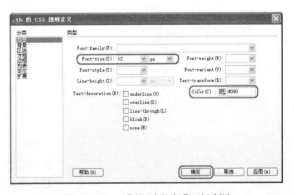

图 3-105　【规则定义】对话框

19 至此网页就制作完成了，在菜单栏中选择【文件】|【保存】命令将文档保存，按 F12 键在浏览器中预览效果，如图 3-106 所示。

图 3-106　预览效果

04 Chapter 网页中的表格和 AP Div

表格是在 HTML 页面中排列数据与图像的非常强有力的工具。AP Div 是一种页面元素，可以包含文本、图像或其他 HTML 文档，可以使页面上的元素进行重叠和复杂的布局。本章将主要介绍表格和 AP Div 的创建与修改。

Unit 01 插入表格

表格是网页中最常用的排版方式之一，它可以将数据、文本、图片、表单等元素有序地显示在页面上，从而便于阅读信息。而且使用表格排版的页面在不同的平台、不同分辨率的浏览器中都能保持其原有的布局。

下面来介绍插入表格的方法，具体操作步骤如下：

01 将光标放置在要插入表格的位置，在菜单栏中选择【插入】|【表格】命令，如图 4-1 所示。

提 示

在【插入】面板中选择【常用】选项，然后单击【表格】按钮，也可以打开【表格】对话框，如图 4-2 所示。

图 4-1　选择【表格】命令

图 4-2　【插入】面板

02 在弹出的【表格】对话框中，将【行数】设置为 5，【列】设置为 7，【表格宽度】设置为 500 像素，如图 4-3 所示。

03 设置完成后单击【确定】按钮，即可插入表格，如图 4-4 所示。

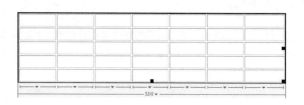

图 4-3　【表格】对话框　　　　　　　　　图 4-4　插入表格

【表格】对话框中各项参数的含义如下：

- 【行数】：输入要插入表格的行数。
- 【列】：输入要插入表格的列数。
- 【表格宽度】：用于设置表格的宽度，在右侧的下拉列表中可以选择单位【像素】或【百分比】。
- 【边框粗细】：用于设置表格边框的宽度。如果设置为 0，则在浏览时看不到表格的边框。
- 【单元格边距】：设置单元格内容和单元格边界之间的距离。
- 【单元格间距】：设置单元格之间的距离。
- 【标题】选项区域：用于定义表头样式，包括【无】、【左】、【顶部】和【两者】4 种样式。
- 【辅助功能】选项区域：包括【标题】和【摘要】两个选项。【标题】用于输入表格的标题；【摘要】用来对表格进行注释。【摘要】文本框中的内容不会显示在【设计】视图中，只有在【代码】视图中才可以看到。

Unit 02 添加内容到单元格

表格创建完成后，即可在表格的单元格内输入文本、插入图像或嵌套表格等，从而完善表格。

向单元格中输入文本

在单元格中输入文本是表格在网页设计中使用最为广泛的一种方式，具体的操作步骤如下：

01 在菜单栏中选择【文件】|【打开】命令，在弹出的对话框中选择随书附带光盘中的【效果】|【原始文件】|【Chapter04】|【Unit 02】|【index.html】文件，然后单击【打开】按钮将其打开，如图 4-5 所示。

02 将光标置于上方的单元格中，然后直接输入文本即可，如图 4-6 所示。

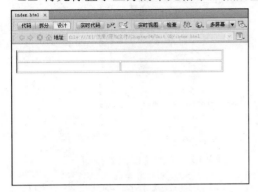

图 4-5　打开原始文件

图 4-6　输入文本

03 打开随书附带光盘中的【效果】|【原始文件】|【Chapter04】|【Unit 02】|【火龙果.txt】文件，如图 4-7 所示。

04 然后按 Ctrl+A 组合键全选，按 Ctrl+C 组合键复制。返回到 Dreamweaver 中，将光标置入下方左侧的单元格中，然后按 Ctrl+V 组合键进行粘贴，即可将文字粘贴到光标所在的单元格中，效果如图 4-8 所示。

图 4-7　打开【火龙果.txt】文件

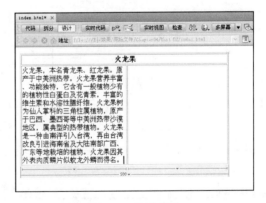

图 4-8　粘贴文本

在单元格中插入图像

在 Dreamweaver CS5.5 中提供了多种插入图像的方法，下面对这些方法进行简单的介绍。

01 继续上面的操作。将光标置入下方右侧的单元格中，然后执行下列操作之一：

● 在菜单栏中选择【插入】|【图像】命令，如图 4-9 所示。

● 在【插入】面板中选择【常用】选项，然后单击【图像】按钮，在弹出的下拉菜单中选择【图像】命令，如图 4-10 所示。

图 4-9　选择【图像】命令　　　　　　　图 4-10　单击【图像】按钮

02 即可弹出【选择图像源文件】对话框，在该对话框中选择随书附带光盘中的【效果】|【原始文件】|【Chapter04】|【Unit 02】|【images】|【火龙果.jpg】图像文件，如图 4-11 所示。

03 单击【确定】按钮，即可将选择的图像文件插入到光标所在的单元格中，效果如图 4-12 所示。

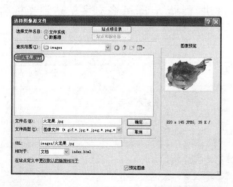

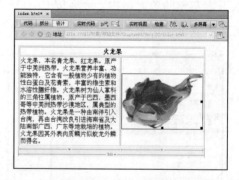

图 4-11　【选择图像源文件】对话框　　　　图 4-12　插入的图像

嵌套表格

嵌套表格是指在表格中的某一个单元格内再插入一个表格。如果嵌套表格的【表格宽度】单位为【百分比】，则嵌套表格的宽度受所在单元格宽度的限制；如果嵌套表格的【表格宽度】单位为【像素】，则当嵌套表格的宽度大于所在单元格的宽度时，单元格宽度将会变大。嵌套表格的操作步骤如下：

01 继续上面的操作，将光标置入下方左侧的单元格中，然后在菜单栏中选择【插入】|【表格】命令，如图 4-13 所示。

02 在弹出的【表格】对话框中，将【行数】设置为 2，【列】设置为 2，【表格宽度】设置为 350 百分比，如图 4-14 所示。

图 4-13　选择【表格】命令

图 4-14　【表格】对话框

03 单击【确定】按钮，即可插入嵌套表格，效果如图 4-15 所示。

04 按 Ctrl+Z 组合键进行撤销，然后在菜单栏中选择【插入】|【表格】命令，如图 4-16 所示。

图 4-15　嵌套表格

图 4-16　选择【表格】命令

05 在弹出的【表格】对话框中，将【行数】设置为 2，【列】设置为 2，【表格宽度】设置为 350 像素，如图 4-17 所示。

06 单击【确定】按钮，即可插入嵌套表格，效果如图 4-18 所示。

图 4-17　设置参数

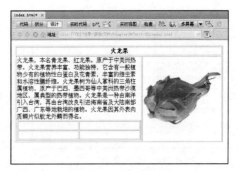

图 4-18　嵌套表格

Unit 03 设置表格属性

创建完表格后，可以根据需要对表格或单元格的属性进行设置。

设置单元格属性

在任意一个单元格中单击，即可在【属性】面板中显示出当前单元格的属性，如图 4-19
所示。

图 4-19　单元格属性

此时，【属性】面板中的各选项参数功能如下：

- 【水平】：设置单元格中对象的对齐方式，在下拉列表中包含 4 个选项，分别是【默认】、
  【左对齐】、【居中对齐】和【右对齐】。
- 【垂直】：设置单元格中对象的对齐方式，在下拉列表中包含 5 个选项，分别是【默认】、
  【顶端】、【居中】、【底部】和【基线】。
- 【宽】/【高】：设置单元格的宽与高。
- 【不换行】：勾选该复选框后，单元格的宽度将随单元格内元素的不断增加而加长。
- 【标题】：勾选该复选框后，可将当前单元格设置为标题行。
- 【背景颜色】：设置当前单元格的背景颜色。

设置单元格属性的操作步骤如下：

01 将光标置入要设置属性的单元格中，如图 4-20 所示。

02 在【属性】面板的【水平】下拉列表中选择【左对齐】选项，在【垂直】下拉列表
中选择【顶端】选项，并将【高度】设置为 50，如图 4-21 所示。

图 4-20　插入光标

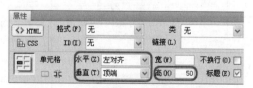

图 4-21　设置对齐方式和单元格高度

03 单击【背景颜色】右侧的 按钮，在弹出的颜色面板中拾取一种颜色，如图 4-22 所示。也可以在【背景颜色】按钮 右侧的文本框中输入所需颜色的十六进制颜色值编码。

设置单元格属性后的效果如图 4-23 所示。

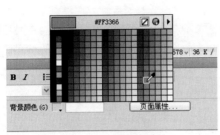

图 4-22　拾取颜色　　　　　　　图 4-23　设置单元格属性后的效果

设置表格属性

选中整个表格后，即可在【属性】面板中显示出当前表格的属性，如图 4-24 所示。

图 4-24　表格属性

此时，【属性】面板中的主要选项参数功能如下：

● 【表格】：用来设置表格的 ID。
● 【行】：用来设置表格的行数。
● 【列】：用来设置表格的列数。
● 【宽】：用来设置表格的宽度。其右侧的下拉列表用来选择表格宽度的单位，包括【百分比】和【像素】。
● 【填充】：用来设置单元格内容和单元格边界之间的像素数。
● 【间距】：相邻的单元格之间的像素数。
● 【对齐】：设置表格的对齐方式，其下拉列表中包括【默认】、【左对齐】、【居中对齐】和【右对齐】4 个选项。
● 【边框】：设置表格边框的宽度。

设置表格属性的操作步骤如下：

01 将鼠标指针移至表格的右下角，当鼠标指针变成 样式后，单击鼠标左键，即可选择整个表格，如图 4-25 所示。

02 在【属性】面板中将【宽】设置为 700 像素，将【填充】设置为 20，将【边框】设置为 5，如图 4-26 所示。

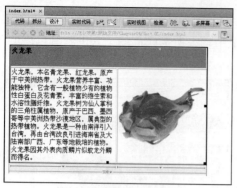

图 4-25　选择整个表格

图 4-26　设置参数

设置表格属性后的效果如图 4-27 所示。

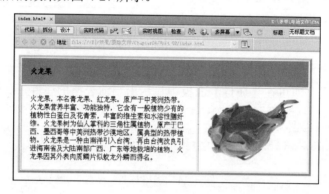

图 4-27　设置表格属性后的效果

Unit 04　表格的基本操作

在 Dreamweaver CS5.5 中，可以对创建的表格或单元格进行复制、删除、合并、拆分或排序等操作。

选择表格对象

在选择表格对象时，可以选择整个表格、表格的行或列，也可以选择一个或多个单元格。

1. 选择整个表格

要对创建的表格进行编辑，首选要选择该表格。选择整个表格的方法有以下几种：

● 将鼠标指针移至表格中的任意一个边框线上，当鼠标指针变成 ⇕ 样式后，单击鼠标左键，即可选择整个表格，如图 4-28 所示。

● 将光标置入表格中的任意一个单元格中，在菜单栏中选择【修改】|【表格】|【选择表格】命令，如图 4-29 所示。

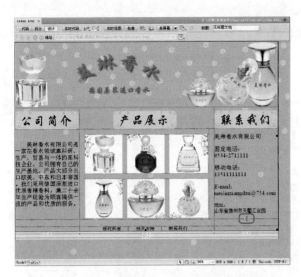

图 4-28　单击边框线　　　　　　　　图 4-29　选择【选择表格】命令

● 将光标置入表格中的任意一个单元格中，单击文档窗口左下角的<table>标签，如图 4-30 所示。

2. 选择表格的行或列

如果要选择表格中的某一行或列，则可以使用以下几种方法：

● 当鼠标指针位于行首时会变成➡形状，然后单击鼠标左键即可选中表格的行，如图 4-31 所示。当鼠标指针位于列顶时会变成⬇形状，然后单击鼠标左键即可选中表格的列。

图 4-30　单击<table>标签　　　　　　　　图 4-31　选择行

● 按住鼠标左键不放，从左至右或者从上至下拖动鼠标，即可选中行或列。
● 将鼠标置入某一行或列的第一个单元格中，按住 Shift 键并单击该行或列的最后一个单元格，即可选择该行或列。

3．选择单元格

● 按住鼠标左键并拖动，可以选择单个单元格，也可以选择连续单元格，如图 4-32 所示。

● 将光标放置在要选择的单元格中，连续单击三次即可选择该单元格，如图 4-33 所示。

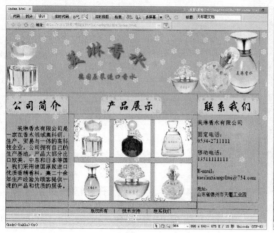

图 4-32　拖动鼠标选择单元格

图 4-33　连续单击三次

● 将光标放置在要选择的单元格中，然后单击文档窗口下方的<td>标签，即可选择该单元格，如图 4-34 所示。

● 在按住 Ctrl 键的同时，可以单击选择多个不相邻的单元格，如图 4-35 所示。

图 4-34　单击<td>标签

图 4-35　按住 Ctrl 键单击单元格

调整表格和单元格的大小

创建完表格后，可以根据需要调整表格或某些行或者列的大小。当调整整个表格的大小时，表格中的所有单元格都会按比例改变大小。如果表格中的单元格指定了明确的宽度或高度，则调整表格大小将更改文档窗口中单元格的可视大小，但不改变单元格的指定宽度和高度。

● 选择表格，然后拖动表格右侧、底部或右下的选择柄，即可对表格的宽度和高度进行调整，如图 4-36 所示。

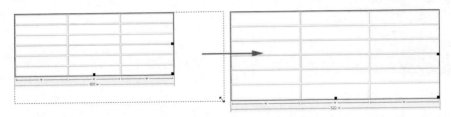

图 4-36 拖动表格选择柄

● 选择表格，在【属性】面板中的【宽】文本框中输入数值，在文本框右侧的下拉列表中选择单位，即可调整表格宽度，如图 4-37 所示。

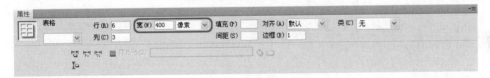

图 4-37 在【属性】面板中调整表格宽度

● 通过拖动行的下边框，可以对行高进行调整，效果如图 4-38 所示。

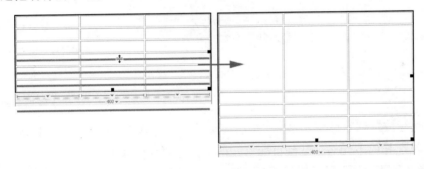

图 4-38 调整行高

● 通过拖动列的右边框，可以对列宽进行调整，效果如图 4-39 所示。

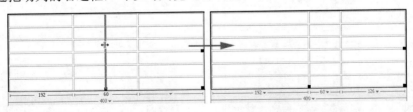

图 4-39 调整列宽

● 将光标置入需要调整的单元格中，然后在【属性】面板中的【宽】和【高】文本框中输入数值，可以调整单元格大小，如图 4-40 所示。

图 4-40　在【属性】面板中调整单元格大小

复制单元格

在表格中，可以像复制文本或图片一样，对一个或多个单元格进行复制，并且可以保留单元格的格式。复制表格的操作步骤如下：

01 在表格中选择需要复制的单元格，如图 4-41 所示。

02 在菜单栏中选择【编辑】|【拷贝】命令，复制选择的单元格，如图 4-42 所示。

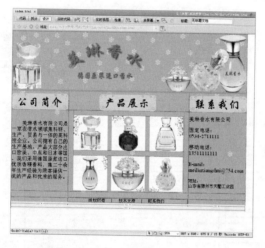

图 4-41　选择单元格

图 4-42　选择【拷贝】命令

03 将光标放置到目标单元格中，然后在菜单栏中选择【编辑】|【粘贴】命令，如图 4-43 所示。即可将选择的单元格粘贴到目标单元格中，效果如图 4-44 所示。

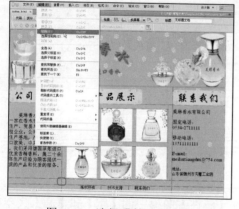

图 4-43　选择【粘贴】命令

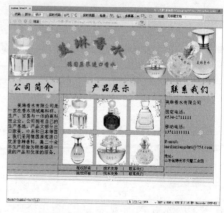

图 4-44　将选择的单元格粘贴到目标单元格中

剪切单元格

剪切单元格与复制单元格的方法基本相同，具体的操作步骤如下：

01 在表格中选择需要剪切的单元格，如图 4-45 所示。

02 在菜单栏中选择【编辑】|【剪切】命令，如图 4-46 所示。

图 4-45　选择单元格　　　　　　　　　图 4-46　选择【剪切】命令

03 将光标放置到目标单元格中，然后在菜单栏中选择【编辑】|【粘贴】命令，如图 4-47 所示。即可将选择的单元格粘贴到目标单元格中，效果如图 4-48 所示。

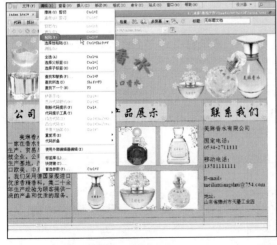 

图 4-47　选择【粘贴】命令　　　　　　图 4-48　将选择的单元格粘贴到目标单元格中

添加、删除行或列

下面来介绍如何添加、删除表格的行或列。

1．添加行或列

01 将光标置入表格的单元格中，然后在菜单栏中选择【插入】|【表格对象】|【在上面插入行】命令，如图 4-49 所示。即可在单元格上方插入新行，效果如图 4-50 所示。

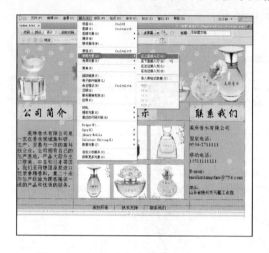

图 4-49　选择【在上面插入行】命令

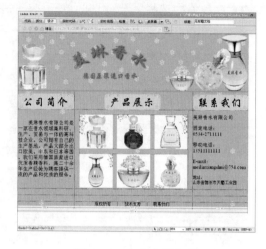

图 4-50　在上方插入行

提　示

在菜单栏中选择【插入】|【表格对象】|【在下面插入行】命令，即可在单元格下方插入新行。

02 在菜单栏中选择【插入】|【表格对象】|【在左边插入列】命令，如图 4-51 所示，即可在单元格左侧插入新列。若选择【在右边插入列】命令，即可在单元格右侧插入新列。

03 在菜单栏中选择【修改】|【表格】|【插入行或列】命令，如图 4-52 所示。

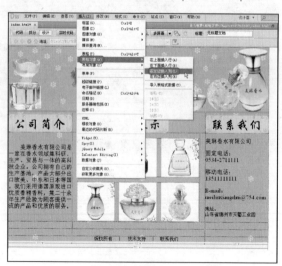

图 4-51　选择【在左边插入列】命令

图 4-52　选择【插入行或列】命令

04 弹出【插入行或列】对话框。在该对话框中可设置要插入的行数或列数以及插入行或列的位置，如图 4-53 所示。设置完成后单击【确定】按钮即可。

图 4-53 【插入行或列】对话框

> **提 示**
>
> 在菜单栏中选择【修改】|【表格】|【插入行】、【插入列】命令；或者在单元格中右击，在弹出的快捷菜单中选择【表格】|【插入行】、【插入列】命令，也可以插入行或列。

2. 删除行或列

要删除表格中的行或列，可以使用下面几种方法：

- 将光标放置在要删除的行或列中的任意一个单元格中，然后在菜单栏中选择【修改】|【表格】|【删除行】或【删除列】命令，如图 4-54 所示。
- 将光标放置在要删除的行或列中的任意一个单元格中，然后右击，在弹出的快捷菜单中选择【表格】|【删除行】或【删除列】命令，如图 4-55 所示。

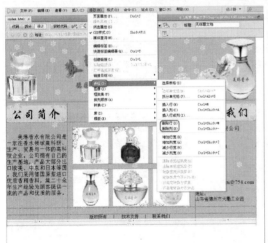 

图 4-54 选择【删除行】或【删除列】命令　　图 4-55 在快捷菜单中选择【删除行】或【删除列】命令

- 选择要删除的行或列，然后按 Delete 键将其删除。

合并、拆分单元格

合并单元格是指将多个连续的单元格合并为一个单元格；拆分单元格是指将一个单元格拆分成多个单元格。

1. 合并单元格

在合并单元格时，所选择的单元格区域必须为连续的矩形，操作步骤如下：

01 选择需要合并的单元格，如图 4-56 所示。

02 然后执行下列操作之一：

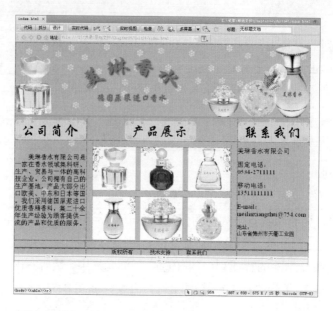

图 4-56　选择单元格

● 在菜单栏中选择【修改】|【表格】|【合并单元格】命令，如图 4-57 所示。
● 在选择的单元格上右击，在弹出的快捷菜单中选择【表格】|【合并单元格】命令，如图 4-58 所示。

图 4-57　选择【合并单元格】命令　　　　图 4-58　在快捷菜单中选择【合并单元格】命令

● 在【属性】面板中单击【合并所选单元格，使用跨度】按钮，如图 4-59 所示。

图 4-59　单击【合并所选单元格，使用跨度】按钮

即可将选择的单元格合并，效果如图 4-60 所示。

2. 拆分单元格

在拆分单元格时，可以将单元格拆分为行或列，操作步骤如下：

01 将光标置入要拆分的单元格中，如图 4-61 所示。

图 4-60　合并单元格　　　　　　　　　　图 4-61　插入光标

02 然后执行下列操作之一：

● 在菜单栏中选择【修改】|【表格】|【拆分单元格】命令，如图 4-62 所示。
● 在光标所在的单元格中右击，在弹出的快捷菜单中选择【表格】|【拆分单元格】命令，如图 4-63 所示。

 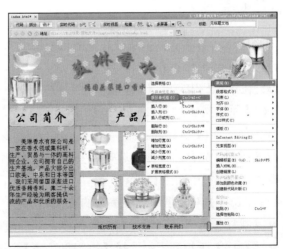

图 4-62　选择【拆分单元格】命令　　　图 4-63　在快捷菜单中选择【拆分单元格】命令

● 在【属性】面板中单击【拆分单元格为行或列】按钮 ，如图 4-64 所示。

图 4-64 单击【拆分单元格为行或列】按钮

03 弹出【拆分单元格】对话框，在该对话框中选择把单元格拆分为行或列，以及设置拆分成行或列的数量，在这里使用默认设置，如图 4-65 所示。

04 然后单击【确定】按钮，即可拆分单元格，效果如图 4-66 所示。

图 4-66 拆分单元格

图 4-65 【拆分单元格】对话框

表格排序

表格的排序功能主要是针对具有格式数据的表格，是根据表格列表中的内容来排序的。表格排序的具体操作步骤如下：

01 在菜单栏中选择【文件】|【打开】命令，在弹出的对话框中选择随书附带光盘中的【效果】|【原始文件】|【Chapter04】|【Unit 04】|【index1.html】文件，单击【打开】按钮将其打开，如图 4-67 所示。

02 在打开的原始文件中选择需要排序的表格，如图 4-68 所示。

03 在菜单栏中选择【命令】|【排序表格】命令，弹出【排序表格】对话框，如图 4-69 所示。【排序表格】对话框中各项参数的含义如下：

● 【排序按】下拉列表：指定根据哪个列的值对表格进行排序。

● 【顺序】下拉列表：选择【按字母顺序】还是【按数字顺序】排序方式，以及按【升序】还是【降序】进行排序。

图 4-67　打开的原始文件

图 4-68　选择表格

- 【再按】下拉列表：指定在不同列上应用的第二种排序方法。在下拉列表中指定应用第二种排列方法的列，在下面的【顺序】下拉列表中指定第二种排序方法的排序顺序。

- 【排序包含第一行】复选框：勾选该复选框，可将表格的第一行包括在排序中。如果第一行是不应移动的标题或表头，则不勾选该复选框。

图 4-69　【排序表格】对话框

- 【排序标题行】复选框：勾选该复选框，指定按照与标题行相同的条件对表格的标题头部分中的所有行进行排序。

- 【排序脚注行】复选框：勾选该复选框，指定按照与标题行相同的条件对表格的标题尾部分中的所有行进行排序。

- 【完成排序后所有行颜色保持不变】复选框：勾选该复选框，指定排序之后表格的行属性（如颜色）应该与同一内容保持关联。

04 在该对话框中的【再按】下拉列表中选择【列 2】，在【顺序】下拉列表中选择【按数字顺序】排序方式，其他选项使用默认设置即可，如图 4-70 所示。

05 设置完成后单击【确定】按钮，为表格排序后的效果如图 4-71 所示。

图 4-70　设置排序

图 4-71　最终效果

Unit 05 创建 AP Div

AP Div 是 CSS 中的定位技术,在 Dreamweaver 中将其进行了可视化操作。文本、图像、表格等元素只能固定其位置,不能互相叠加在一起,而使用 AP Div 功能则可以将其放置在网页中的任何一个位置,还可以按顺序排放网页文档中的其他构成元素。

下面来介绍创建 AP Div 的方法,具体操作步骤如下:

01 在菜单栏中选择【文件】|【打开】命令,在弹出的对话框中选择随书附带光盘中的【效果】|【原始文件】|【Chapter04】|【Unit 04】|【index1.html】文件,单击【打开】按钮将其打开,如图 4-72 所示。

02 将光标放置在要插入 AP Div 的位置,然后在菜单栏中选择【插入】|【布局对象】|AP Div 命令,如图 4-73 所示。即可插入一个 AP Div,如图 4-74 所示。

图 4-72　打开原始文件

图 4-73　选择 AP Div 命令

图 4-74　插入 AP Div

 提 示

在【插入】面板中选择【布局】选项,然后拖动【绘制 AP Div】按钮到文档窗口中,松开鼠标左键即可创建 AP Div;或者单击【绘制 AP Div】按钮,在文档窗口中拖动鼠标绘制 AP Div。如果在绘制 AP Div 时按住 Ctrl 键,则可以同时绘制多个 AP Div。

Unit 06 设置 AP Div 的属性

创建完 AP Div 后，可以在【属性】面板中设置 AP Div 的属性。

设置单个 AP Div 的属性

在文档窗口中单击创建的 AP Div 的边框线即可选择该 AP Div，此时，会在【属性】面板中显示当前 AP Div 的属性，如图 4-75 所示。

图 4-75　单个 AP Div 的属性

【属性】面板中的各选项参数功能如下：

● 【CSS-P 元素】：用于设置 AP Div 的名称，AP Div 名称只能包含字母和数字，并且不能以数字开头。
● 【左】：用于设置 AP Div 的左边界距离页面左边界的距离。
● 【上】：用于设置 AP Div 的上边界距离页面上边界的距离。
● 【宽】：用于设置 AP Div 的宽。
● 【高】：用于设置 AP Div 的高。
● 【Z 轴】：用于设置 AP Div 在垂直方向上的索引值，主要用于设置 AP Div 的堆叠顺序，Z 轴值大的 AP Div 位于上方。值可以为正也可以为负，也可以为 0。
● 【可见性】下拉列表：用于设置 AP Div 的显示状态，包括 default、inherit、visible 和 hidden 4 个选项。
  ➢ default（默认）：表示不指定可见性属性，当未指定可见性时，多数浏览器都会默认为继承。
  ➢ inherit（继承）：表示使用该 AP Div 父级的可见性属性。
  ➢ visible（可见）：表示显示该 AP Div 的内容，而不管父 AP Div 的可见性属性。
  ➢ hidden（隐藏）：表示隐藏 AP Div 的内容，而不管父 AP Div 的可见性属性。
● 【背景图像】：用于设置 AP Div 的背景图像。
● 【背景颜色】：用于设置 AP Div 的背景颜色。
● 【溢出】下拉列表：用于控制当 AP Div 的内容超过 AP Div 大小时如何在浏览器中显示 AP Div，包括 visible、hidden、scroll 和 auto 4 个选项。
  ➢ visible（可见）：AP Div 将自动适应 AP Div 中内容的宽度与高度。
  ➢ hidden（隐藏）：超出 AP Div 范围的内容不会显示。

> - scroll（滚动条）：在 AP Div 中将出现滚动条，而不管 AP Div 中是否需要滚动条。
> - auto（自动）：当 AP Div 的内容超出 AP Div 范围时将显示滚动条。
- 【剪辑】：用于设置 AP Div 可见区域的大小，在其【左】、【上】、【右】和【下】文本框中直接输入数值即可。

设置多个 AP Div 的属性

在单击选择 AP Div 的同时按住 Shift 键，可以选择多个 AP Div，此时，会在【属性】面板中显示多个 AP Div 的属性，如图 4-76 所示。

多个 AP Div 的属性与单个 AP Div 的属性类似，在这里就不再赘述。

图 4-76　多个 AP Div 的属性

Unit 07　AP Div 的基本操作

利用 AP Div 可以精确地定位网页元素，在 Dreamweaver CS5.5 中可以对 AP Div 进行选择、调整大小、移动和对齐等操作。

选择 AP Div

在 Dreamweaver CS5.5 中可以一次选择一个或多个 AP Div：

- 单击 AP Div 的选择柄，可以选择该 AP Div，如图 4-77 所示。如果选择柄不可见，则可以将光标放置在该 AP Div 中，即可显示选择柄。
- 单击 AP Div 的边框线，可以选择该 AP Div，如图 4-78 所示。
- 在菜单栏中选择【窗口】|【AP元素】命令，在打开的【AP 元

图 4-77　单击选择柄

素】面板中单击 AP Div 的名称，如图 4-79 所示。在按住 Shift 键的同时，可以单击选择多个 AP Div 的名称。

图 4-78　单击边框线　　　　图 4-79　在【AP 元素】面板中单击 AP Div 的名称

调整 AP Div

插入 AP Div 后，在操作过程中常常会根据需要对 AP Div 的大小进行调整，具体操作步骤如下：

01 选择需要调整大小的 AP Div，如图 4-80 所示。

02 将鼠标指针移动到 AP Div 的左侧或右侧边框线上的控制点上，当鼠标指针变成↔样式时，按住鼠标左键向左或向右拖动，即可调整 AP Div 的宽度，如图 4-81 所示。

03 将鼠标指针移动到 AP Div 的上方或下方边框线上的控制点上，当鼠标指针变成↕

图 4-80　选择 AP Div

样式时，按住鼠标左键向上或向下拖动，即可调整 AP Div 的高度，如图 4-82 所示。

图 4-81　调整 AP Div 宽度　　　　图 4-82　调整 AP Div 高度

04 将鼠标指针移动到 AP Div 的 4 个角上的任意一个控制点上，当鼠标指针变成 ↖↘ 样式时，按住鼠标左键并拖动，即可同时调整 AP Div 的高度和宽度，如图 4-83 所示。

在 Dreamweaver 中，也可以同时调整多个 AP Div 的大小，具体的操作步骤如下：

01 在文档窗口中选择多个需要调整的 AP Div，如图 4-84 所示。

图 4-83 同时调整 AP Div 的高度和宽度　　　　　图 4-84 选择多个 AP Div

提 示

当选择多个 AP Div 后，最后选中的 AP Div 的控制点以蓝色突出显示，其他 AP Div 的控制点以白色突出显示。

02 在菜单栏中选择【修改】|【排列顺序】|【设成宽度相同】命令，如图 4-85 所示。

03 即可将选择的多个 AP Div 的宽度设置为与最后选择的 AP Div 的宽度相同，效果如图 4-86 所示。

图 4-85 选择【设成宽度相同】命令　　　　　图 4-86 设成相同宽度

04 如果在菜单栏中选择【修改】|【排列顺序】|【设成高度相同】命令，即可将选择的多个 AP Div 的高度设置为与最后选择的 AP Div 的高度相同。

提 示

在文档窗口中选择多个 AP Div 后，在【属性】面板中的【宽】或【高】文本框中输入数值，也可以为多个 AP Div 设置相同的宽或高，如图 4-87 所示。

图 4-87 在【属性】面板中设置相同的宽或高

移动 AP Div

在 Dreamweaver 中，可以根据网页布局的需要对 AP Div 的位置进行移动。要移动 AP Div，可以执行下列操作之一：

● 选择需要移动的 AP Div，将鼠标指针移动到 AP Div 的边框线上，当鼠标指针变成✛样式时，按住鼠标左键并拖动即可移动 AP Div 的位置，如图 4-88 所示。

● 选择需要移动的 AP Div，然后单击并拖动 AP Div 的选择柄，即可移动其位置，如图 4-89 所示。

图 4-88 拖动 AP Div 边框线   图 4-89 拖动 AP Div 的选择柄

● 选择需要移动的 AP Div，然后使用方向键进行移动。每按一次方向键就移动 1 像素，按住 Shift 键后每按一次方向键移动 10 像素。

● 在【属性】面板中的【左】和【上】文本框中输入相应的数值，也可以移动 AP Div 的位置，如图 4-90 所示。

图 4-90 使用【属性】面板移动 AP Div 位置

对齐 AP Div

当在文档窗口中选择多个 AP Div 时，可以通过在菜单栏中选择【修改】|【排列顺序】命令使多个 AP Div 对齐，具体操作步骤如下：

01 在文档窗口中选择需要对齐的 AP Div，如图 4-91 所示。

02 在菜单栏中选择【修改】|【排列顺序】命令，然后在弹出的子菜单中选择相应的命令，如图 4-92 所示。

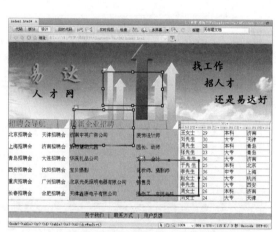

图 4-91 选择需要对齐的 AP Div   图 4-92 下拉菜单

- 【左对齐】：以最后选择的 AP Div 的左边框为标准，对齐排列，如图 4-93 所示。
- 【右对齐】：以最后选择的 AP Div 的右边框为标准，对齐排列。
- 【上对齐】：以最后选择的 AP Div 的上边框为标准，对齐排列，如图 4-94 所示。
- 【对齐下缘】：以最后选择的 AP Div 的下边框为标准，对齐排列。

图 4-93 左对齐   图 4-94 上对齐

AP Div 与表格的转换

Unit
08

在 Dreamweaver CS5.5 中可以将 AP Div 与表格相互转换。

把表格转换为 AP Div

在使用表格布局网页时，调整单元格的位置会非常麻烦，此时可以将表格转换为 AP Div，具体的操作步骤如下：

01 在菜单栏中选择【文件】|【打开】命令，在弹出的对话框中选择随书附带光盘中的【效果】|【原始文件】|【Chapter04】|【Unit 04】|【index1.html】文件，单击【打开】按钮将其打开，如图 4-95 所示。

02 在菜单栏中选择【修改】|【转换】|【将表格转换为 AP Div】命令，如图 4-96 所示。

图 4-95　打开原始文件

图 4-96　选择【将表格转换为 AP Div】命令

03 弹出【将表格转换为 AP Div】对话框，在该对话框中取消勾选【显示网格】和【靠齐到网格】复选框，如图 4-97 所示。

04 设置完成后单击【确定】按钮，即可将表格转换为 AP Div，如图 4-98 所示。

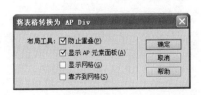

图 4-97　【将表格转换为 AP Div】对话框

图 4-98　将表格转换为 AP Div

把 AP Div 转换为表格

在 Dreamweaver CS5.5 中也可以将 AP Div 转换为表格，具体的操作步骤如下：

01 继续上面的操作，然后在文档窗口中调整 AP Div3 的位置，使其不与 AP Div4 重叠；调整 AP Div5 的位置，使其不与 AP Div6 重叠，如图 4-99 所示。

02 在菜单栏中选择【修改】|【转换】|【将 AP Div 转换为表格】命令，如图 4-100 所示。

图 4-99　调整 AP Div 的位置　　　　图 4-100　选择【将 AP Div 转换为表格】命令

03 弹出【将 AP Div 转换为表格】对话框，在该对话框中使用默认设置，如图 4-101 所示。

04 单击【确定】按钮，即可将 AP Div 转换为表格，效果如图 4-102 所示。

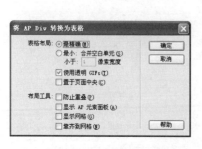

图 4-101　【将 AP Div 转换为表格】对话框　　　　图 4-102　将 AP Div 转换为表格

实战应用 利用表格布局网页

下面利用表格布局制作一个菜馆的网页，完成后的效果如图 4-103 所示。

01 启动 Dreamweaver CS5.5 软件后，在菜单栏中选择【文件】|【新建】命令，在弹出的对话框中选择【空白页】选项卡，然后在【页面类型】列表框中选择 HTML 选项，在【布局】列表框选择【无】选项，如图 4-104 所示。

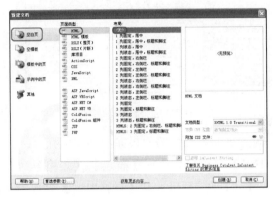

图 4-103 完成后的效果　　　　图 4-104 新建文档

02 单击【创建】按钮，新建一个空白文档，在【属性】面板中单击【页面属性】按钮，如图 4-105 所示。

03 弹出【页面属性】对话框，在左侧的【分类】列表框中选择【外观（CSS）】选项，然后在右侧的设置区域中将【左边距】、【右边距】、【上边距】和【下边距】都设置为 0px，如图 4-106 所示。

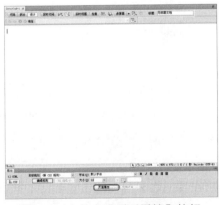

图 4-105 单击【页面属性】按钮　　　图 4-106 【页面属性】对话框

04 然后在【分类】列表框中选择【外观（HTML）】选项，在右侧的设置区域中单击【背景图像】右侧的【浏览】按钮，在弹出的【选择图像源文件】对话框中选择随书附带光盘中

的【效果】|【原始文件】|【Chapter04】|【实战应用】|【images】|【背景.jpg】文件，单击
【确定】按钮，如图 4-107 所示。

05 返回到【页面属性】对话框中，然后单击【确定】按钮，如图 4-108 所示。

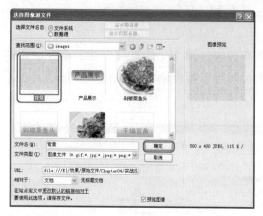

图 4-107　选择图像源文件

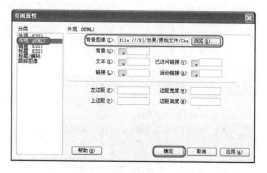

图 4-108　【页面属性】对话框

设置页面属性后的效果如图 4-109 所示。

06 在菜单栏中选择【插入】|【表格】命令，弹出【表格】对话框，将【行数】设置为
7，将【列】设置为 8，将【表格宽度】设置为 905 像素，将【边框粗细】、【单元格边距】和
【单元格间距】都设置为 0，如图 4-110 所示。

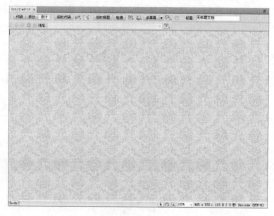

图 4-109　设置页面属性后的效果

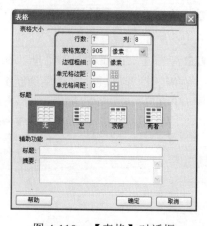

图 4-110　【表格】对话框

07 单击【确定】按钮，插入表格后的效果如图 4-111 所示。在【属性】面板中将对齐
方式设置为【居中对齐】。

08 将光标置入第一行的第一个单元格中，然后在【属性】面板的【宽】文本框中输入
205，如图 4-112 所示。

09 将光标置入第一行的第二个单元格中，然后在【属性】面板的【宽】文本框中输入
100，并使用同样的方法，将第一行中的其他单元格宽度也设置为 100，如图 4-113 所示。

10 在第一行的第一个单元格中输入文字"乡馨"，在【属性】面板的【目标规则】下拉

列表中选择【<新 CSS 规则>】选项，然后单击【编辑规则】按钮，如图 4-114 所示。

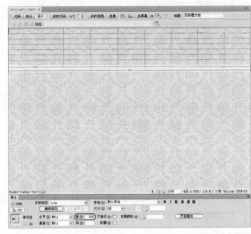

图 4-111   插入表格   图 4-112   设置表格宽度

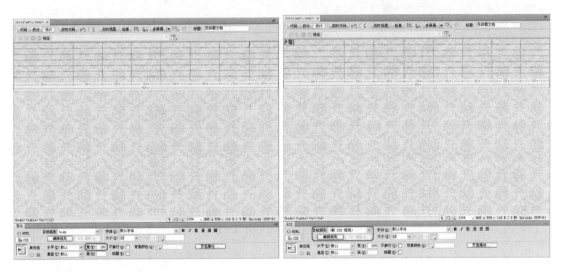

图 4-113   设置其他单元格宽度   图 4-114   输入文字

11 弹出【新建 CSS 规则】对话框，设置【选择器名称】为 w，将【规则定义】设置为
【（仅限该文档）】，然后单击【确定】按钮，如图 4-115 所示。

12 弹出【.w 的 CSS 规则定义】对话框，在左侧的【分类】列表框中选择【类型】选项，
然后将 Font-family 设置为【方正黄草简体】，将 Font-size 设置为 60px，将 Color 设置为#C00，
然后单击【确定】按钮，如图 4-116 所示，即可为输入的文字应用该样式。

13 继续在单元格中输入文字【川菜馆】，并选择新输入的文字，如图 4-117 所示。

14 在【属性】面板中的【目标规则】下拉列表中选择【<新 CSS 规则>】选项，然后单
击【编辑规则】按钮，弹出【新建 CSS 规则】对话框，设置【选择器名称】为 e，将【规则
定义】设置为【（仅限该文档）】，单击【确定】按钮，如图 4-118 所示。

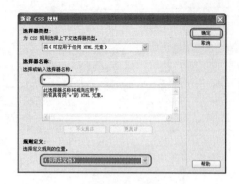

图 4-115 【新建 CSS 规则】对话框

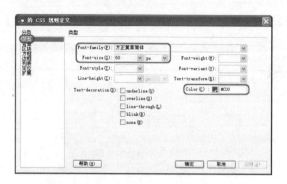

图 4-116 【.w 的 CSS 规则定义】对话框

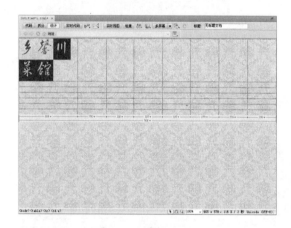

图 4-117 输入文字

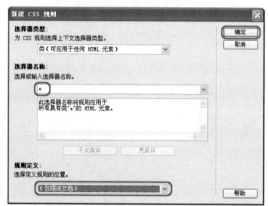

图 4-118 【新建 CSS 规则】对话框

15 弹出【.e 的 CSS 规则定义】对话框，在左侧的【分类】列表框中选择【类型】选项，然后将 Font-family 设置为【黑体】，将 Font-size 设置为 28px，将 Color 设置为#000，单击【确定】按钮，如图 4-119 所示。即可为选择的文字应用【e】样式，效果如图 4-120 所示。

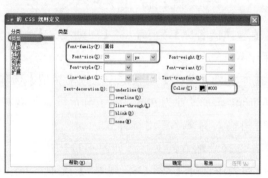

图 4-119 【.e 的 CSS 规则定义】对话框

图 4-120 应用样式

16 将光标置入第一行的第二个单元格中，在菜单栏中选择【插入】|【图像】命令，

弹出【选择图像源文件】对话框，在该对话框中选择随书附带光盘中的【效果】|【原始文件】|Chapter04|【实战应用】|【images】|【网站首页.png】文件，单击【确定】按钮，如图 4-121 所示。即可将选择的图像插入到单元格中，如图 4-122 所示。

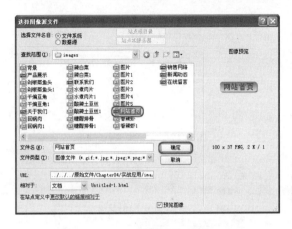

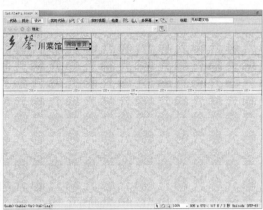

图 4-121　选择图像源文件　　　　　　　　图 4-122　插入图像

17 使用同样的方法，将其他的图像插入到单元格中，如图 4-123 所示。

18 然后选择第二行中的所有单元格，如图 4-124 所示。

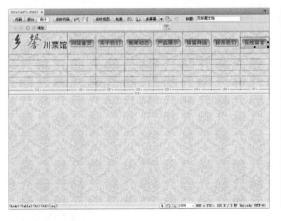

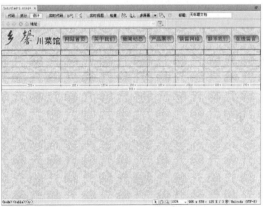

图 4-123　插入其他图像　　　　　　　　图 4-124　选择单元格

19 在选择的单元格上右击，在弹出的快捷菜单中选择【表格】|【合并单元格】命令，如图 4-125 所示。即可将选择的单元格合并，效果如图 4-126 所示。

20 将光标置入合并的单元格中，在菜单栏中选择【插入】|【图像】命令，弹出【选择图像源文件】对话框，在该对话框中选择随书附带光盘中的【效果】|【原始文件】|【Chapter04】|【实战应用】|【images】|【图片.jpg】文件，单击【确定】按钮，如图 4-127 所示。即可将选择的图像插入到单元格中，如图 4-128 所示。

图 4-125　选择【合并单元格】命令

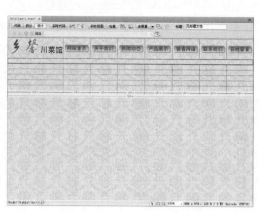

图 4-126　合并单元格

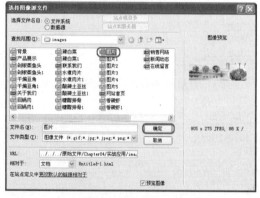

图 4-127　选择图像源文件

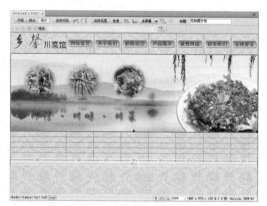

图 4-128　插入图像

21 使用同样的方法将其他的图像插入到单元格中，效果如图 4-129 所示。

22 将光标置入如图 4-130 所示的单元格中，然后在该单元格中输入内容。

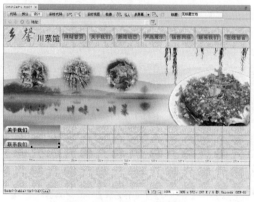

图 4-129　插入其他图像

图 4-130　输入内容

23 按 Shift+空格键，使输入法处于全角状态，然后将光标置入段落的开始处，并按两下空格键即可在段落前面加两个空格，如图 4-131 所示。

24 再次按 Shift+空格键，使输入法处于半角状态，然后在如图 4-132 所示的单元格中输入内容。

图 4-131　添加空格

图 4-132　输入内容

25 按 Shift+Enter 键，另起一行，并输入内容，如图 4-133 所示。

26 使用同样的方法，然后输入其他内容，效果如图 4-134 所示。

图 4-133　输入内容

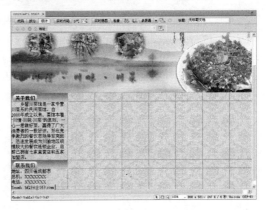

图 4-134　输入其他内容

27 选择如图 4-135 所示的单元格，并右击，在弹出的快捷菜单中选择【表格】|【合并单元格】命令，如图 4-136 所示。即可将选择的单元格合并，效果如图 4-137 所示。

图 4-135　选择单元格

图 4-136　选择【合并单元格】命令

28 将光标置入合并的单元格中，在菜单栏中选择【插入】|【图像】命令，弹出【选择图像源文件】对话框，在该对话框中选择随书附带光盘中的【效果】|【原始文件】|【Chapter04】|【实战应用】|【images】|【图片 3.jpg】文件，单击【确定】按钮，如图 4-138 所示。即可将选择的图像插入到单元格中，效果如图 4-139 所示。

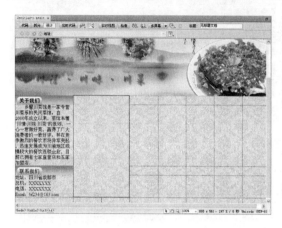

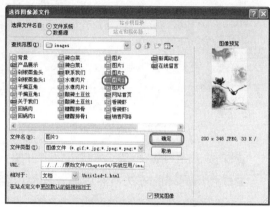

图 4-137　合并单元格后的效果　　　　　　　　图 4-138　选择图像源文件

29 选择如图 4-140 所示的单元格并右击，在弹出的快捷菜单中选择【表格】|【合并单元格】命令，即可将选择的单元格合并，效果如图 4-141 所示。

图 4-139　插入图像　　　　　　　　　　　　　图 4-140　选择单元格

30 将光标置入合并的单元格中，在菜单栏中选择【插入】|【图像】命令，弹出【选择图像源文件】对话框，在该对话框中选择随书附带光盘中的【效果】|【原始文件】|【Chapter04】|【实战应用】|【images】|【图片 4.jpg】文件，单击【确定】按钮，即可将选择的图像插入到单元格中，效果如图 4-142 所示。

图 4-141 合并单元格   图 4-142 插入图像

31 选择如图 4-143 所示的单元格并右击，在弹出的快捷菜单中选择【表格】|【合并单元格】命令，即可将选择的单元格合并，效果如图 4-144 所示。

图 4-143 选择单元格   图 4-144 合并单元格

32 将光标置入合并的单元格中，在菜单栏中选择【插入】|【表格】命令，弹出【表格】对话框，将【行数】设置为 4，将【列】设置为 7，将【表格宽度】设置为 448 像素，将【边框粗细】、【单元格边距】和【单元格间距】都设置为 0，如图 4-145 所示。

33 单击【确定】按钮，即可将表格插入到单元格中，然后在【属性】面板中将对齐方式设置为【居中对齐】，如图 4-146 所示。

34 在【属性】面板中，将新插入表格的第 1 行中的第 1 个、第 3 个、第 5 个和第 7 个单元格的【宽】设置为 103，将第 2 个、第 4 个和第 6 个单元格的【宽】设置为 12，如图 4-147 所示。

35 将光标置入新插入表格中的第 1 个单元格中，然后在菜单栏中选择【插入】|【图像】命令，弹出【选择图像源文件】对话框，在该对话框中选择随书附带光盘中的【效果】|【原始文件】|【Chapter04】|【实战应用】|【images】|【剁椒蒸鱼头.jpg】文件，如图 4-148 所示。

图 4-145 【表格】对话框

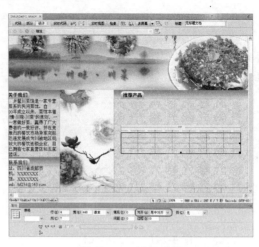

图 4-146 插入表格

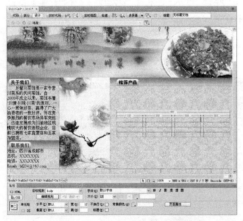

图 4-147 设置单元格宽度

图 4-148 选择图像源文件

36 单击【确定】按钮，即可将选择的图像插入到单元格中，效果如图 4-149 所示。

37 使用同样的方法，将其他的图像插入到单元格中，效果如图 4-150 所示。

图 4-149 插入图像

图 4-150 插入其他图像

38 选择最后一行中的所有单元格，如图 4-151 所示。

39 在选择的单元格上右击，在弹出的快捷菜单中选择【表格】|【合并单元格】命令，即可将选择的单元格合并，效果如图 4-152 所示。

图 4-151　选择单元格

图 4-152　合并单元格

40 然后在【属性】面板中将水平对齐方式设置为【居中对齐】，将垂直对齐方式设置为【居中】，将【高】设置为 60，如图 4-153 所示。

41 设置单元格属性后的效果如图 4-154 所示。

42 然后在单元格中输入文本，效果如图 4-155 所示。

图 4-153　【属性】面板

图 4-154　设置单元格属性后的效果

图 4-155　输入文本

43 至此，网页就制作完成了。保存网页文档，并按 F12 键在浏览器中预览效果即可。

超链接与多媒体

超链接是网页中最重要，也是最基本的元素之一，每个网站都是由若干个网页组成的，而这些网页都是通过超链接的方式联系在一起的。超链接的类型分为内部链接、外部链接、电子邮件链接、锚点链接以及脚本链接等。网站中正因为有了超链接，才形成了这复杂而多彩的网络世界，进而享受网络带来的乐趣。

用户还可以通过在 Dreamweaver 中插入各类多媒体元素，在【常用】面板中的【媒体】列表中可以看到 SWF、FLV、Shockwave、APPLET、ActiveX、插件等多媒体元素，在网页中应用多媒体元素使网页更加生动及更具吸引力。

Unit 01 认识超链接

超级链接简称为超链接或链接，有了超链接，用户可以通过某个文字或图像即可跳转至相应的位置，也可以从一个网页跳转至另一个网页中，使得用户可以在网站中进行相互跳转而方便查阅相关信息。

超链接概述

超链接在本质上属于一个网页的一部分，它是一种允许同其他网页或站点之间进行连接的元素。各个网页链接在一起后，才能真正构成一个网站。所谓超链接，是指从一个网页指向一个目标的连接关系，这个目标可以是另一个网页，也可以是相同网页上的不同位置，还可以是一个图片，一个电子邮件地址，一个文件，甚至是一个应用程序。而在一个网页中用来超链接的对象，可以是一段文本或者是一个图片。用户在浏览网页的过程中，将鼠标指针移至网页中的某个文字、图片或按钮上时，鼠标指针将会变为小手形状，如图 5-1 所示，此时说明该处具有超链接，单击该超链接即可跳转至该链接所指向的内容，如图 5-2 所示。

虽然每个站点上的内容是有限的，但是超链接可以把某个网页中的相关内容和其他网页进行链接，被链接的网页即可以是本站点的，也可以是其他站点的。这样就可以将网页的内容无限丰富起来,同时信息的来源也更加充实。全世界中的站点多得数不清,而在 Internet 中也主要是通过这种链接来获取信息。

图 5-1 将鼠标指针移至超链接上   图 5-2 单击超链接后的效果

链接路径

在网页中,按照链接路径的不同可以分为 3 种形式,分别为绝对路径、相对路径和基于根目录的路径。这些路径都是网页中的统一资源定位,只不过后两种路径将 URL 的通信协议和主机名省略了。后两种路径必须有参照物,一种是以文档为参照物,一种是以站点的根目录为参照物,而第一种的绝对路径就不需要有参照物,它是最完整的路径,即标准的 URL。下面分别介绍这 3 种路径。

1.绝对路径

如果在超链接中使用了完整的 URL 地址,如 http://www.baidu.com。这种链接路径就称为绝对路径。

绝对路径是包括服务器规范在内的完全路径。使用绝对路径的优点是与链接的源端点无关,只要站点的地址不变,不管文档在站点中如何进行移动,都可以正常实现跳转而不会发生错误。如果希望链接到其他站点上的文件,必须使用绝对路径。对本地链接(即到同一站点内文档的链接)可以使用绝对路径,但通常不建议采用这种方式,因为一旦将该站点移动至其他域,则所有本地绝对链接都将断开。

而绝对路径的缺点在于,这种方式的链接不利于测试,如果在站点中使用了绝对路径,想要测试链接是否成功,就必须在 Internet 服务器端对链接进行测试。

2.相对路径

相对路径可以表述源端点同目标端点之间的相互位置,它同源端点的位置密切相关。如果链接中源端点与目标端点在同一个目录下，则在链接路径中只需要指明目标端点的文件名即可。

相对路径也叫文档相对路径，它对于大多数 Web 站点的本地链接来说是最适用的路径。在当前文档与所链接的文档处于同一个文件夹中时，文档相对路径特别有用。另外，文档相对路径还可用来链接到其他文件夹中的文档，方法是利用文件夹的层次结构，指定从当前文档到所链接的文档的路径。

文档相对路径的基本思想是：省略对于当前文档和所链接的文档都相同的绝对路径部分，而只提供不同的路径部分。使用文档相对路径有以下三种情况。

- 如果链接中源端点和目标端点在同一目录下，则在链接路径中只需要提供目标端点的文件名即可。
- 如果链接中源端点和目标端点不在同一目录下，则需要提供目录名，后面加一个正斜杠 "/"，最后输入文件名即可。
- 如果需要链接到当前文档所在文件夹的父文件夹中的文件，则可以在文件名前添加 "../" 来表示当前位置的上级目录。

如果将一组文件进行成组移动，如移动整个文件夹时，该文件夹内所有文件保持彼此间的相对路径不变，此时不需要更新这些文件间的文档相对链接。但是，在移动包含文档相对链接的单个文件，或移动由文档相对链接确定目录的单个文件时，必须更新这些链接（如果使用【文本】面板移动）。

3．站点根目录相对路径

站点根目录相对描述从站点的根文件夹到文档的路径。如果在处理使用多个服务器的大型 Web 站点，或者在使用承载多个站点的服务器，则可以有需要地使用该路径。如果不熟悉此类型的路径，最好坚持使用文档相对路径。

站点根目录相对路径以【/】开始，该正斜杠表示站点根文件夹。如/images/index.html 是文件 index.html 的站点根目录相对路径，该文件位于站点根文件夹的 images 子文件夹中。

Unit 02　创建超链接的方法

用户在 Dreamweaver 中可以通过【属性】面板、【指向文件】按钮🌐以及菜单的方法来创建超链接。下面分别对这 3 种创建方法进行介绍。

1．使用【属性】面板创建超链接

使用【属性】面板来创建超链接的具体操作步骤如下：

01 在菜单栏中选择【文件】|【打开】命令，然后选择随书附带光盘中的【效果】|【原始文件】|【Chapter05】|【Unit 02】|【index01.html】文件，单击【打开】按钮，并在文档窗

口中选择【下一篇】文本，如图 5-3 所示。

02 在【属性】面板中的【链接】文本框中输入链接地址或文件名，如图 5-4 所示。

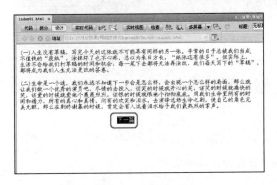

图 5-3　选择文本

图 5-4　输入链接

提　示

如果链接文件位于本地站点目录，则可以直接单击【浏览文件】按钮□ 在硬盘上查找文件。

03 在【目标】下拉列表中可以选择链接文件在浏览器窗口中的打开方式，如图 5-5 所示。

图 5-5　【目标】下拉列表

其中，【目标】下拉列表中的各个选项的含义如下：

● _blank：将被链接文档显示在一个新的未命名的框架或窗口内。

● _new：该选项功能与_blank 的功能一样。

● _parent：如果是嵌套的框架，会在父框架或窗口中打开链接的文档；如果不是嵌套的框架，则与_top 相同，在整个浏览器窗口中打开所有链接的文档。

● _self：浏览器的默认设置，在当前网页所在窗口中打开链接的网页。

● _top：在完整的浏览器窗口中打开网页。

2．使用【指向文件】按钮创建超链接

当链接文件位于本地站点时，除了在【属性】面板的【链接】文件框中直接输入外，还可以使用【指向文件】按钮◉来定义链接，具体操作步骤如下：

01 打开随书附带光盘中的【效果】|【原始文件】|【Chapter05】|【Unit 02】|【index01.html】文件，在文档窗口中选择【下一篇】文本。

02 在【属性】面板中拖动【链接】文本框右侧的【指向文件】按钮◉，将其拖至需要链接到的文件上，效果如图 5-6 所示。松开鼠标，即可链接到该文件。

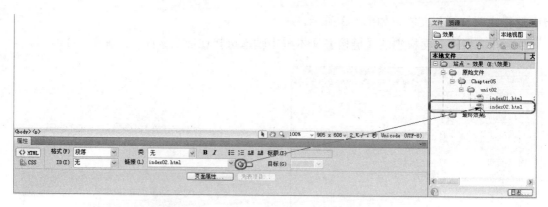

图 5-6　通过【指向文件】按钮创建链接文件

3. 使用菜单创建超链接

在 Dreamweaver 中除了上述两种创建方法外，还可以通过菜单来创建超链接，具体操作步骤如下：

01 打开随书附带光盘中的【效果】|【原始文件】|【Chapter05】|【Unit 02】|【index01.html】文件，在文档窗口中选择【下一篇】文本，在菜单栏中选择【插入】|【超链接】命令，如图 5-7 所示。

02 弹出如图 5-8 所示的【超链接】对话框，用户可以在该对话框中进行设置，单击【确定】按钮即可向网页中插入一个超链接。

图 5-7　选择【超链接】命令

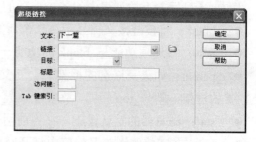

图 5-8　【超链接】对话框

其中【超链接】对话框中的主要参数如下：

- 【文本】：设置超链接显示的文本。
- 【链接】：设置超链接的路径，最好输入相对路径而不是绝对路径。
- 【目标】：设置超链接的打开方式，在其下拉列表中包含 5 个选项。
- 【标题】：设置超链接的标题。
- 【访问键】：设置键盘快捷键，单击键盘上的快捷键将选中这个超链接。
- 【Tab 键索引】：设置在网页中用 Tab 键选中这个超链接的顺序。

Unit 03 设置超链接

用户在 Dreamweaver 中可以设置的超链接主要包括图像链接、文本链接、电子邮件链接、空链接、图像映射、下载链接、脚本链接以及命名锚记链接。

1. 图像链接

利用超链接不仅可以链接到其他网页，还可以链接到其他图像文件，具体操作步骤如下：

01 打开随书附带光盘中的【效果】|【原始文件】|【Chapter05】|【Unit 03】|【index.html】文件，选择要设置超链接的图片，并在【属性】面板中单击【浏览文件】按钮▢，如图 5-9 所示。

02 在弹出的【选择文件】对话框中选择 images 文件夹中的 pic03.jpg 文件，如图 5-10 所示。

图 5-9　选择图像

图 5-10　【选择文件】对话框

03 单击【确定】按钮即可为图像创建超链接，在【属性】面板中将【目标】设置为【_blank】，如图 5-11 所示。

图 5-11　设置【目标】选项

04 链接设置完成后，将文档进行保存，按 F12 键在浏览器中预览效果。将鼠标指针移动至设有超链接的图像上时，鼠标指针变为小手形状，如图 5-12 所示。单击鼠标后的效果如图 5-13 所示。

图 5-12　将鼠标指针移动至设置超链接图像上

图 5-13　链接效果

2. 文本链接

文本链接是最常见的链接，为文本设置链接的操作与为图片设置链接相似，具体操作步骤如下：

01 打开随书附带光盘中的【效果】|【原始文件】|【Chapter05】|【Unit 03】|【index01.html】文件，在文档窗口中选择【返回公司首页>】文本，如图 5-14 所示。

图 5-14　选择文本

02 在【属性】面板中的【链接】文本框中输入链接地址 index.html，如图 5-15 所示。

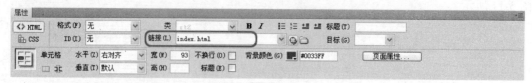
图 5-15　输入链接地址

03 在【属性】面板中单击左侧的【CSS】按钮 CSS，将【目标规则】设置为 zt2，如图 5-16 所示。

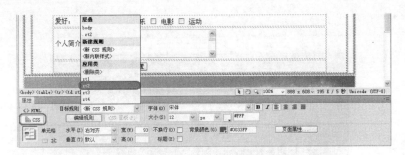

图 5-16　设置【目标规则】选项

👆 提　示

　　在 Dreamweaver 中当为文本设置了超链接后，文本的颜色将变为蓝色显示，用户如要想将其变回设置前的颜色，可以重新选择该文本所使用的 CSS 规则。

　　另外，用户还可以通过【页面属性】对话框中的【链接】选项对链接进行更为详细的设置。

04 链接创建完成后，将文档进行保存，按 F12 键在浏览器中预览效果，如图 5-17 所示。

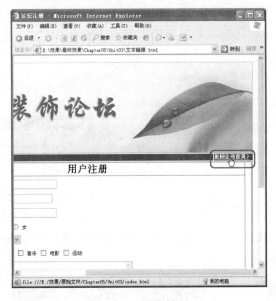

图 5-17　预览效果

3．电子邮件链接

　　有时需要将一些电子邮件地址保留在网页中，例如公司或网站维护人员的电子邮件地址。而电子邮件地址作为超链接的链接目标与其他链接目标不同，当用户在浏览器上单击指向电子邮件地址的超链接时，将会调用系统中设置的默认邮件程序，打开一个邮件发送窗口。创建电子邮件链接的具体操作步骤如下：

01 打开随书附带光盘中的【效果】|【原始文件】|【Chapter05】|【Unit 03】|【index03.html】文件，在文档窗口中选择电子邮件地址，如图 5-18 所示。

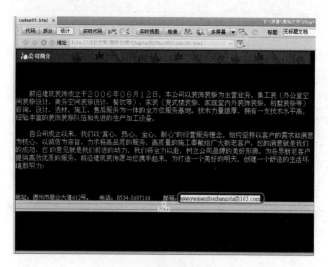

图 5-18　选择电子邮件地址

02 在【插入】面板的【常用】选项中单击【电子邮件链接】按钮，如图 5-19 所示。

03 在弹出的【电子邮件链接】对话框中单击【确定】按钮即可，如图 5-20 所示。

图 5-19　单击【电子邮件链接】按钮

图 5-20　【电子邮件链接】对话框

04 单击【确定】按钮，在【属性】面板中单击【CSS】按钮，将【目标规则】定义为【dizhi】，如图 5-21 所示。

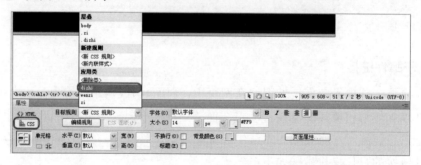

图 5-21　定义【目标规则】

05 将文档保存，按 F12 键在浏览器中预览效果，单击电子邮件链接即可打开【新邮件】窗口，如图 5-22 所示。

图 5-22　预览效果

4．图像热点链接

当需要对一张图像的特定部位进行链接时，就需要用到热点链接，当用户单击某个热点时，将会自动链接到相应的网页。在 Dreamweaver 中提供了三种热点工具，分别为【矩形热点工具】 □ 、【圆形热点工具】 ○ 和【多边形热点工具】 ♡ 。

01 打开随书附带光盘中的【效果】|【原始文件】|【Chapter05】|【Unit 03】|【index.html】文件，选择如图 5-23 所示的图像。

图 5-23　选择图像

02 在【属性】面板中选择【矩形热点工具】 □ ，在图像中要创建热点的部分上绘制一个矩形热点，如图 5-24 所示。

03 在【属性】面板中的【链接】文本框中输入 index03.html，并将【目标】设置为_blank，如图 5-25 所示。

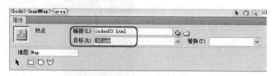

图 5-24　绘制矩形热点　　　　　　　　图 5-25　输入链接

04 将文档进行保存，按 F12 键在浏览器中预览效果，将鼠标指针移至"公司简介"上的效果如图 5-26 所示。单击鼠标即可进行跳转，效果如图 5-27 所示。

图 5-26　鼠标指针移至热点区域效果　　　　图 5-27　单击鼠标后的效果

提　示

图像热点也称为图像映射，主要是指客户端图像映像，这种技术在客户端实现图像映像，不通过服务器计算，减少了服务器的负担，已成为实现图像映像的主流方式。

5. 空链接

空链接是未指派的链接，它用于向页面上的对象或文本附加行为。其创建方法与文本链接的方法一样。具体操作步骤如下：

01 打开随书附带光盘中的【效果】|【原始文件】|【Chapter05】|【Unit 03】|【index04.html】文件，选择顶部的标题文本，如图 5-28 所示。

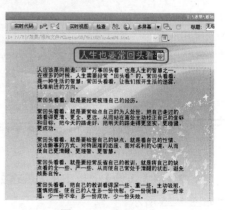

图 5-28　选择文本

02 在【属性】面板的【链接】文本框中输入【#】，即可创建空链接，如图 5-29 所示。

03 将文档保存，按 F12 键在浏览器中预览效果，如图 5-30 所示。

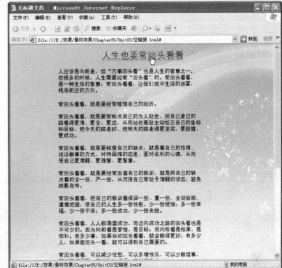

图 5-29　创建空链接　　　　　　　　图 5-30　预览效果

6．下载链接

如果网站中某个文件可以让浏览者进行下载，就需要为该文件提供一个下载链接。在 Dreamweaver 中如果超链接指向的不是一个网页文件，而是其他文件，例如 RAR、MP3、EXE 等文件，单击该链接时就会下载文件，创建下载链接的操作步骤如下：

01 打开随书附带光盘中的【效果】|【原始文件】|【Chapter05】|【Unit 03】|【index04.html】文件，选择底部的【下载该文章】文本，如图 5-31 所示。

02 在【属性】面板中单击【浏览文件】按钮，在弹出的【选择文件】对话框中选择 images 文件夹中的【文章.rar】文件，如图 5-32 所示，并单击【确定】按钮。

03 将文档进行保存，按 F12 键在浏览器中预览效果。单击【下载该文章】链接将弹出【文件下载】对话框，提示用户打开或保存文件，如图 5-33 所示。

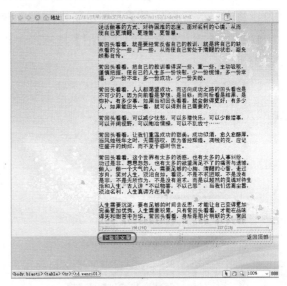

图 5-31　选择文本

图 5-32 【选择文件】对话框   图 5-33 下载文件链接效果

提 示

网站中每个下载文件必须对应一个下载链接,而不能为多个文件或文件夹建立下载链接。如果需要对多个文件或文件夹提供下载,可以压缩软件将这些文件或文件夹压缩为一个文件。

7. 锚记链接

锚记链接常用于以长篇文章、技术文件等为内容的网页为主,方便阅读,可以利用锚记链接精确地控制访问者在单击该超链接之后到达的位置,使用访问者可以快速浏览到指定位置。创建锚记链接的具体操作步骤如下:

01 打开随书附带光盘中的【效果】|【原始文件】|【Chapter05】|【Unit 03】|【index04.html】文件,将光标放置在标题【人生也要常回头看看】的前面,如图 5-34 所示。

02 在【插入】面板的【常用】选项中单击【命名锚记】按钮 命名锚记 ,如图 5-35 所示。

图 5-34 定位光标

图 5-35 单击【命名锚记】按钮

03 在弹出的【命名锚记】对话框中输入锚记名称 a,如图 5-36 所示。

🖱 **提 示**

锚记名称可以用字母、数字或字母与数字混合的形式来表示，但不能以数字开头，最好要区分大小写。同一个网页中可以有无数个锚记，但不能有相同的两个锚记名称。

04 单击【确定】按钮即可在光标处插入锚记，效果如图 5-37 所示。

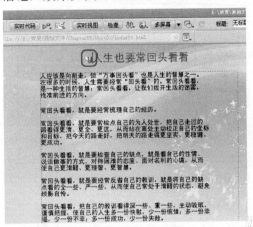

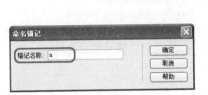

图 5-36　【命名锚记】对话框

图 5-37　插入锚记效果

🖱 **提 示**

如果看不到锚记标记，可以选择菜单栏中的【查看】|【可视化助理】|【不可见元素】命令，如图 5-38 所示。

05 在文档中选择【返回顶部】文本，在【属性】面板中的【链接】文本框中输入【#a】，进行锚点链接，如图 5-39 所示。

06 将文档进行保存，按 F12 键在浏览器中预览效果。如图 5-40 所示将鼠标指针移至链接文本上，单击鼠标即可跳转至页面顶部，效果如图 5-41 所示。

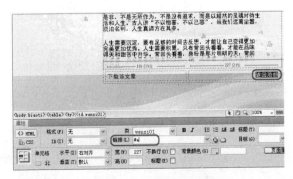

图 5-38　选择【不可见元素】命令

图 5-39　设置锚记链接

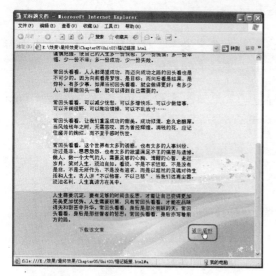

图 5-40　将鼠标指针移至链接文本

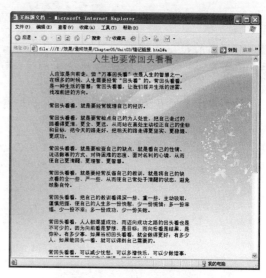

图 5-41　锚记链接效果

8．脚本链接

脚本链接是另一种特殊类型的链接，用于执行 JavaScript 代码或调用 JavaScript 函数，它能够在不离开当前网页的情况下为浏览者提供某项附加信息。另外，脚本链接还可用于在浏览者单击特定项时，执行计算、表单验证以及其他处理任务。下面就利用脚本链接制作一个弹出式提示窗的效果。

01 打开随书附带光盘中的【效果】|【原始文件】|【Chapter05】|【Unit 03】|【index04.html】文件，在文档中选择【下载该文章】文本，并在【属性】面板的【链接】文本框中输入【javascript:alert('该内容请用户登录后下载')】，如图 5-42 所示。

02 将文档进行保存，按 F12 键在浏览器中预览效果。单击链接后将弹出如图 5-43 所示的提示窗口。

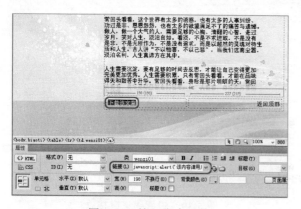

图 5-42　输入脚本函数

图 5-43　预览效果

Unit 04 管理超链接

超链接是网页中不可缺少的一部分，而网站中的页面多了，超链接也就多了，此时用户可以通过管理网页中的超链接，对网页进行相应的管理。

1．自动更新链接

当在本地站点内移动或重命名文档时，Dreamweaver 可以更新指向该文档的链接。当将整个站点存储在本地硬盘上时，此项功能最为适合，因为它不会更改远程文件夹中的文件，除非将这些本地文件存储在远程服务器上。为了加快更新过程，Dreamweaver 可以创建一个缓存文件，用于存储有关本地文件夹中所有的链接信息。当添加、更改或删除指向本地站点中的文件的链接时，该缓存文件将以可见的方式进行更新。

用户可以自定义自动更新链接的方式，定义方法是：启动 Dreamweaver 软件，在菜单栏中选择【编辑】|【首选参数】命令，如图 5-44 所示；弹出【首选参数】对话框，在【分类】列表中选择【常规】选项，在【移动文件时更新链接】下拉列表中选择【总是】、【从不】或【提示】选项，如图 5-45 所示。

图 5-44 选择【首选参数】命令

- 【总是】：每当移动或重命名选定文档时，程序自动更新指向该文档的所有链接。
- 【从不】：在移动或重命名选定文档时，程序将不自动更新指向该文档的所有链接。
- 【提示】：显示一个对话框，如图 5-46 所示。列出此更改影响到的所有文件。单击【更新】按钮即可更新这些文件中的链接，单击【不更新】按钮将保留原文件不变。

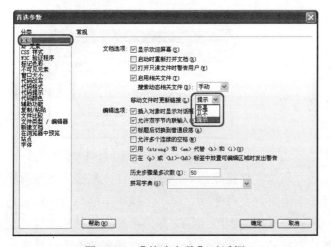

图 5-45 【首选参数】对话框

图 5-46 【更新文件】对话框

2．在站点范围内更改链接

除了每当移动或重命名文件时可以让 Dreamweaver 自动更新链接外，还可以在站点范围内更改所有链接。具体操作步骤如下：

01 首先在【文件】面板中选择一个文件，如选择 index-03.html，然后在菜单栏中选择【站点】|【改变站点范围的链接】命令，如图 5-47 所示。

02 选择该命令后将弹出如图 5-48 所示的【更改整个站点链接】对话框，单击【变成新链接】右侧的【浏览文件】按钮，在弹出的【选择新链接】对话框中指定一个新的链接，如图 5-49 所示。

图 5-47　选择【改变站点范围的链接】命令

图 5-49　【选择新链接】对话框

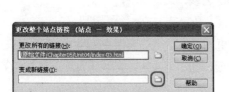

图 5-48　【更改整个站点链接】对话框 1

03 单击【确定】按钮返回至【更改整个站点链接】对话框，效果如图 5-50 所示。

04 单击【确定】按钮，弹出【更新文件】对话框，如图 5-51 所示。单击【更新】按钮，即可完成更改整个站点范围内的链接（即站点中所有指向 index-03.html 文件的链接全部更改为指向 xiaoguo.html 文件）。

图 5-50　【更改整个站点链接】对话框 2

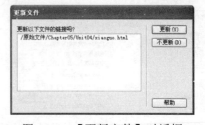

图 5-51　【更新文件】对话框

当在整个站点范围内更改某个链接后，所选文件将成为一个独立文件，即在本地硬盘中没有任何文件指向该文件。此时就可以安全地将此文件删除，而不会破坏本地站点中的任何链接。因为这些更改是在本地进行的，所以必须手动删除远程文件夹中的相应独立文件，然后存回或取出链接已经更改的所有文件，否则站点浏览者将不会看到这些更改。

3．链接的检查

当创建好一个站点后，由于网站中的链接数量有很多，因此在上传服务器之前，必须先检查站点中的所有链接。如果对每个链接都进行手工测试，将会浪费很多时间，而 Dreamweaver 提供了对整个站点的链接进行快速检查的功能。它可以找出断开的链接、错误的代码以及未使用的孤立文件等，以方便用户进行纠正和处理。

01 打开需要检查链接的网页，在菜单栏中选择【站点】|【检查站点范围的链接】命令，如图 5-52 所示。

02 在弹出的【链接检查器】面板的【显示】下拉列表中可以选择【断掉的链接】、【外部链接】和【孤立的文件】选项，如图 5-53 所示。

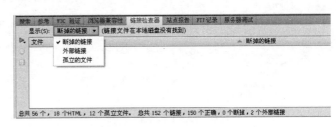

图 5-52　选择【检查站点范围的链接】命令　　　图 5-53　【显示】下拉列表

用户可以通过这三种选项对网页中的链接进行相应的修改，其中这三个选项的含义如下：

- 【断掉的链接】：用于修改无效的链接。
- 【外部链接】：用于检查出与外部网站链接的全部信息。
- 【孤立的文件】：用于检查网页中没有使用，但存放在网站文件夹中，上传后它将会占用有效空间，因此需要将其进行清除。

Unit 05　在网页中插入多媒体

无论是个人网站还是企业网站，除了文字与图片外，还具有各个多媒体元素，如动画、声音等。为网页中添加多媒体可以使网页更具有吸引力。

1．插入 Flash 动画

由于 Flash 动画文件体积小，效果好，而且具有交互功能，是网页上最流行的动画格式之一，在网页中插入 Flash 动画的步骤如下：

01 打开随书附带光盘中的【效果】|【原始文件】|【Chapter05】|【Unit 05】|【index.html】

文件，将光标放置在需要插入 AP Div 的位置，在菜单栏中选择【插入】|【布局对象】|【AP Div】命令，如图 5-54 所示。

02 选择该命令后，即可在光标位置处插入一个 AP Div 对象，选择 AP Div 对象，在【属性】面板中将【宽】、【高】分别设为 220、120，如图 5-55 所示。

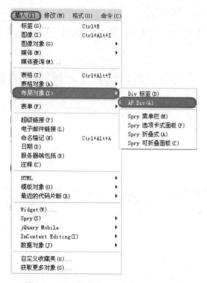

图 5-54　选择【AP Div】命令

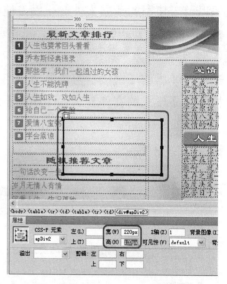

图 5-55　设置 AP Div 宽和高

03 将光标放置在 AP Div 对象内，在【插入】面板的【常用】选项下单击【媒体：SWF】按钮 ，在弹出的【选择 SWF】对话框中选择随书光盘中的【效果】|【原始文件】|【Chapter 05】|【Unit 05】|【images】|【flash01.swf】文件，如图 5-56 所示。

04 单击【确定】按钮即可插入 Flash 动画，选择插入的 Flash 动画，在【属性】面板中将【宽】、【高】分别设为 220、120，将 Wmode（M）设置为【透明】，并调整 Flash 的位置，效果如图 5-57 所示。

05 最后将文档保存，按 F12 键在浏览器中预览效果。

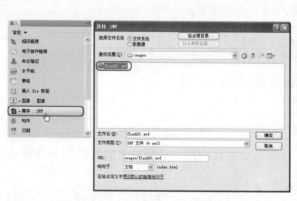

图 5-56　选择 Flash 文件

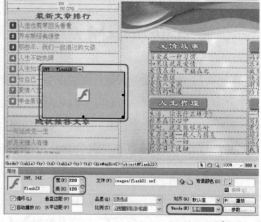

图 5-57　插入并设置 Flash 文件

Flash【属性】面板中的各项参数如下：

● 【Flash 文本框】：输入当前 Flash 动画的名称。在 Flash 影片上应用行为时，需要指定 Flash 动画的名称。

● 【宽】、【高】：以像素为单位指定 Flash 文件的尺寸，可以输入数值改变其大小，也可以在文档中拖动手柄来改变其大小。

● 【文件】：显示 Flash 文件的路径，单击其后面的【浏览文件】按钮 📄，可以指定新的动画文件。

● 【背景颜色】：为当前 Flash 动画设置背景颜色。

● 【编辑】：用于自动打开 Flash 软件对源文件进行处理。

● 【类】：用于对 Flash 影片应用 CSS 类。

● 【循环】：勾选该复选框，可以重复播放 Flash 动画。

● 【自动播放】：勾选该复选框，文档被浏览器载入时将自动播放 Flash 动画。

● 【垂直边距】、【水平边距】：用于设置动画边框与网页上边界和左边界的距离。

● 【品质】：用于设置 Flash 动画在浏览器中播放的质量，其中包括【低品质】、【自动低品质】、【自动高品质】和【高品质】4 个选项。

● 【比例】：用于设置显示比例，其中包括【默认（全部显示）】、【无边框】和【严格匹配】3 个选项。

● 【对齐】：用于设置 Flash 文件相对文本的对齐方式。其中包括【默认值】、【顶端】、【居中】等 10 种对齐方式。

● 【Wmode（M）】：为 SWF 文件设置 Wmode 参数，以避免与 DHTML 元素（如 SpryWidget）相冲突。默认值为不透明。

● 【播放】：用于在设计视图中播放 Flash 动画。

● 【参数】：单击该按钮会弹出一个对话框，在其中输入能使 Flash 顺利运行的附加参数。

2. 插入 FLV 文件

用户在 Dreamweaver 中还可以轻松地向网页中添加 FLV 视频，而无须使用 Flash 创作工具。Dreamweaver 中插入 FLV 文件后，将会显示一个 SWF 组件，而在浏览器中查看时，它将显示所选择的 FLV 文件以及一组播放控件。

01 打开随书附带光盘中的【效果】|【原始文件】|【Chapter05】|【Unit 05】|【index.html】文件，将光标放置在如图 5-58 所示的单元格中。

02 在【插入】面板的【常用】选项中单击【媒体：SWF】按钮中的下三角按钮，在弹出的下拉列表中选择【FLV】选项，如图 5-59 所示。

03 在弹出的【插入 FLV】对话框中单击【浏览】按钮，并在弹出的【选择 FLV】对话框中选择随书光盘中的【效果】|【原始文件】|【Chapter 05】|【Unit 05】|【images】|【01.flv】文件，如图 5-60 所示。

04 单击【确定】按钮，返回【插入 FLV】对话框；单击【检测大小】按钮，自动检测文件的大小；最后勾选【自动播放】复选框，设置后的效果如图 5-61 所示。

图 5-58　将光标放置在单元格中

图 5-59　选择【FLV】选项

图 5-60　选择【01.flv】文件

图 5-61　设置其他选项

05 单击【确定】按钮，即可将 FLV 文件插入到网页中，插入后的效果如图 5-62 所示。将文档进行保存，按 F12 键在浏览器中预览效果，如图 5-63 所示。

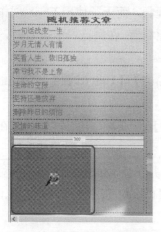

图 5-62　插入 FLV 文件效果

图 5-63　预览效果

在【插入 FLV】对话框中用户选择的视频类型不同，所包含的参数也略有不同，图 5-64 所示为【累进式下载视频】类型，图 5-65 所示为【流视频】类型。

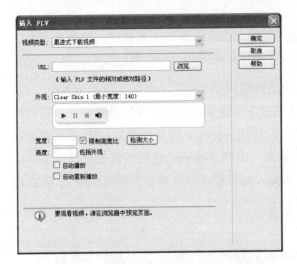

图 5-64 【累进式下载视频】类型参数　　　　图 5-65 【流视频】类型参数

- 【视频类型】：包括【累进式下载视频】和【流视频】两种。【累进式下载视频】是将 FLV 文件下载到站点访问的硬盘上，然后进行播放。但是与传统的下载并播放视频方法不同，累进式下载视频允许在下载完成之前就开始播放视频文件。【流视频】是对视频内容进行流式处理，并在一段可确保流畅播放的很短的缓冲时间后在网页上播放该内容。若要在网页上启用流视频，则必须具有访问 Adobe® Flash® Media Server 的权限。
- 【URL】：用于指定 FLV 文件的相对路径或绝对路径。
- 【外观】：用于指定视频组件的外观。
- 【宽度】、【高度】：以像素为单位指定 FLV 文件的宽度和高度。若要让 Dreamweaver 确定 FLV 文件的准确宽度、高度，请单击【检测大小】按钮。如果 Dreamweaver 无法确定宽度、高度，则必须输入宽度、高度的值。

提 示

【包括外观】是 FLV 文件的宽度和高度与所选外观的宽度和高度相加得出的和。

- 【限制高宽比】：勾选该复选框，将保持视频组件的宽度和高度之间的比例不变。
- 【自动播放】：指定在网页页面打开时是否自动播放视频。
- 【自动重新播放】：指定播放控件在视频播放完成后是否返回起始位置。
- 【服务器 URI】：以 rtmp://www.example.com/app_name/instance_name 的形式指定服务器名称、应用程序名称和实例名称。
- 【流名称】：指定所要播放的 FLV 文件的名称（如 video.flv）。扩展名.flv 是可选的。
- 【实时视频输入】：指定视频内容是否是实时的。如果勾选了【实时视频输入】复选框，则 Flash Player 将播放从 Flash® Media Server 流入的实时视频流。实时视频输入的名称是在【流名称】文本框中指定的名称。

提 示

如果选择了【实时视频输入】复选框，组件的外观上只会显示音量控件，因为用户无法操纵实时视频。此外，【自动播放】和【自动重新播放】选项也不起作用。

- 【缓冲时间】：指定在视频开始播放之前进行缓冲处理所需的时间（以秒为单位）。默认的缓冲时间设置为 0，这样在单击【播放】按钮后视频会立即开始播放（如果勾选【自动播放】复选框，则在建立与服务器的连接后视频立即开始播放）。如果要发送的视频的比特率高于站点访问者的连接速度，或者 Internet 通信可能会导致带宽或连接问题，则可能需要设置缓冲时间。例如，如果要在网页播放视频之前将 15 秒的视频发送到网页，就要将缓冲时间设置为 15。

3. 插入声音

如果用户想为页面添加背景音乐，则可以通过代码的方法添加，具体操作步骤如下：

01 打开随书附带光盘中的【效果】|【原始文件】|【Chapter05】|【Unit 05】|【index.html】文件，并切换至代码视图，如图 5-66 所示。

02 在代码视图中最后的【<body>】后面输入【<bgsound src="】，如图 5-67 所示。

图 5-66　代码视图　　　　　　　　　　图 5-67　输入代码

03 单击【浏览】选项，在弹出的【选择文件】对话框中选择随书光盘中的【效果】|【原始文件】|【Chapter 05】|【images】|【beijingyinyue.mp3】文件，如图 5-68 所示。

04 单击【确定】按钮，在新插入的代码后面按空格键，在属性列表中双击【loop】选项，并再双击随后出现的【-1】，最后在属性值的后面输入【>】，如图 5-69 所示。

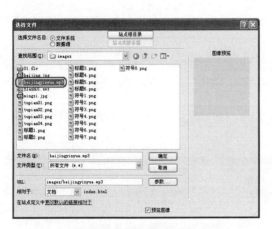

图 5-68　选择声音文件　　　　　　　　　　图 5-69　输入代码

05 将文档保存，按 F12 键在浏览器中预览效果，即可听到背景音乐的声音。

实战应用　设置网页中的链接

本例将利用所学知识制作网页中的链接，具体操作步骤如下：

01 启动 Dreamweaver CS5.5 软件，在菜单栏中选择【文件】|【新建】命令，在弹出的【新建文档】对话框中选择【空白页】选项，在【页面类型】列表框中选择【HTML】选项，在【布局】列表框中选择【无】选项，然后单击【创建】按钮，如图 5-70 所示。

02 在菜单栏中选择【插入】|【表格】命令，如图 5-71 所示。

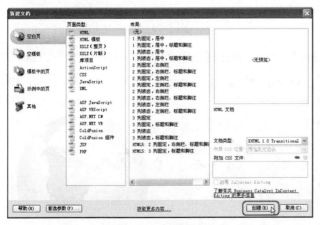

图 5-70　新建文档　　　　　　　　　　　图 5-71　选择【表格】命令

03 在弹出的【表格】对话框中将【行数】设置为 1,【列】设置为 1,【表格宽度】设置为 900 像素,然后单击【确定】按钮,如图 5-72 所示。

04 选择插入的表格,在【单元格】属性面板中将【高】设置为 150,如图 5-73 所示。

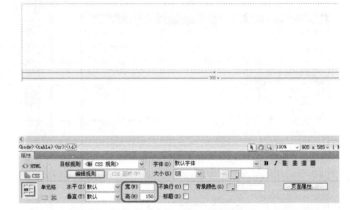

图 5-72　【表格】对话框   图 5-73　设置表格高度

05 下面再插入一张 1 行 6 列的表格作为导航条。表格宽度为 900 像素,高度为 40 像素,边框粗细为 0,将【水平】设置为【居中对齐】,如图 5-74 所示。

06 最后再插入一个 2 行 2 列的表格。表格宽度为 900 像素,高度为 440 像素,边框粗细为 0,将【水平】设置为【居中对齐】,设置完成后将第二列的两个单元格合并,如图 5-75 所示。

图 5-74　设置第二行单元格   图 5-75　合并单元格

07 在菜单栏中选择【插入】|【图像】命令,弹出【选择图像源文件】对话框,选择随书附带光盘中的【效果】|【原始文件】|【Chapter05】|【实战应用】|【images】|【logo.gif】文件,然后单击【确定】按钮,如图 5-76 所示。

08 使用相同的方法继续插入素材图片,完成后的效果如图 5-77 所示。

图 5-76　插入图片   图 5-77　插入导航栏图片

09 使用相同的方法插入表格下方的素材图片，完成后的效果如图 5-78 所示。

10 首先为【首页】加一个文本链接，选择【首页】图片，单击【链接】文本框右侧的【浏览文件】按钮，如图 5-79 所示。

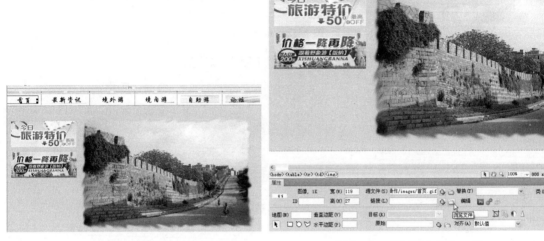

图 5-78　图片素材插入完成后效果　　　　图 5-79　【浏览文件】按钮

11 在弹出的【选择文件】对话框中选择随书附带光盘中的【效果】|【原始文件】|【Chapter05】|【实战应用】|【images】|【3.gif】文件，然后单击【确定】按钮，如图 5-80 所示。

12 下面加入一个图片链接，首先在页面中选择【旅游特价】图片，然后转到代码窗口，然后将光标放在代码部分中的【<img】字段之前，输入【<a】后按空格，在列表框中双击 href 后单击【浏览】按钮，在弹出的【选择文件】对话框中选择需要链接的文件，如图 5-81 所示。

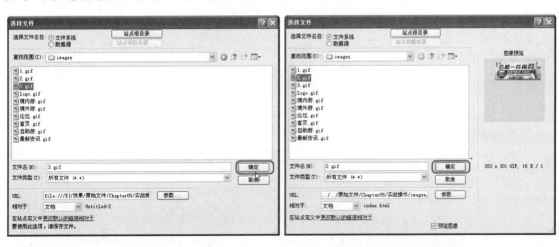

图 5-80　选择【3.gif】文件　　　　　　　图 5-81　选择文件

13 设置完成后在链接图片名称右侧输入【>】。最后在代码【images/1.gif" width="263" height="137" />】之后加入【</a>】，代码部分如图 5-82 所示。

```
/></td>
   </tr>
</table>
<table width="900" border="0" cellspacing="0" cellpadding="0">
  <tr>
     <td height="137" align="center" valign="top"><a href="../../原始文件/Chapter05/实战操作/images/2.gif"><img src=
"../../原始文件/Chapter05/实战操作/images/1.gif" width="263" height="137" /></a></td>
     <td rowspan="2" align="center" valign="top"><img src="../../原始文件/Chapter05/实战操作/images/3.gif" width="637"
height="438" /></td>
```

图 5-82　最终代码

14 设置完成后将场景保存，保存完毕后按 F12 键预览效果。

使用 CSS 美化网页

在 Dreamweaver CS5.5 中，CSS 样式可以一次对若干个文档所有的样式进行控制。通过使用 CSS，设计者能够更轻松、有效地对页面的整体布局、颜色、字体、链接、背景以及同一页面的不同部分、不同页面的外观和格式等效果实现更加精确的控制。

在学习 CSS 样式之前，首先要对 CSS 样式有简单了解，本节将介绍 CSS 的一些基本知识。

CSS 的概念

CSS（Cascading Style Sheet）可译为"层叠样式表"或"级联样式表"，用于控制网页内容的外观。它定义如何显示 HTML 元素，用于控制 Web 页面的外观。对于设计者来说，CSS 是一个非常灵活的工具，用户不必再把繁杂的样式定义编写在文档结构中，而可以将所有有关文档的样式指定内容全部脱离出来，在行内定义、在标题中定义，甚至作为外部样式文件供 HTML 调用。

CSS 的特点

CSS 具有以下的特点：

● 将格式和结构分离。将设计部分剥离出来放在一个独立样式文件中，HTML 文件中只存放文本信息。这样的页面对搜索引擎更加友好。

● 有效的控制页面布局。HTML 语言对页面总体上的控制很有限。如精确定位、行间距或字间距等，这些都可以通过 CSS 来完成。

● 提高页面浏览速度。对于同一个页面视觉效果，采用 CSS 布局的页面容量要比 TABLE 编码的页面文件容量小得多，前者一般只有后者的 1/2 大小。浏览器就不用去编译大量冗长的标签。

- 可同时更新许多网页。没有样式表时，如果要更新整个站点中所有主体文本的字体，必须一页一页地修改每个网页。样式表的主旨就是将格式和结构分离。利用样式表，可以将站点上所有的网页都指向单一的一个 CSS 文件，只要修改 CSS 文件中的某一行，那么整个站点都会随之发生变动。
- 浏览界面更加友好。样式表的代码有很好的兼容性，也就是说，当用户丢失了某个插件时不会发生中断，或者使用旧版本的浏览器时不会出现乱码。只要是可以识别串接样式表的浏览器就可以应用它。

Unit 02 【CSS 样式】面板

在 Dreamweaver 中，使用【CSS 样式】面板可以查看文档所有的 CSS 规则和属性，也可以查看所选择的页面元素的 CSS 规则和属性。在 CSS 面板中可以创建、编辑和删除 CSS 样式，还可以添加外部样式到文档中。

在菜单栏中选择【窗口】|【CSS 样式】命令，如图 6-1 所示，打开【CSS 样式】面板。在【CSS 样式】面板中会显示已有的 CSS 样式，如图 6-2 所示。

图 6-1　选择【CSS 样式】命令

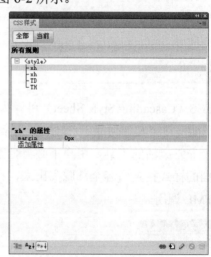

图 6-2　【CSS 样式】面板

- 显示类别视图 。单击该按钮后，将 Dreamweaver 支持的 CSS 属性分为字体、背景、区块、边框、方框、列表、定位和扩展等类别。每个类别的属性都包含在一个列表中，用户可以单击类别名称旁边的加号（+）按钮展开或折叠它。【设置属性】（蓝色）将出现在列表顶部。
- 显示列表视图 。单击该按钮后，会按字母顺序显示 Dreamweaver 支持的所有 CSS 属性。【设置属性】（蓝色）将出现在列表顶部。
- 只显示设置属性 。单击该按钮后，仅显示那些已进行设置的属性。【设置属性】视图为默认视图。

除了上面所叙述的几个按钮之外，【CSS 样式】面板还包含下列按钮：

- 附加样式表 。单击该按钮后，会弹出【链接外部样式表】对话框。用户可以在该对话框中选择要链接到或导入到当前文档中的外部样式表。
- 新建 CSS 规则 。单击该按钮后，即可打开一个对话框，用户可以在其中选择要创建的样式类型，如类（可应用任何 HTML 元素）、ID（仅应用一个 HTML 元素）、标签（重新定义 HTML 元素）、复合内容（基于选择的内容）等。
- 编辑样式… 。单击该按钮后，即可打开一个对话框，用户可以在其中编辑当前文档或外部样式表中的样式。
- 禁用/启用 CSS 属性 。单击该按钮后，即可禁用或启用 CSS 属性。
- 删除 CSS 规则 。删除【CSS 样式】面板中的选定规则或属性，并从它所应用于的所有元素中删除格式设置（不过，它不会删除由该样式引用的类或 ID 属性）。【删除 CSS 规则】按钮还可以分离（或【取消链接】）附加的 CSS 样式表。

Unit 03 设置 CSS 属性

在 Dreamweaver 中，用户可以自定义 CSS 规则的属性，如文本字体、背景图像和颜色、间距和布局属性以及列表元素外观。在设置 CSS 属性之前，必须新建或打开一个 CSS 样式，然后进行相应的设置，下面将对其进行简单的介绍。

设置 CSS 类型属性

打开或新建一个场景，然后选择要编辑的 CSS 样式，在【CSS 样式】面板中单击【编辑样式…】按钮 ，如图 6-3 所示，弹出【……的 CSS 规则定义】对话框。在【分类】列表中选择【类型】选项卡，用于设置文本的属性，如图 6-4 所示。

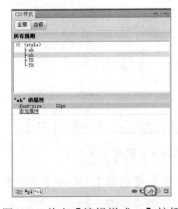

图 6-3　单击【编辑样式…】按钮

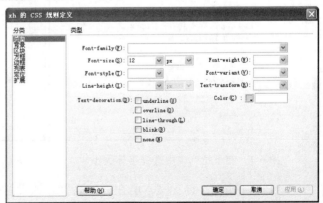

图 6-4　【类型】选项卡

在【类型】选项卡中具体参数如下：

● Font-family：用户可以在该下拉列表中选择需要的字体。如果系统安装了某种字体，但在下拉列表中没有显示，可以在该下拉列表中选择【编辑字体列表】选项，如图 6-5 所示。在弹出的【编辑字体列表】对话框中的【可用字体】列表框中选择需要添加的字体，单击《按钮添加到【字体列表】列表框中，然后单击左上角的➕按钮即可将选中的字体添加到字体列表中，如图 6-6 所示。

图 6-5　选择【编辑字体列表】选项　　　　　　图 6-6　添加字体

● Font-size：用于调整文本的大小。用户可以在该下拉列表中选择字号，也可以直接输入数字，然后在后面的列表中选择单位，如图 6-7 所示。

🖑 提　示

在 Dreamweaver 中，当设置字号时，建议使用【pt（点数）】作为单位。【pt】是计算机字体的标准单位，这一单位的好处是设定的字号会随着显示器分辨率的变化而调整大小，可以防止在不同分辨率的显示器中字体大小不一致。

● Font-style：提供了 normal（正常）、Italic（斜体）和 oblique（偏斜体）三种字体样式，默认为 normal，如图 6-8 所示。

图 6-7　在下拉列表中选择字体大小　　　　　　图 6-8　选择字体样式

● Line-height：设置文本所在行的高度。该设置传统上称为【前导】。选择【正常】选项将自动计算字体大小的行高，也可以输入一个确切的值并选择一种度量单位。

● Text-decoration：向文本中添加下画线、上画线、删除线，或使文本闪烁。正常文本的默认设置是【无】。链接的默认设置是【下画线】。将链接设置为【无】时，可以通过定义一个特殊的类删除链接中的下画线。

● Font-weight：对字体应用特定或相对的粗细量。【正常】等于 400；【粗体】等于 700。

● Font-variant：设置文本的小型大写字母变体。Dreamweaver 不在文档窗口中显示该属性。

● Text-transform：将选定内容中的每个单词的首字母大写或将文本设置为全部大写或小写。

● Color：该选项用于设置文本颜色。

设置 CSS 背景属性

使用【CSS 规则定义】对话框的【背景】选项卡可以设置 CSS 样式的背景。【背景】选项卡如图 6-9 所示，该选项卡中各选项的功能如下：

● Background-color：用于设置元素的背景颜色。

● Background-image：用于设置元素的背景图像。

● Background-repeat：确定是否以及如何重复背景图像，其中包括如下 4 个命令，如图 6-10 所示。

   ➢ no-repeat（不重复）：用于在元素开始处显示一次图像。

   ➢ repeat（重复）：用于在元素的后面水平和垂直平铺图像。

   ➢ repeat-x（水平重复）：用于在元素前将图像在水平方向重复排列。

   ➢ repeat-y（垂直重复）：用于在元素前将图像在垂直方向重复排列。选用水平重复或垂直重复后，图像都会被剪裁以适合元素的边界。

● Background-attachment：确定背景图像是固定在它的原始位置还是随内容一起滚动。

● Background-position（X/Y）：指定背景图像相对于元素的初始位置。可用于将背景图像与页面中心垂直（Y）和水平（X）对齐。如果附件属性为【固定】，则位置相对于文档窗口而不是元素。

图 6-9　【背景】选项卡

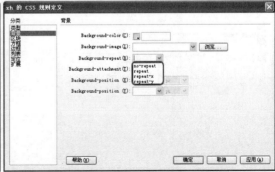

图 6-10　Background-repeat 下拉菜单

设置 CSS 区块属性

在【分类】列表中选择【区块】选项卡，CSS 中的区块属性指的是网页中的文本、图像、层等替代元素，它主要用于控制块中内容的间距、对齐方式和文字缩进等，如图 6-11 所示。

- Word-spacing：调整单词之间的距离。若要设置特定的值，在其下拉列表中选择【值】选项，然后输入一个数值，并在右侧的下拉列表中选择度量单位，如图 6-12 所示。

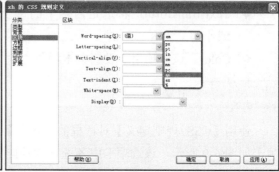

图 6-11　【区块】选项卡　　　　　　　　　图 6-12　选择度量单位

- Letter-spacing：增加或减小字母或字符的间距。若要减少字符间距，可指定一个负值。字母间距用于设置覆盖对齐的文本。
- Vertical-align：指定应用它的元素的垂直对齐方式。当应用于 <img> 标签时，Dreamweaver 才在文档窗口中显示该属性。
- Text-align：用户可以在该下拉列表中选择文本对齐方式，该下拉列表如图 6-13 所示。
- Text-indent：指定第一行文本缩进的程度。可以使用负值创建凸出，但显示取决于浏览器。仅当标签应用于块级元素时，Dreamweaver 才在文档窗口中显示该属性。
- White-space：用户可以在该下拉列表中选择处理元素中空白的选项。
- Display：用户可以在该下拉列表中选择是否显示以及如何显示元素的命令，如图 6-14 所示。选择【none】将会关闭该样式被指定的元素的显示。

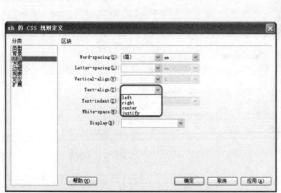

图 6-13　Text-align 下拉列表　　　　　　　图 6-14　Display 下拉列表

设置 CSS 方框属性

在【分类】列表中选择【方框】选项卡，可以设置控制元素在页面上的放置方式的标签和属性，如图 6-15 所示。

【方框】选项卡中的具体参数如下：

- Width/Height：这两个选项分别用于设置元素的宽度和高度。
- Float：用于设置文字等对象的指环绕效果。选择【right】命令时，对象居右，文字等内容从另一侧环绕对象；选择【left】命令时，对象居左，文字等内容从另一侧环绕对象；选择【none】则取消环绕效果，如图 6-16 所示。

图 6-15　【方框】选项卡

图 6-16　选择对齐方式

- Clear：定义不允许 AP Div 的边。如果清除边上出现 AP Div，则将带清除设置的元素移到该 AP Div 的下方。
- Padding：指定元素内容与元素边框（如果没有边框，则为边距）之间的间距。取消勾选【全部相同】复选框，可设置元素各个边的填充；勾选【全部相同】复选框，可将相同的填充属性设置为应用于元素的【Top】、【Right】、【Bottom】和【Left】等。
- Margin：指定一个元素的边框（如果没有边框，则为填充）与另一个元素之间的间距。仅当应用于块级元素（段落、标题、列表等）时，Dreamweaver 才在文档窗口中显示该属性。取消勾选【全部相同】复选框，可设置元素各个边的边距；勾选"全部相同"复选框，可将相同的边距属性设置为应用于元素的【Top】、【Right】、【Bottom】和【Left】等。

设置 CSS 列表属性

在【分类】列表中选择【列表】选项卡，可以为列表标签定义列表设置，如图 6-17 所示。

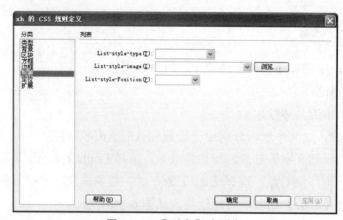

图 6-17　【列表】选项卡

【列表】选项卡中的具体参数如下：

- List-style-type：设置项目符号或编号的外观。
- List-style-image：可以为项目符号指定自定义图像。单击【浏览】按钮，在弹出的对话框中选择图像或输入图像的路径。
- List-style-position：设置文本是否换行并缩进（外部），或者文本是否换行到左边距（内部）。

设置 CSS 扩展属性

在【分类】列表中选择【扩展】选项卡，如图 6-18 所示。

在【扩展】选项卡中的具体参数如下：

- 分页：为打印的页面设置分页符。
  - page-break-before/page-break-after：在打印期间在样式所控制的对象之前或者之后强行分页。在下拉列表中选择要设置的选项。
- 视觉效果：设置样式的视觉效果。
  - Cursor：当指针位于样式所控制的对象上时改变指针图像，在其下拉列表中选择要设置的选项，如图 6-19 所示。

图 6-18　【扩展】选项卡

图 6-19　Cursor 下拉列表

➤ Filter：对样式所控制的对象应用特殊效果（如模糊或者反转），用户可以在该下
拉列表中选择一种效果，如图 6-20 所示。

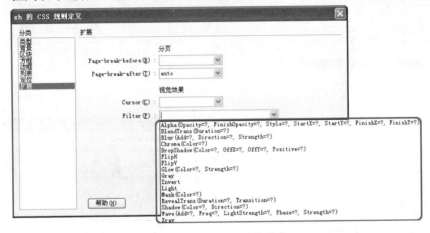

图 6-20　Filter 下拉列表

实战应用　使用 Div 和 CSS 制作网页

本案例将介绍如何使用 Div 和 CSS 制作网页，其具体操作步骤如下：

01 启动 Dreamweaver CS5，在菜单栏中选择【文件】|【新建】命令，如图 6-21 所示。

02 在弹出的对话框中选择【空白页】选项卡，在【页面类型】列表框中选择【HTML】选项，在【布局】列表框中选择【无】选项，如图 6-22 所示。

03 设置完成后，单击【创建】按钮，即可创建一个空白的文档，在菜单栏中选择【插入】|【布局对象】|【Div 标签】命令，如图 6-23 所示。

04 在弹出的对话框中将【插入】设置为【在插入点】，将 ID 设置为 header，如图 6-24 所示。

图 6-21　选择【新建】命令

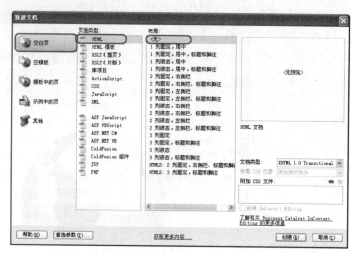

图 6-22　【新建文档】对话框

图 6-23　选择【Div 标签】命令

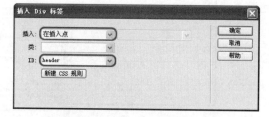

图 6-24　【插入 Div 标签】对话框

05 设置完成后，单击【确定】按钮，即可插入 Div 标签，插入后的效果如图 6-25 所示。

06 然后在菜单栏中选择【插入】|【布局对象】|【Div 标签】命令，在弹出的对话框中将【插入】设置为【在标签之后】，将 ID 设置为 meun，如图 6-26 所示。

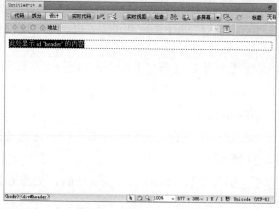

图 6-25　插入 Div 标签

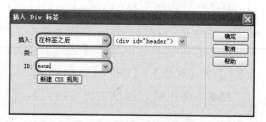

图 6-26　设置 Div 标签

07 设置完成后，单击【确定】按钮，即可再次插入 Div 标签，如图 6-27 所示。

08 使用同样的方法插入其他的 Div 标签，删除【此处显示 id "header" 的内容】标签中的内容，在菜单栏中选择【插入】|【图像】命令，如图 6-28 所示。

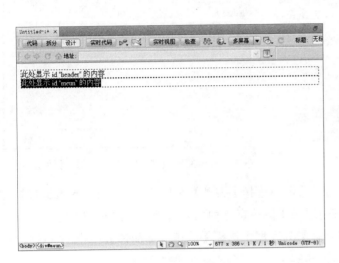

图 6-27　插入 Div 标签　　　　　　　　　　　　　图 6-28　选择【图像】命令

09 在弹出的对话框中选择随书附带光盘中的【效果】|【原始文件】|【Chapter06】|【实战应用】|【images】|【0.png】，如图 6-29 所示。

10 选择完成后，单击【确定】按钮，选中插入的素材，在【属性】面板中将其【宽】和【高】分别设置为 126、69，设置后的效果如图 6-30 所示。

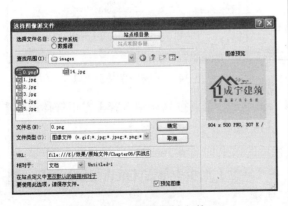

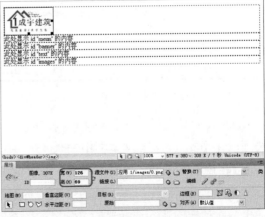

图 6-29　选择素材文件　　　　　　　　　　　　　图 6-30　设置素材文件的宽和高

11 使用同样的方法插入其他内容，插入后的效果如图 6-31 所示。

12 将光标置入到【header】Div 标签中，然后输入文字，选中输入的文字，在【属性】面板中单击【编辑规则】按钮，在弹出的对话框中输入选择器的名称，如图 6-32 所示。

图 6-31　插入其他内容

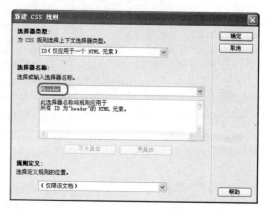

图 6-32　【新建 CSS 规则】对话框

13 单击【确定】按钮，在弹出的对话框中选择【类型】选项卡，单击【Font-family】右侧的下三角按钮，在弹出的下拉列表中选择【编辑字体列表】选项，如图 6-33 所示。

14 在弹出的对话框中的【可用字体】列表框中选择【方正舒体简体】，单击 按钮，将其添加到【字体列表】列表框中，如图 6-34 所示。

图 6-33　选择【编辑字体列表】选项

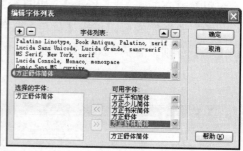

图 6-34　【编辑字体列表】对话框

15 设置完成后，单击【确定】按钮，在【Font-family】下拉列表中选择【方正舒体简体】选项，在【Font-size】文本框中输入 45，如图 6-35 所示。

16 设置完成后，单击【确定】按钮，设置后的效果如图 6-36 所示。

17 单击文档窗口左下角的<body>标签，在【属性】面板中单击【编辑规则】按钮，在弹出的对话框中输入选择器的名称，如图 6-37 所示。

18 单击【确定】按钮，在弹出的对话框中选择【背景】选项卡，在【Background-color】右侧的文本框中输入#fef7ca，如图 6-38 所示。

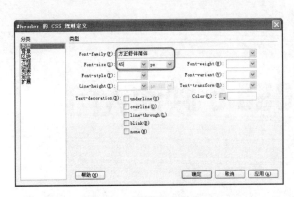

图 6-35 设置 Font-size

图 6-36 设置后的效果

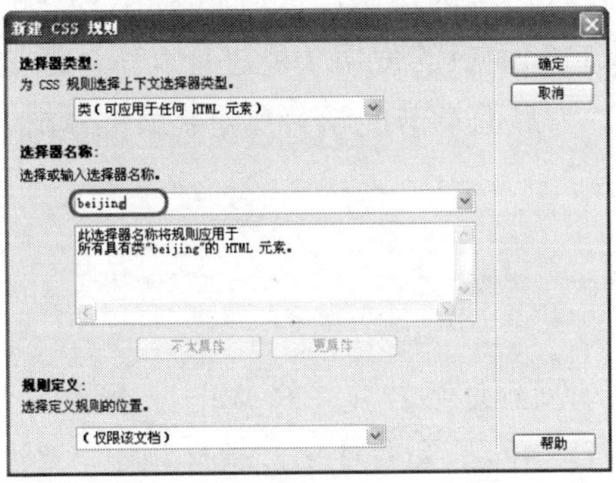

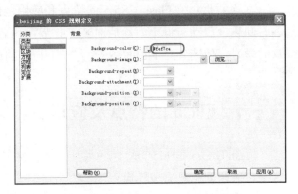

图 6-37 输入选择器的名称

图 6-38 设置 Background-color

19 设置完成后，单击【确定】按钮，按 F12 键预览效果，完成后的效果如图 6-39 所示，对完成后的场景进行保存即可。

图 6-39 完成后的效果

Flash CS5.5 快速入门

本章主要介绍 Flash CS5.5 的特点和应用范围以及入门基础知识，包括 Flash CS5.5 的安装、卸载、启动与退出。然后对其工作界面内各个窗口和面板的使用功能进行介绍。通过本章的学习，使读者对 Flash CS5.5 有一个初步的认识，为后面章节的学习奠定良好的基础。

Unit 01　Flash 的特点及应用

Flash CS5.5 是 Flash 软件的最新版本，从简单的动画到复杂的交互式 Web 应用程序，它几乎可以帮助用户完成任何作品。作为多媒体创作工具，Flash 和其他同类软件相比，有很多独特的地方。

Flash 的特点

作为当前业界最流行的动画制作软件，Flash CS5.5 必定有其独特的技术优势，了解这些知识对于今后选择和制作动画有很大的帮助。图 7-1 所示为专业的 Flash 学习和传播网站——闪吧网。

图 7-1　闪吧网主页

1．矢量格式

用 Flash 绘制的图形可以保存为矢量图形，这种类型的图像文件包含独立的分离图像，可以自由无限制地重新组合。它的特点是放大后图像不会失真，与分辨率无关，文件占用空间较小，非常有利于在网络上进行传播。

2．支持多种图像格式文件导入

在动画设计中，前期必然会使用到多种图像处理软如 Photoshop、Illustrator、Freehand 等制作图形和图像，当在这些软件中做好图像后，可以使用 Flash 中的导入命令将它们导入 Flash 中，然后进行动画的制作。另外，Flash 还可以导入 Adobe PDF 电子文档和 Adobe Illustrator 等文件，并保留源文件的精确矢量图。

3．支持视/音频文件导入

Flash 提供了功能强大的视频导入功能，可让用户设计的 Flash 作品更加丰富多彩，并做到现实场景和动画场景相结合。

Flash 支持声音文件的导入，在 Flash 中可以使用 MP3。MP3 是一种压缩性能比很高的音频格式，能很好地还原声音，从而保证在 Flash 中添加的声音文件音质很好，文件体积也很小。

4．支持流式下载

使用流式下载技术可以使动画边下载边观看，即使后面的内容还没有下载完成，也可以进行动画的观看。对于 Flash 动画来说，用户可以马上看到动画效果，在观看动画效果的过程中，下载剩余的动画内容。

若制作的 Flash 动画比较大，则可以在大动画的前面放置一个小动画，在播放小动画的过程中，检测大动画的下载情况，从而避免出现等待的情况。图 7-2 所示为一个 Flash 动画的载入画面。

5．交互性强

Flash 中使用的 ActionScript 脚本运行机制可以让用户添加任何复杂的程序，增强了对于交互事件的动作控制。另外，脚本程序语言在动态数据交互方面有了重大改进，ASP 功能的全面嵌入使得制作一个完整意义上的 Flash 动态商务网站成为可能，用户甚至还可以用它来开发一个功能完备的虚拟社区。图 7-3 所示为一个 Flash 互动小游戏的页面。

图 7-2　载入页面

图 7-3　互动小游戏页面

6．平台的广泛支持

任何安装有 Flash Player 插件的网页浏览器都可以观看 Flash 动画，目前已有 95%以上的浏览器安装了 Flash Player，几乎包含了所有的浏览器和操作系统，因此 Flash 动画已经逐渐成为应用最为广泛的多媒体形式。

7．Flash 动画文件容量小

通过关键帧和组件技术的使用使得 Flash 输出的动画文件非常小，通常一个简短的动画只有几百 K 大小，这就可以在打开网页很短的时间内对动画进行播放，同时也节省了上传和下载时间。

8．制作简单且观赏性强

相对于实拍短片，Flash 动画有着操作相对简单、制作周期短、易于修改和成本低等特点，其不受现实空间的制约有利于进行各种创意思维和夸张手法的运用，创作出观赏性极强的动画。

Flash 的应用

使用 Flash 制作动画的优点是动画品质高、体积小、互动功能强大，目前广泛应用于网页设计、动画制作、多媒体教学软件、游戏设计、企业介绍等诸多领域。

1．宣传广告动画

使用 Flash 足以制作互联网中播放的动画。虽然 Flash 软件制作 3D 动画很难，但是制作 2D 动画绰绰有余，并且成本大大降低，因此使得 Flash 在这个领域发展非常迅速，已经成为大型门户网站广告动画的主要形式。同时，宣传广告动画成了 Flash 应用最广泛的领域之一。图 7-4 所示为网站中的广告动画。

2．产品功能演示

很多产品被开发出来后，为了让人们了解它的功能，其设计者往往用 Flash 制作一个演示片，以便能全面地展示产品的特点，而且还可以实现很多实拍所不能完成的效果。图 7-5 所示为一款数码播放器的演示动画。

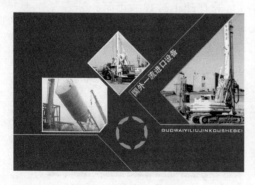 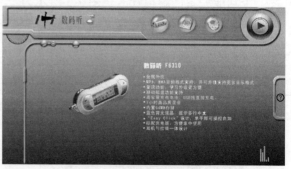

图 7-4　宣传广告动画　　　图 7-5　产品功能演示

3．制作游戏

虽然 Flash 不是专为制作游戏而开发的软件，但是随着 ActionScript 功能的强大，出现了很多种制作技法。并且，通过这些技法可以制作出简单、有趣的 Flash 游戏。同时还可以将网络广告和游戏结合起来，在娱乐的同时增强广告效果。图 7-6 所示为使用 Flash 制作的游戏。

4．音乐 MTV

由于 Flash 支持音频的导入，所以使用其制作 MTV 也成为一种应用比较广泛的形式。由于个人录音设备的普及和网络传播范围的更加广泛，录制完个人原创单曲后，利用 Flash 制作 MTV 迅速在网上蹿红起来，音画并茂的表现方式也更容易受到关注。图 7-7 所示为 Flash 制作的"大学自习室"MTV。

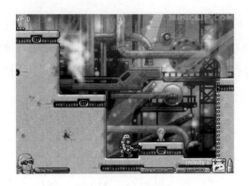
图 7-6　Flash 游戏

图 7-7　Flash 音乐 MTV

5．动画片

使用 Flash 制作动画片是目前最火爆的一个领域，包括多集动画系列片和原创动画短片。现在播出的二维动画片中相当一部分是靠 Flash 完成的，同时也有许多 Flash 爱好者制作了很多经典的动画短片，上传到互联网上供大家欣赏，也成为自我水平和实力的展现平台。这些动画的亮点是人物表情丰富、情节搞笑，如图 7-8 所示。

6．教学课件

对于教师们来说，Flash 是一个完美的教学课件开发软件——它操作简单、输出文件体积很小，而且交互性很强，会极大地增强学生的主动性和积极发现的能力。图 7-9 所示为 Flash 制作的教学课件。

图 7-8　Flash 动画片

图 7-9　Flash 教学课件

7．网站导航条

Flash 的按钮功能非常强大，是制作网页导航条的首选，通过对鼠标的各种操作，可以实现动画、声音等各种效果。如图 7-10 所示为导航条。

图 7-10　Flash 制作的导航条

8．站点建设

事实上，目前只有少数人掌握了完全使用 Flash 建立站点的技术。因为它意味着更高的界面维护能力和开发者的整站架构能力。但它带来的好处也异常明显：全面的控制、无缝的导向跳转、更丰富的媒体内容、更体贴用户的流畅交互、可以跨平台，以及与其他 Flash 应用方案无缝连接、集成等。

Flash 中的基本术语

既然要使用 Flash 软件，那么了解一些有关 Flash 的基本术语是必要的。例如，矢量图形、位图图像、场景、帧、层等名词都是需要熟悉的，这有利于用户今后的 Flash 创作。

1．矢量图形和位图图像

计算机对图像的处理方式有矢量图形和位图图像两种。在 Flash 中用绘图工具绘制的是矢量图形，而在使用 Flash 时会接触到矢量图形和位图图像两种，并且经常交叉使用，互相转换。

（1）矢量图形

矢量图形是根据几何特性来绘制图形，用包含颜色和位置属性的点和线来描述图像的。以直线为例，它利用两端的端点坐标、粗细和颜色来表示直线，因此无论怎样放大图像，都不会影响画质，依旧保持其原有的清晰度。通常情况下，矢量图形的文件体积要比位图图像小，但是对构图复杂的图像来说，矢量图形的文件体积比位图图像的体积还要大。另外，矢量图形具有独立的分辨率，它能以不同的分辨率显示和输出，即可以在不损失图像质量的前提下，以各种各样的分辨率显示在输出设备中。图 7-11 所示为矢量图形及其放大后的效果。

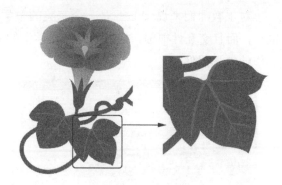

图 7-11　矢量图形

（2）位图图像

位图图像是通过像素点来记录图像的。许多不同色彩的点组合在一起后，就形成了一幅完整的图像。位图图像存在的方式及所占空间的大小是由像素点的数量来控制的。图像点越多，即分辨率越大，图像所占容量也越大。位图图像能够精确地记录图像丰富的色调，因而它弥补了矢量图形的缺陷，可以逼真地表现自然图像。对位图进行放大时，实际是对像素的放大，因此放大到一定程度，就会出现马赛克现象。图 7-12 所示为位图图像及其放大后的效果。

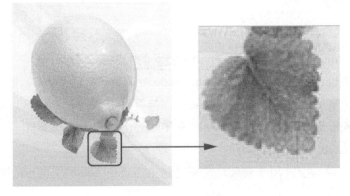

图 7-12　位图图像

2．场景和帧

场景是可以让每位设计者很直观地了解制作的方法，而帧是数据传输中的发送单位。

（1）场景

场景是设计者直接绘制每帧的图像或者从外部导入图形之后进行编辑处理，形成单独的帧图，再将单独的帧图合成为动画的场所。它需要有固定的长度、宽度、分辨率以及帧的播放速率等。在制作复杂的 Flash 动画时，可以根据动画情节制作多个场景，最后进行合并。

（2）帧

帧是数据传输中的发送单位，在 Flash 中，帧是指时间轴面板中窗格内一个一个的小格子，由左至右编号。每帧内包含图像信息，在播放时，每帧的内容会随着时间轴一个一个的放映而改变，最后形成连续的动画效果。帧又称为静态帧，是依赖于关键帧的普通帧，普通帧中不可以添加新的内容。有内容的静态帧呈灰色，空的静态帧显示白色。

关键帧是定义了动画变化的帧，也可以是包含了帧动作的帧。默认情况下，每一层的第一帧是关键帧，在时间轴上关键帧以黑点表示。关键帧可以是空的，可以使用空的关键帧作为停止显示指定图层中已有内容的一种方法。时间轴上空白关键帧以空心小圆圈表示。

帧序列是某一层中的一个关键帧和下一个关键帧之间的静态帧，不包括下一个关键帧。帧序列可以选择为一个实体，这意味着它们容易复制和在时间轴中移动。

3．层

Flash 中使用了层的概念，用户可以将不同的文件放置在不同的层中，这样各个层中的文件互相不会干扰，方便用户对不同的文件进行不同的修改。

Unit 02 Flash CS5.5 的安装、启动与退出

在学习 Flash CS5.5 前，首先要安装 Flash CS5.5 软件。下面介绍在 Microsoft Windows XP 系统中安装、卸载、启动与退出 Flash CS5.5 的方法。

运行环境

在 Microsoft Windows 系统中运行 Flash CS5.5 的配置要求如下：
- Win Intel® Pentium® 4 或 AMD Athlon®64 处理器。
- Microsoft® Windows® XP Service Pack 2（推荐使用 Service Pack 3）或 Windows Vista® Home Premium、Business、Ultimate 或 Enterprise Service Pack 1；或 Windows 7。
- 推荐使用 2GB 或更大的内存。
- 3.5GB 可用硬盘空间用于安装；安装过程中需要更多可用空间（无法在闪存式存储设备上进行安装）。
- 1280×800 的显示分辨率，16 位显卡。
- DVD-ROM 驱动器。
- 联机服务和 Creative Suite Subscription Edition 软件所必需的宽带 Internet 连接。

在 Mac OS 系统中运行 Flash CS5.5 的配置要求如下：
- Intel®多核处理器。
- Mac OS X 10.5.8 或 10.6 版。
- 1GB 内存（推荐 2GB）。
- 4GB 可用硬盘空间用于安装；安装过程中需要额外的可用空间（无法在闪存式存储设备上进行安装）。
- 1024×768 屏幕（推荐 1280x800），16 位显卡。
- DVD-ROM 驱动器。
- 多媒体功能需要 QuickTime 软件。
- 联机服务和 Creative Suite Subscription Edition 软件所必需的宽带 Internet 连接。

Flash CS5.5 的安装

Flash CS5.5 是专业的设计软件，其安装方法比较标准，具体安装步骤如下：

01 双击安装文件图标，即可初始化文件，如图 7-13 所示。

02 初始化完成后会弹出许可协议界面，单击【接受】按钮，如图 7-14 所示。

03 执行操作后会弹出序列号界面，在该界面中输入序列号，将语言设置为【简体中文】，如图 7-15 所示。

04 单击【下一步】按钮，弹出 Adobe ID 界面，在该界面中单击【跳过此步骤】按钮，如图 7-16 所示。

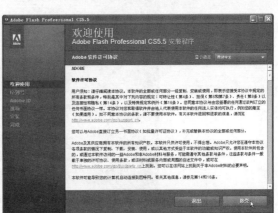

图 7-13　安装初始化

图 7-14　单击【接受】按钮

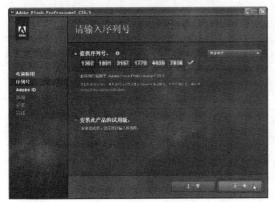

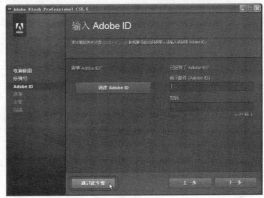

图 7-15　输入序列号

图 7-16　单击【跳过此步骤】按钮

05 执行操作后，即可弹出【选项】界面，在该界面中指定安装路径，如图 7-17 所示。

06 单击【安装】按钮，在弹出的【安装】界面中将显示所安装的进度，如图 7-18 所示。

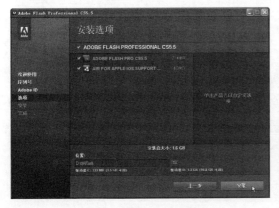

图 7-17　指定安装路径

图 7-18　安装进度

07 安装完成后，将会弹出完成界面，单击【完成】按钮即可，如图 7-19 所示。

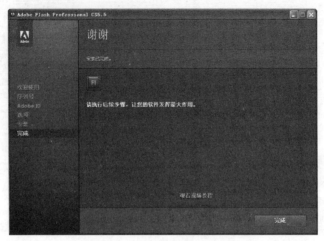

图 7-19　单击【完成】按钮

启动 Flash CS5.5

如果要启动 Flash CS5.5，可选择【开始】|【程序】|【Adobe Flash professional CS5.5】，如图 7-20 所示，除此之外，用户还可在桌面上双击该程序的图标，或双击与 Flash CS5.5 相关的文档。

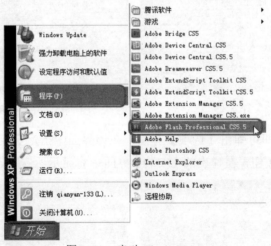

图 7-20　启动 Flash CS5.5

> 🖐 **提 示**
>
> 在 Adobe Flash CS5.5 Professional 命令上右击，在弹出的快捷菜单中选择【发送到】|【桌面快捷方式】命令，即可在桌面上创建 Flash CS5.5 的快捷方式。

退出 Flash CS5.5

如果要退出 Flash CS5.5，可在程序窗口中选择【文件】|【退出】命令，如图 7-21 所示。

用户还可以在程序窗口左上角的图标上右击，在弹出的快捷菜单中选择【关闭】命令，如图 7-22 所示。或单击程序窗口右上角的【关闭】按钮、按 Alt+F4 组合键、按 Ctrl+Q 组合键等操作都可退出 Flash CS5.5。

图 7-21　选择【退出】命令

图 7-22　选择【关闭】命令

Unit 03 了解 Flash CS5.5 工作界面

Flash CS5.5 工作界面的设计非常系统化，便于操作和理解，同时也易于被人们接受，主要由菜单栏、时间轴、工具箱、舞台和工作区、浮动面板和属性面板等几个部分组成，下面就针对这几个部分进行详细介绍。

Flash CS5.5 的工作界面如图 7-23 所示，通过本节的学习可以初步了解菜单命令、工具的使用方法和各面板的应用方法，为熟练使用 Flash CS5.5 奠定基础。

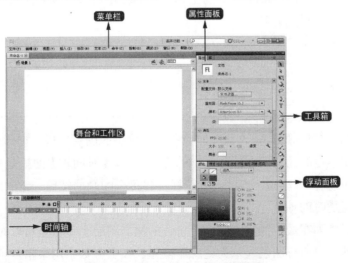

图 7-23　Flash CS 5.5 的工作界面

菜单栏

与许多应用程序一样，Flash CS5.5 的菜单栏包含了绝大多数通过窗口和面板可以实现的功能。但是某些功能还是只能通过菜单或者相应的快捷键才可以实现。图 7-24 所示为 Flash CS5.5 的菜单栏。

图 7-24　菜单栏

- 【文件】菜单主要用于一些基本的文件管理操作，如新建、保存、打印等，也是最常用和最基本的一些功能。
- 【编辑】菜单主要用于进行一些基本的编辑操作，如复制、粘贴、选择及相关设置等，它们都是动画制作过程中很常用的命令组。
- 【视图】菜单中的命令主要用于屏幕显示的控制，如缩放、网格、各区域的显示与隐藏等。
- 【插入】菜单提供的多为插入命令，例如，向库中添加元件、在动画中添加场景、在场景中添加层、在层中添加帧等操作，都是制作动画时所需的命令组。
- 【修改】菜单中的命令主要用于修改动画中各种对象的属性，如帧、层、场景，甚至动画本身等，这些命令都是进行动画编辑时必不可少的重要工具。
- 【文本】菜单提供处理文本对象的命令，如字体、字号、段落等文本编辑命令。
- 【命令】菜单提供了命令的功能集成，用户可以扩充这个菜单，以添加不同的命令。
- 【控制】菜单相当于 Flash 电影动画的播放控制器，通过其中的命令可以直接控制动画的播放进程和状态。
- 【调试】菜单提供了影片脚本的调试命令，包括跳入、跳出、设置断点等。
- 【窗口】菜单提供了 Flash 所有的工具栏、编辑窗口和面板的选择方式，是当前界面形式和状态的总控制器。
- 【帮助】菜单包括了丰富的帮助信息、教程和动画示例，是 Flash 提供的帮助资源的集合。

时间轴

【时间轴】面板由显示影片播放状况的帧和表示阶层的图层组成，如图 7-25 所示。时间轴用于组织和控制一定时间内的图层和帧中的文档内容。【时间轴】面板是 Flash 中最重要的部分。Flash 动画的制作方法与一般的动画一样，将每个帧画面按照一定的顺序和速度播放，反映这一过程的正是时间轴。

时间轴中图层排列在最左侧，右侧为所包含的帧。图层上方按钮可以对图层执行显示或隐藏、锁定或解锁、将所有图层显示为轮廓等操作，帧上方数字用来指示帧编号。在时间轴底部状态栏中则显示了当前帧信息，底部按钮可以执行新建图层、新建文件夹、删除等操作。

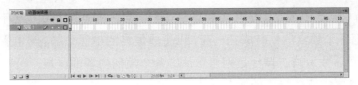

图 7-25   时间轴

工具箱

工具箱包括一套完整的 Flash 图形创作工具，与 Photoshop 等其他图像处理软件的绘图工具非常类似，其中放置了编辑图形和文本的各种工具，利用这些工具可以进行绘图、选取、喷涂、修改及编排文字等操作，有些工具还可以改变查看工作区的方式。选择某一工具时，其对应的附加选项也会在工具箱下面的位置出现，附加选项的作用是改变相应工具对图形处理的效果。图 7-26 所示为 Flash CS5.5 中的工具箱。

图 7-26   工具箱

舞台和工作区

舞台是用户在创作时观看自己作品的场所，也是用户编辑、修改动画中的对象的场所。对于没有特殊效果的动画，在舞台上也可以直接播放，而且最后生成的 SWF 格式的文件中播放的内容也只限于在舞台上出现的对象，其他区域的对象不会在播放时出现。

工作区是舞台周围的所有灰色区域，通常用做动画的开始和结束点的设置，即动画过程中对象进入舞台和退出舞台时的位置设置。工作区中的对象除非在某个时刻进入舞台，否则不会在影片的播放中看到。

舞台和工作区的分布如图 7-27 所示，中间白色部分为舞台，周围灰色部分为工作区。

图 7-27   舞台和工作区

　　舞台是 Flash CS5.5 中最主要的可编辑区域,在舞台中可以直接绘图或者导入外部图形文件进行编辑,再把各个独立的帧合成在一起,以生成最终的电影作品。与电影胶片一样,Flash 影片也按时间长度划分为帧。舞台是创作影片中各个帧的内容的区域,可以在其中直接勾画插图,也可以在舞台中安排导入的插图。

浮动面板

　　Flash 提供了根据用户的要求调整操作界面的各种方法和功能,利用浮动面板可以使操作更为简便。通过调整面板的大小或显示隐藏的方法,可以有效地分配操作空间,通过群组化常用的面板或用户自定义调配面板位置等方法扩大操作空间。

　　按住鼠标拖动面板标题栏,可以将其拖至任何位置,如图 7-28 所示。如果需要将其复位,则可以按住鼠标拖动至复位位置处,当出现蓝色线条时松开鼠标即可,如图 7-29 所示。

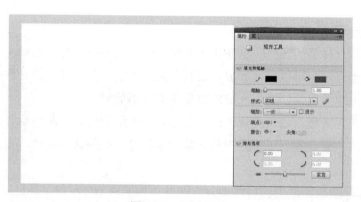

图 7-28　浮动面板

图 7-29　进行复位

　　大多数浮动面板含有附加选项的弹出式菜单,面板的右上角处若有一个小三角形,则表明这是一个弹出式菜单,单击此三角形可以选取弹出式菜单中的命令,如图 7-30 所示。除此之外,还可以通过用鼠标双击面板的标题栏,收缩该面板的扩展部分。在收缩状态下,面板缩为一个标题栏,仅显示该面板的名称,这样可以节省窗口的空间,扩大编辑视野。当面板处于收缩状态时,直接双击此面板的标题栏可以将面板展开。

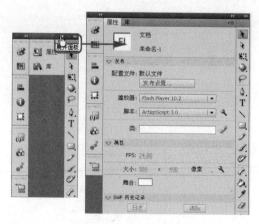

图 7-30　弹出式菜单

属性面板

【属性】面板中的内容不是固定的,它会随着选择对象的不同而显示不同的设置项。图 7-31 所示分别为选择【文本】工具和选择【Deco】工具时的【属性】面板。选择【文本】工具时的【属性】面板和选择【Deco】工具时的【属性】面板都提供与其相应的选项。因此用户可以在面板中方便地设置或修改各属性值。灵活应用【属性】面板既可以节约时间,还可以减少面板个数,提供足够大的操作空间。

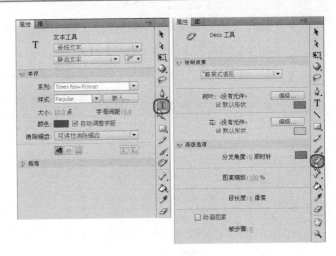

图 7-31 属性面板

Unit 04 Flash 文件的基本操作

Flash CS5.5 文件的基本操作包括新建文件、打开文件以及保存和关闭文件。掌握这些操作是使用该软件的最基本要求。

新建文件

打开 Flash CS5.5 软件后,会看到如图 7-32 所示的界面,在【新建】项下选择相应的选项。也可以在菜单栏中选择【文件】|【新建】命令,弹出【新建文档】对话框,如图 7-33 所示。

图 7-32 开始界面

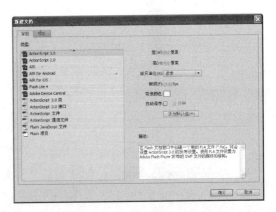

图 7-33 【新建文档】对话框

在【新建文档】对话框的【常规】选项卡下的【类型】列表中共有 13 个开始选项，选择其中一项，即可在【描述】下查看该项的说明。

- Flash 文件：选择【ActionScript 3.0】、【ActionScript 2.0】、【AIR】、【AIR for Android】、【AIR for ios】、【Flash Lite 4】、【Adobe Device Central】选项之一，将在 Flash 文档窗口中新建一个 Flash 文档，这时将进入动画编辑主界面，如图 7-34 所示。

图 7-34　动画编辑主界面

- ActionScript 3.0 类：创建新的 AS 文件（.as）来定义 ActionScript 3.0 类，如图 7-35 所示。

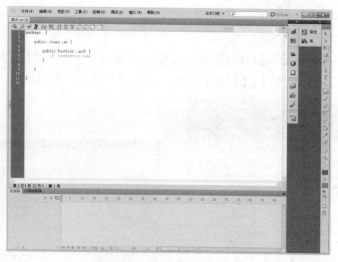

图 7-35　ActionScript 3.0 类

- ActionScript 3.0 接口：创建新的 AS 文件（.as）来定义 ActionScript 3.0 接口。
- ActionScript 文件：用来创建一个外部脚本文件（.as），并在脚本窗口中对其进行编辑，如图 7-36 所示。

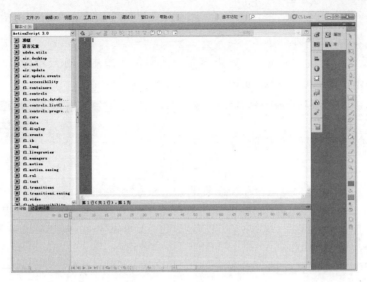

图 7-36　ActionScript 文件

- ActionScript 通信文件：创建一个新的外部脚本通信文件（.asc），并在脚本窗口对其进行编辑。
- Flash JavaScript 文件：创建一个新的外部 JavaScript 文件（.jsf），并在脚本窗口对其进行编辑。
- Flash 项目：创建一个新的 Flash 项目文件（.flp）。使用 Flash 项目文件组合的相关文件（.fla、.as、.jsf 及媒体文件），为这些文件建立发布设置，并实施版本控制选项。

用户还可以利用模板创建文件，在【新建文档】对话框中选择【模板】选项卡，此时对话框变为【从模板新建】对话框，如图 7-37 所示，然后选择需要的模板后单击【确定】按钮即可创建模板，如图 7-38 所示。

图 7-37　【从模板新建】对话框

图 7-38　创建模板

在新建文件时，还可以对新创建文件的属性进行更改，例如文档大小、动画播放速率以及背景颜色等。

01 打开【新建文档】对话框，选择【ActionScript 3.0】类型，在右侧面板中可以进行宽、高的数值设置，如图 7-39 所示。

02 Flash 默认单位为"像素"，如果需要更改单位，单击【标尺单位】下三角按钮，在弹出的下拉列表中选择需要的单位即可，如图 7-40 所示。

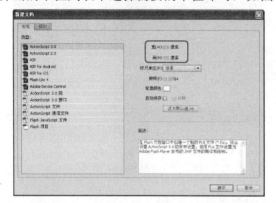
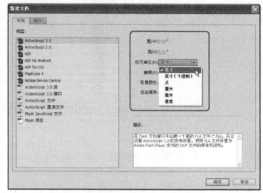

图 7-39　设置文档大小　　　　　　　　图 7-40　更改文档单位

在【标尺单位】下方有一项【帧频】参数，其含义为"每秒钟填充图像的帧数（帧/秒）"，指动画或视频的画面数，如图 7-41 所示。设置完成后在创建的文档下方【时间轴】面板中会进行显示，如图 7-42 所示。

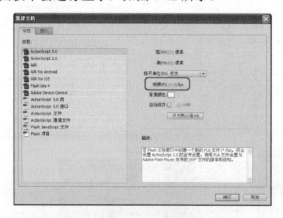

图 7-41　设置帧数　　　　　　　　　图 7-42　帧数的显示

通过调整 fps 参数可以设置动画的播放速度，也就是每秒钟播放的帧数。帧频率太小，会使动画看起来一顿一顿的；帧频率太大，又会使动画的细节变得模糊。一般电影帧数率为 24fps，电视（PAL）为 25fps，电视（NTSL）为 30fps。

由于整个 Flash 文档只有一个帧频率，因此在创建动画之前就应当设置帧频率。

如果需要调整文件的背景颜色，可以单击【背景颜色】右侧的颜色框，这时会弹出拾色器，如图 7-43 所示。在其中选择需要的颜色，将光标移到色块上单击，然后创建的文档即可应用该颜色作为背景颜色，如图 7-44 所示。

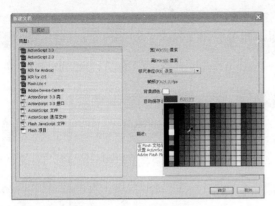

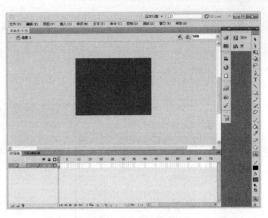

图 7-43 选择背景颜色　　　　　　　图 7-44 更改背景颜色

打开文件

　　如果之前保存了 Flash 制作的文件，那么启动 Flash 软件后就可将其打开。在菜单栏中选择【文件】|【打开】命令，弹出【打开】对话框，在【打开】对话框中选择要打开的文件，单击【打开】按钮即可将其打开，如图 7-45 所示。

图 7-45 打开文件

保存文件和关闭文件

　　动画制作完成后就需要将动画文件保存起来，文件的保存步骤如下：

　　01 如果文件是第一次保存，在菜单栏中选择【文件】|【保存】命令，弹出【另存为】对话框，如图 7-46 所示。如果在已有文件中进行操作，操作完成后不想覆盖源文件，则可以选择【另存为】命令。

　　02 在对话框中设置文件的保存位置，然后在【文件名】文本框中输入文件名，单击【保存】按钮，即可将文件保存。

　　如果工作已经完成，这时可以使用以下两种方法将文件关闭。

- 在菜单栏中选择【文件】|【关闭】命令，即可将文件关闭。
- 直接单击文件窗口左上角的【×】按钮，即可关闭文件。

图 7-46　保存文件

提 示

如果要关闭的文件没有保存，那么在关闭文件时，系统会提示是否保存文件，如图 7-47 所示。单击【是】按钮，则进行保存；单击【否】按钮，则直接关闭文件，不进行保存；单击【取消】按钮，则取消文件的关闭。

图 7-47　提示对话框

Unit 05　对象的简单操作出

通过上面的学习可以对 Flash 软件有大致的了解，下面就介绍对象的简单操作，包括对象的选取、移动、复制和选择等。

对象的选取

在绘图操作过程中，选择对象的过程通常就是使用选择工具的过程。在工作区中使用选择工具选择对象的方法如下：

01 选择工具箱中【选择工具】，单击图形对象的边缘部位，即可选中该对象的一条边，如图 7-48 所示；双击图形对象的边缘部位，即可选中该对象所有边，如图 7-49 所示。

图 7-48　选择一条边

图 7-49　选择所有边

02 单击图形对象的面，则会选中对象的面，如图 7-50 所示；双击图形对象的面，则会同时选中该对象的面和边，如图 7-51 所示。

图 7-50　选择对象的面

图 7-51　选择所有面和边

03 如果需要选择舞台中所有对象，在舞台中通过拖动鼠标框选需要选择的对象即可，如图 7-52 和图 7-53 所示。

图 7-52　拖动鼠标创建选区

图 7-53　选择框选对象

提 示

> 按住 Shift 键并依次单击要选取的对象，可以同时选择多个对象；如果再次单击已被选中的对象，则可以取消对该对象的选取。使用 Ctrl+A 组合键可以全选对象。

对象的移动

使用【选择工具】也可以对图形对象进行移动操作，但是根据对象的不同属性，会有下面几种不同的情况。

01 使用鼠标双击选取图形对象的边后，拖动鼠标使对象的边和面分离，如图 7-54 和图 7-55 所示。

图 7-54   选择边

图 7-55   移动边

02 使用鼠标单击边框外的面，拖动选取的面可以获得边线分割面的效果，如图 7-56 和图 7-57 所示。

图 7-56   选择外侧面

图 7-57   边线分割面效果

03 使用鼠标选取酒瓶中酒杯液体，将其拖出酒瓶区域，会发现酒杯液体对象覆盖的地方被删除了，如图 7-58 和图 7-59 所示。

04 如果不希望覆盖的图像被删除，可以将图形进行组合，这样覆盖后再移动图形会发现下面对象被覆盖的部分不会被删除，如图 7-60 和图 7-61 所示。

图 7-58　选择酒杯液体

图 7-59　移动酒杯液体

图 7-60　选择组合后酒杯液体

图 7-61　移动组合后酒杯液体

对象的复制

在 Flash 中也可以对图形对象进行复制操作，当需要绘制大量相同的形状时，进行复制操作是一个很好的选择。

01 首先选择需要复制的对象，如图 7-62 所示，按 Ctrl+C 组合键或者在菜单栏中选择【编辑】|【复制】命令，如图 7-63 所示。

图 7-62　选择图形

图 7-63　选择【复制】命令

02 按 Ctrl+V 组合键，即可对选择的对象进行复制，如图 7-64 所示。在菜单栏中选择【编辑】|【粘贴到当前位置】命令，如图 7-65 所示，即可将复制的图形进行原位粘贴。

图 7-64　粘贴图形　　　　　图 7-65　选择【粘贴到当前位置】命令

提　示

粘贴完成后，如果对粘贴效果不满意，可以在菜单栏中选择【编辑】|【清除】命令，即可将粘贴的对象清除。

03 除此之外在选择需要复制的对象后右击，在弹出的快捷菜单中选择【复制】命令，如图 7-66 所示。然后在空白处右击，在弹出的快捷菜单中选择【粘贴】命令，如图 7-67 所示。

图 7-66　选择【复制】命令　　　　　图 7-67　选择【粘贴】命令

对象的删除

当有多余或者不需要的对象时，就需要将其删除。对象的删除比较简单，选择需要删除的对象后按 Delete 键即可，如图 7-68 和图 7-69 所示。或者在菜单栏中选择【编辑】|【清除】命令。

图 7-68　选择需要删除的对象

图 7-69　删除后的效果

当图形被覆盖时，删除上方图形的同时也会将覆盖的地方删除，如图 7-70 和图 7-71 所示。当图像成组后则不会出现此情况。

图 7-70　选择覆盖对象

图 7-71　删除有覆盖图形后的效果

对象的变形

使用【选择工具】 除了可以选取对象外，还可以对图形对象进行变形操作。当鼠标处于选择工具的状态时，指针放在对象的不同位置，会有不同的变形操作方式。

01 当鼠标指针放在对象的边角上时，会变成 形状，这时单击并拖动鼠标，可以实现对象的边角变形操作，如图 7-72 和图 7-73 所示。

图 7-72　拖动边角

图 7-73　边角变形后的效果

02 当鼠标指针放在对象的边线上时会变成 形状，这时单击并拖动鼠标，可以实现对象的边线变形操作，如图 7-74 和图 7-75 所示。

图 7-74　拖动边线

图 7-75　边线变形后的效果

利用【变形】面板可以对图形对象进行各种变形处理，如放大或缩小、旋转、扭曲等。这些在操作中经常可以用到。

当需要对图形进行放大或缩小时，只需选择图形，如图 7-76 所示。打开【变形】面板，将【缩放高度】和【缩放宽度】进行约束，然后更改其中任意一项数值，另外一项也会根据比例进行更改，如图 7-77 所示。

在【变形】面板中选择【旋转】单选按钮，在下方数值框中输入旋转角度，即可对选择的图形进行旋转，如图 7-78 所示。

图 7-76　选择图形　　　　　　　　　　　　　　　图 7-77　调整缩放比例

在【变形】面板中选择【倾斜】单选按钮，根据需要输入【水平倾斜】和【垂直倾斜】的数值即可完成倾斜操作，如图 7-79 所示。

 提　示

使用工具箱中的【任意变形工具】也可对图形对象进行变形操作，鼠标放置在图形中位置的不同会发生不同的变化，选择需要的方式进行调整即可，进行缩放调整时按住 Shift 键可以等比放大或缩小，在旋转时按住 Shift 键每次旋转角度为 45°。

图 7-78　设置【旋转】参数　　　　　　　　　　　　图 7-79　设置【倾斜】参数

使用部分选取工具

【部分选取工具】除了可以像【选择工具】那样选取并移动对象外，还可以对图形进行变形等处理。当某一对象被部分选取工具选中后，它的图像轮廓线上会出现很多控制点，表示该对象已被选中。

01 选择【部分选取工具】 ⬉ 单击矢量图形后出现锚点，选择对象任意锚点后，拖动鼠标到任意位置即可完成对锚点的移动操作，如图 7-80 和图 7-81 所示。

图 7-80   拖动锚点

图 7-81   锚点移动后效果

02 使用【部分选取工具】 ⬉ 单击要编辑的锚点，这时该锚点的两侧会出现调节手柄，拖动手柄的一端可以实现对曲线的形状编辑操作，如图 7-82 和图 7-83 所示。

图 7-82   调节锚点手柄

图 7-83   手柄调整后的效果

Unit 06 使用查看工具

使用 Flash 进行操作时，常常会用到一些辅助查看的工具，如【手形工具】🖐、【缩放工具】🔍 等，它们可以极大地方便用户对工作区的查看。

使用手形工具调整工作区位置

【手形工具】🖐 是在工作区移动对象的工具。使用手形工具移动对象时，表面上看到的是对象的位置发生了改变，但实际移动的却是工作区的显示空间，而工作区上所有对象的实际坐标相对于其他对象的坐标并没有改变。手形工具的主要任务是在一些比较大的舞台内快速移动到需要查看的目标区域，显然，使用此工具比拖动滚动条要方便许多。【手形工具】只能对工作区进行位移，无法进行缩放操作。

使用手形工具的操作步骤如下：

01 单击工具箱中的【手形工具】，一旦它被选中，鼠标指针将变为一只手的形状，如图 7-84 所示。

02 在工作区的任意位置按住目标左键并往任意方向拖动，即可看到整个工作区的内容跟随鼠标的运动而移动，不论当前正在使用的是什么工具，只要按住空格键，都可以实现手形工具和当前工具的切换。

图 7-84　手形工具

缩放工具

【缩放工具】的主要任务是在绘图过程中放大或缩小视图，以便编辑和查看。同时不改变工作区中的任何实际图形的比例。与【手形工具】不同的是，【缩放工具】只能对工作区进行缩放操作而不能进行位置的改变。

使用缩放工具的具体操作步骤是：单击工具箱中的缩放工具，一旦缩放工具被选中，鼠标指针将变为一个放大镜，如图 7-85 所示。此时在工作区中单击就可以实现工作区的放大或缩小。在工作区的任意位置单击鼠标左键，工作区将被放大为原来的两倍或者缩小为原来的 1/2，并且可以进行多次放

图 7-85　缩放工具

大和缩小。如果想将舞台恢复为原始尺寸，则只需在工具箱中双击缩放工具或单击窗口右上角显示比例按钮进行调整，缩放工具处于放大还是缩小状态由此工具的附加选项决定，默认状态下为放大，按住 Alt 键时为缩小。选择【缩放工具】后，在工具箱中下方会显示【放大】工具和【缩小】工具图标，根据需要单击相应图标也可进行状态改变。

- 【放大】工具：单击此按钮，放大镜上会出现"+"号，当用户在工作区中单击时，会使舞台放大为原来的两倍。
- 【缩小】工具：单击此按钮，放大镜上会出现"-"号，当用户在工作区中单击时，会使舞台缩小为原来的1/2。

如果只想对某一区域进行放大显示，可以选择【放大】工具后框选需要放大的区域，松开鼠标后即可放大显示框选部分，如图 7-86 和图 7-87 所示。

图 7-86　框选放大区域

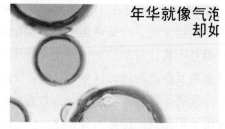

图 7-87　放大后的效果

Unit 07 图形的编组和对齐

除了对象的选择、变形操作之外，图形的其他操作还包括组合对象、对齐对象、修饰图形等。

组合对象

当绘制出多个对象后，为了防止它们之间的相对位置发生改变和移动时不覆盖其他图形，可以将它们合成一个对象，这时就需要用到【组合】命令。图 7-88 所示为场景中每根栅栏和下方的草地都可以自由移动，对象之间的相对位置也可以任意改变。使用选择工具框选需要进行组合的对象，如图 7-89 所示。

在菜单栏中选择【修改】|【组合】命令，如图 7-90 所示。组合后的对象就变成了一个整体，其中包含的图形就不能再单独移动了，如图 7-91 所示。

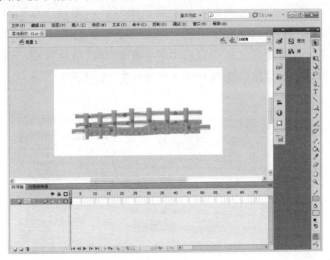

图 7-88　组合前场景

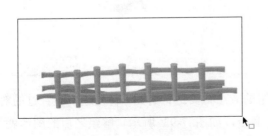

图 7-89　框选组合对象

图 7-90　选择【组合】命令

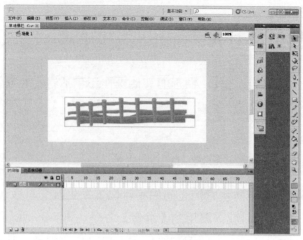

图 7-91　组合对象

提　示

组合对象还可以使用 Ctrl+G 组合键来实现。

　　如果需要对组合后的图形进行编辑，又不想将组分解，则可以双击图形，使文档编辑窗口进入组对象编辑状态，时间轴顶部出现了一个名为【组】的图标，如图 7-92 所示。图形组中的图形还保持着组合前的状态，文档窗口中的图形就可以单独移动，调整完成后双击鼠标即可退出图形组，也可以单击顶部场景名称【场景 1】，此时就进入文档编辑状态，这时的组合对象又是一个整体了。

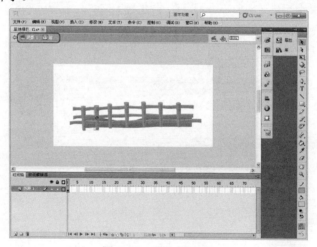

图 7-92　进入图形组

分离对象

　　如果不再需要编组图形，则可以采用解组的方法将其进行解组。首先选中组合过的对象，然后在菜单栏中选择【修改】|【取消组合】命令，如图 7-93 所示。解组之后的图形就又可以单独移动了，如图 7-94 所示。

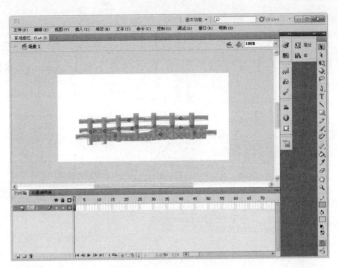

图 7-93 选择【取消组合】命令　　　　　　图 7-94 解组图形

🖱 **提 示**

取消组合对象的快捷键是 Ctrl+Shift+G。

对象的对齐

　　当制作整齐或者排列规范的图形时，使用对齐功能是很好的选择。在【对齐】面板中提供了很多对齐方式，几乎涵盖了所有用户需要的对齐样式。首先选中要对齐的对象，如在这里选中除草地以外的所有图形，如图 7-95 所示。

　　然后在菜单栏中选择【窗口】|【对齐】命令，或按 Ctrl+K 组合键，打开【对齐】面板，单击【垂直中齐】按钮 ，此时所选对象即可进行垂直中齐，如图 7-96 所示。

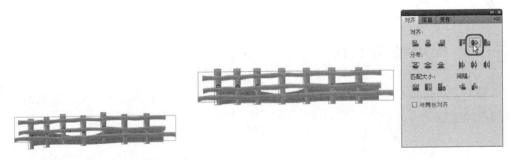

图 7-95 选择对齐图形　　　　　　图 7-96 垂直中齐

🖱 **提 示**

　　在对多个图形进行对齐之前，最好先按照对齐需要进行组合，否则有可能导致图形混在一起分不开。

　　有时需要将图形放到整个舞台的边缘或中央，这时就需要用到【对齐】面板中的【与舞台对齐】复选框，勾选该复选框后，再次单击对齐按钮时，选中的对象不再是相互之间对齐排列，而是分别相对舞台对齐。

　　首先将场景中所有物体成组后将其选中，如图 7-97 所示。然后在【对齐】面板中勾选【与舞台对齐】复选框，单击【左对齐】按钮 🔲，则该图形将紧靠舞台的左侧边缘，如图 7-98 所示。

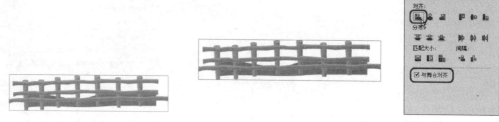

图 7-97　选择成组后图形　　　　　　　　图 7-98　左对齐

　　如果需要将图形放置在舞台中心位置，同样可以使用对齐操作来实现，省去复杂烦琐的调整过程。选择图形后勾选【与舞台对齐】复选框，分别单击【水平中齐】按钮 🔲 和【垂直中齐】按钮 🔲，选中的物体即可位于舞台中心位置，如图 7-99 所示。

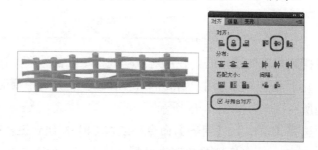

图 7-99　对齐到舞台中心

Unit 08　使用辅助工具

　　辅助工具可以在用户制作精准形状或规范化图形时提供参照，也可用于实例的定位，方便绘图操作。

辅助线的使用

　　在菜单栏中选择【视图】|【标尺】命令，打开标尺显示，如图 7-100 所示。从标尺处开始向舞台中拖动鼠标，会拖出一条直线，这条直线就是辅助线，如图 7-101 所示。不同的实例之间可以用这条线作为对齐的标准。用户可以移动、锁定、隐藏和删除辅助线，也可以将对象与辅助线对齐，或者更改辅助线颜色和对齐容差。

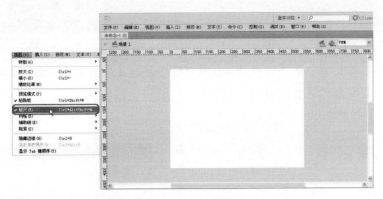

图 7-100　打开标尺

如果要删除辅助线，在菜单栏中选择【视图】|【辅助线】|【清除辅助线】命令，如图 7-102 所示，即可将辅助线删除。

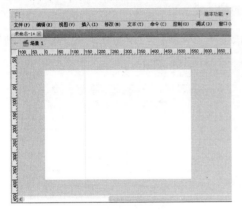

图 7-101　拖出辅助线

图 7-102　选择【清除辅助线】命令

如果辅助线的位置需要变动，可以使用【选择工具】将鼠标指针移至辅助线上，按住鼠标左键拖动辅助线到合适的位置即可。如图 7-103 所示，左侧的辅助线为辅助线的原来位置，右侧的辅助线为移动后的位置。

为了防止因不小心而移动辅助线，可以将辅助线锁定在某个位置。即在菜单栏中选择【视图】|【辅助线】|【锁定辅助线】命令，如图 7-104 所示，这样辅助线就不能再移动了。

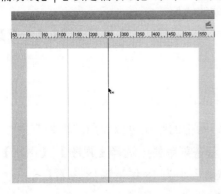

图 7-103　移动辅助线

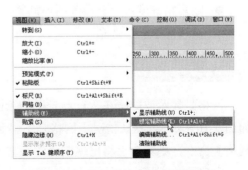

图 7-104　选择【锁定辅助线】命令

如果要再次移动辅助线，可以将其解锁。方法很简单，即再次在菜单栏中选择【视图】|【辅助线】|【锁定辅助线】命令即可。

同时也可以对辅助线参数进行设置，在菜单栏中选择【视图】|【辅助线】|【编辑辅助线】命令，弹出【辅助线】对话框，如图 7-105 所示，其中各项说明如下。

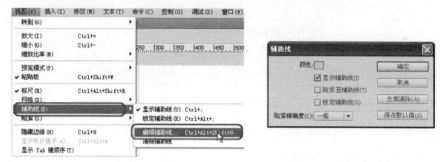

图 7-105　编辑辅助线

● 颜色：单击色块，可以在打开的拾色器中选择一种颜色，作为辅助线的颜色，例如选择红色，那么辅助线的颜色将变为红色，如图 7-106 所示。

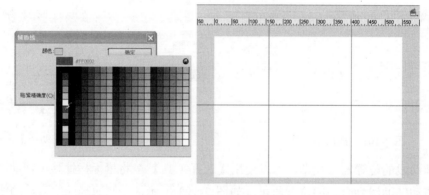

图 7-106　更改辅助线颜色

● 显示辅助线：勾选该复选框后，则显示辅助线。
● 贴紧至辅助线：勾选该复选框后，则图形吸附到辅助线。
● 锁定辅助线：勾选该复选框后，则将辅助线锁定。
● 贴紧精确度：用于设置图形贴紧辅助线时的精确度，有【必须接近】、【一般】和【可以远离】三个选项。

网格工具的使用

网格是显示或隐藏在所有场景中的绘图栅格，网格的存在可以使用户准确掌握绘图比例，如图 7-107 所示。默认情况下网格是不显示的，若在菜单栏中选择【视图】|【网格】|【显示网格】命令，则舞台上将出现灰色的小方格，默认大小为 18 像素×18 像素。

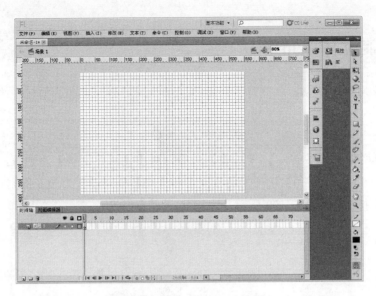

图 7-107 显示网格后的舞台

网格的作用是辅助用户绘画，通过设置网格的参数，可以使网格更能符合用户的绘画需要。在菜单栏中选择【视图】|【网格】|【编辑网格】命令，弹出【网格】对话框，如图 7-108 所示。

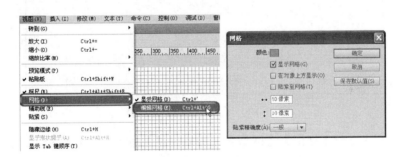

图 7-108 编辑网格

【网格】对话框中的各项参数功能如下。

● 颜色：单击色块可以打开拾色器，在其中选择一种颜色作为网格线的颜色。

● 显示网格：勾选该复选框，在文档中显示网格。

● 在对象上方显示：勾选该复选框，网格将显示在文档中的对象上方。

● 贴紧至网格：勾选该复选框，在移动对象时，对象的中心或某条边会贴紧至附近的网格。

● 【宽度】↔、【高度】↕：这两个参数分别用于设置网格的宽度和高度。

● 贴紧精确度：用于设置对齐精确度，有【必须接近】、【一般】、【可以远离】和【总是贴紧】4 个选项。

● 保存默认值：单击该按钮，可以将当前的设置保存为默认设置。

实战应用 绘制立体三角形

在上面的学习中对 Flash 软件有了初步的了解，最后利用上面所学知识绘制一个立体三角形。

01 在菜单栏中选择【文件】|【新建】命令，弹出【新建文档】对话框，在【类型】列表框中选择【ActionScript 3.0】选项，将【宽】和【高】分别设置为 500 像素、400 像素，然后单击【确定】按钮，如图 7-109 所示。

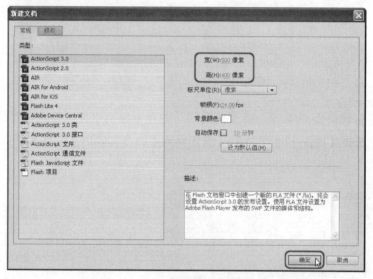

图 7-109 【新建文档】对话框

02 在菜单栏中选择【视图】|【网格】|【编辑网格】命令，弹出【网格】对话框，将【颜色】设置为红色，勾选【显示网格】和【贴紧至网格】复选框，将【宽度】、【高度】都设置为 30 像素，然后单击【确定】按钮，如图 7-110 所示。

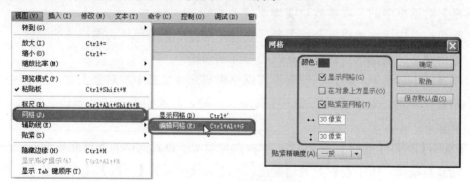

图 7-110 设置网格

03 此时舞台中即可出现设置好的网格，如图 7-111 所示。

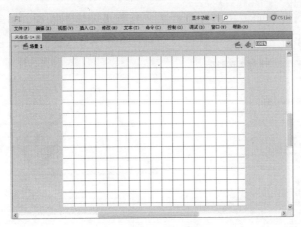

图 7-111　网格效果

04 在工具箱中选择【线条工具】，然后在舞台中以网格线作为参考绘制直线，由于之前设置了【贴紧至网格】选项，所以直线的开始和结束点都会吸附在网格顶点中，如图 7-112 所示。

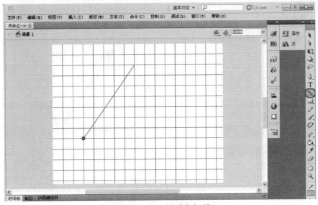

图 7-112　绘制直线

05 使用相同的方式继续进行直线的绘制，完成后的效果如图 7-113 所示。

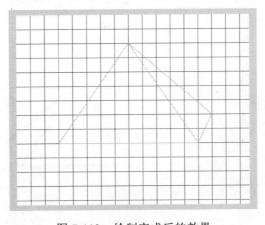

图 7-113　绘制完成后的效果

06 下面利用【属性】面板更改线条样式，打开【属性】面板，将笔触颜色设置为蓝色，【笔触】设置为 10，此时选中的线条颜色及粗细即可改变，如图 7-114 所示。

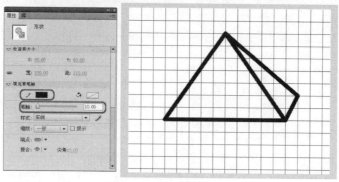

图 7-114　更改线条样式

07 设置完成后，再次在菜单栏中选择【视图】|【网格】|【显示网格】命令，即可取消网格显示，然后选择所有线条，在菜单栏中选择【修改】|【组合】命令，将选择的线条成组，如图 7-115 所示。

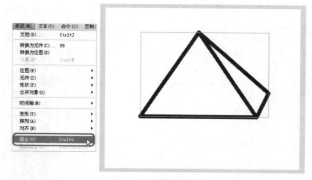

图 7-115　将线条成组

08 选择成组后的三角形对象，在菜单栏中选择【窗口】|【对齐】命令，打开【对齐】面板，勾选【与舞台对齐】复选框，分别单击【水平中齐】按钮和【垂直中齐】按钮，此时三角形即可位于舞台中心位置，如图 7-116 所示。

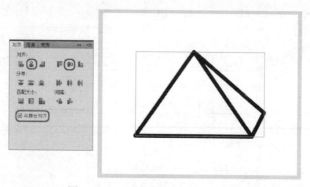

图 7-116　对齐到舞台中心

Flash CS5.5 工具详解

本章将主要介绍 Flash CS5.5 中的绘图工具、色彩工具和文本工具的使用方法，只有熟练掌握这些工具的使用方法，才能很方便地绘制出栩栩如生的矢量图形和创建出形象生动的文字效果。

Unit 01 绘图工具

在 Flash CS5.5 中提供了多种绘制基本矢量图形的工具，如【钢笔工具】 、【刷子工具】 、【矩形工具】 和【多角星形工具】 等。熟练掌握基本绘图方式和工具是制作 Flash 动画的基础。

线条工具

使用【线条工具】 可以绘制出平滑的直线。在【属性】面板中可以设置直线的属性，如图 8-1 所示。

【属性】面板中的各选项功能说明如下：

● 【笔触颜色】：单击【笔触颜色】色块可以打开如图 8-2 所示的调色板，在调色板中用户可以直接选取线条颜色，也可以在上面的文本框中输入线条颜色的十六进制 RGB 值。如果预设颜色不能满足用户需要，还可以通过单击右上角的 按钮，在弹出的【颜色】对话框中根据需要自定义设置颜色的值，如图 8-3 所示。

图 8-1 【属性】面板

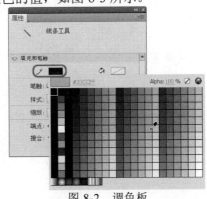

图 8-2 调色板

- 【笔触】：用来设置所绘线条的粗细，可以直接在文本框中输入数值，范围从 0.10～200，也可以通过调节滑块来改变笔触的大小。
- 【样式】：在该下拉列表中选择线条的类型，包括实线、虚线、点状线和锯齿线等。通过单击右侧的【编辑笔触样式】按钮 ，可以打开【笔触样式】对话框，在该对话框中可以对笔触样式进行设置，如图 8-4 所示。

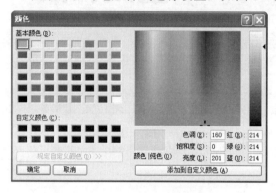

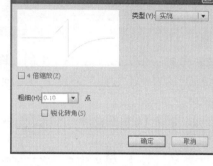

图 8-3 【颜色】对话框   图 8-4 【笔触样式】对话框

- 【缩放】：在播放器中保持笔触缩放，可以选择【一般】、【水平】、【垂直】或【无】选项。
- 【端点】：用于设置直线端点的三种状态：无、圆角或方形。
- 【接合】：用于设置两个线段的相接方式，包括尖角、圆角和斜角。如果选择【尖角】选项，可以在右侧的【尖角】文本框中输入尖角的大小。

使用【线条工具】 的操作步骤如下：

01 新建一个空白文档，在菜单栏中选择【文件】|【导入】|【导入到舞台】命令，在弹出的【导入】对话框中选择随书附带光盘中的【效果】|【原始文件】|【Chapter08】|【Unit 01】|【图片 01.jpg】，单击【打开】按钮，如图 8-5 所示。

02 在工具箱中选择【线条工具】 ，并单击【对象绘制】按钮 ，然后在【属性】面板中单击【笔触】颜色色块，在弹出的调色板中设置线条颜色为【#EB3998】，如图 8-6 所示。

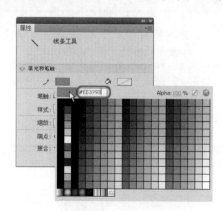

图 8-5 导入的素材图片   图 8-6 设置颜色

03 然后在【笔触】文本框中输入 5.5，如图 8-7 所示。

04 在舞台中单击鼠标左键确定直线的起点，然后拖动鼠标，如图 8-8 所示。

05 拖动至适当位置处松开鼠标左键，即可在起点与终点之间绘制一条直线，如图 8-9 所示。

图 8-7 设置笔触

图 8-8 拖动鼠标

图 8-9 绘制直线

 提 示

在使用【线条工具】 \ 绘制直线的过程中，如果在按住 Shift 键的同时拖动鼠标，可以绘制垂直或水平的直线，或者 45° 斜线。如果按住 Ctrl 键可以暂时切换到【选择工具】 ，对工作区中的对象进行选取，当松开 Ctrl 键时，又会自动换回到【线条工具】 \ 。

铅笔工具

使用【铅笔工具】 可以绘制线条和形状。它的使用方法和真实铅笔的使用方法大致相同。【铅笔工具】 和【线条工具】 \ 在使用方法上也有许多相同点，但是也存在一定的区别，最明显的区别就是【铅笔工具】 可以绘制出比较柔和的曲线。

在工具箱中选择【铅笔工具】 ，然后单击工具箱中的【铅笔模式】按钮 ，在弹出的下拉列表中可以设置铅笔的模式，包括【伸直】、【平滑】和【墨水】3 个选项，如图 8-10 所示。

● 【伸直】模式：该模式是【铅笔工具】 中功能最强的一种模式，它具有很强的线条形状识别能力，可以对所绘线条进行自动校正，将画出的近似直线取直，平滑曲线，简化波浪线等。

图 8-10 铅笔模式

- 【平滑】模式：使用此模式绘制线条，可以自动平滑曲线，减少抖动造成的误差，达到一种平滑线条的效果。
- 【墨水】模式：使用此模式绘制的线条就是绘制过程中鼠标所经过的实际轨迹，此模式可以在最大程度上保持实际绘出的线条形状，而只做轻微地平滑处理。

使用【铅笔工具】 ✎ 的操作步骤如下：

01 新建一个空白文档，在菜单栏中选择【文件】|【导入】|【导入到舞台】命令，在弹出的【导入】对话框中选择随书附带光盘中的【效果】|【原始文件】|【Chapter08】|【Unit 01】|【彩色铅笔.jpg】，单击【打开】按钮，如图 8-11 所示。

02 在工具箱中选择【铅笔工具】 ✎ ，并将【铅笔模式】设置为【平滑】，如图 8-12 所示。

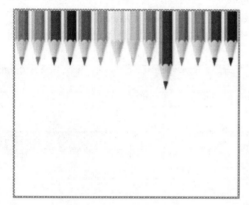

图 8-11 导入的素材图片

图 8-12 选择工具并设置模式

03 在【属性】面板中将笔触颜色设置为【#064510】，将【笔触】设置为 1.5，如图 8-13 所示。

04 将鼠标指针移至工作区中，当鼠标指针变为小铅笔形状时，在所绘线条的起点按住鼠标左键不放，然后沿着要绘制曲线的轨迹拖动鼠标，在需要作为曲线终点的位置释放鼠标左键，即可绘制出一条曲线，如图 8-14 所示。

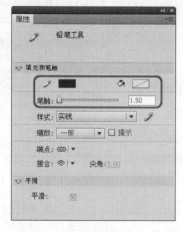

图 8-13 设置笔触颜色和大小

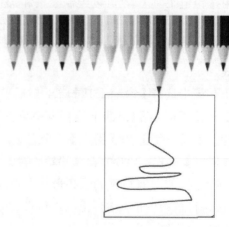

图 8-14 绘制曲线

钢笔工具

要绘制精确的路径，如直线或者平滑、流动的曲线，可以使用【钢笔工具】。用户可以创建直线或曲线段，然后调整直线段的角度和长度及曲线段的斜率。

使用【钢笔工具】的操作步骤如下：

01 新建一个空白文档，在菜单栏中选择【文件】|【导入】|【导入到舞台】命令，在弹出的【导入】对话框中选择随书附带光盘中的【效果】|【原始文件】|【Chapter08】|【Unit 01】|【蝴蝶.jpg】，单击【打开】按钮，如图 8-15 所示。

02 在工具箱中选择【钢笔工具】，然后在【属性】面板中将笔触颜色设置为黑色，将【笔触】设置为 1.5，如图 8-16 所示。

图 8-15　导入的素材图片　　　　图 8-16　设置笔触颜色和大小

03 将鼠标指针移动到工作区中，在所绘曲线的起点按住鼠标左键不放，然后沿着要绘制曲线的轨迹拖动鼠标，在需要作为曲线终点的位置释放鼠标左键，这样即可在工作区中绘制出一条曲线，如图 8-17 所示。

04 使用同样的方法，再绘制另外一条曲线，效果如图 8-18 所示。

图 8-17　绘制曲线　　　　　　图 8-18　绘制曲线后的效果

提 示

在使用【钢笔工具】 绘制曲线时，会出现许多控制点和曲率调节杆，通过它们可以方便地进行曲率调整，画出各种形状的曲线。

刷子工具

【刷子工具】 可以绘制出像毛笔作画的效果，也常被用于给对象着色。需要注意的是，【刷子工具】 绘制出的是填充区域，它不具有边线，可以通过工具箱中的填充颜色来改变刷子的颜色。

选择工具箱中的【刷子工具】 后，单击工具箱中的【刷子模式】按钮 ，在弹出的下拉列表中可以设置刷子的模式，包括【标准绘画】、【颜料填充】、【后面绘画】、【颜料选择】和【内部绘画】5 个选项，如图 8-19 所示。

● 【标准绘画】模式：这是默认的绘制模式，可对同一层的线条和填充涂色。选择了此模式后，绘制后的颜色会覆盖在原有的图形上，如图 8-20 所示。

图 8-19　刷子模式

图 8-20　标准绘画

● 【颜料填充】模式：该模式只对填充区域和空白区域涂色，而线条则不受到任何影响，如图 8-21 所示。

● 【后面绘画】模式：涂改时不会涂改对象本身，只涂改对象的背景，即对同层舞台的空白区域涂色，不影响线条和填充，如图 8-22 所示。

图 8-21　颜料填充

图 8-22　后面绘画

● 【颜料选择】模式：该模式只对选区内的图形产生作用，而选区之外的图形不会受到影响，如图 8-23 所示。

● 【内部绘画】模式：使用该模式绘制的区域限制在落笔时所在位置的填充区域中，但不对线条涂色。如果在空白区域中开始涂色，则该填充不会影响任何现有填充区域，如图 8-24 所示。

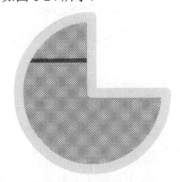　　　　

　　　　图 8-23　颜料选择　　　　　　　　　　图 8-24　内部绘画

在工具箱中单击【刷子大小】按钮 ，在弹出的下拉列表中共有 8 种不同的刷子大小尺寸可供选择，如图 8-25 所示；单击【刷子形状】按钮 ，在弹出的下拉列表中共有 9 种笔头形状可供选择，如图 8-26 所示。

使用【刷子工具】 的操作步骤如下：

01 新建一个空白文档，在菜单栏中选择【文件】|【导入】|【导入到舞台】命令，在弹出的【导入】对话框中选择随书附带光盘中的【效果】|【原始文件】|【Chapter08】|【Unit 01】|【花.jpg】，单击【打开】按钮，如图 8-27 所示。

02 在工具箱中选择【刷子工具】 ，然后将【填充颜色】设置为黑色，将【刷子模式】设置为【标准绘画】，并在刷子大小下拉列表中选择如图 8-28 所示的刷子大小。

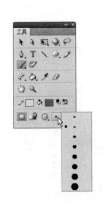　　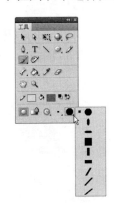　　

　图 8-25　刷子大小下拉列表　　　图 8-26　刷子形状下拉列表　　　图 8-27　导入的素材图片

03 设置完成后，即可像使用【铅笔工具】 一样使用【刷子工具】 进行绘画，效果如图 8-29 所示。

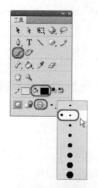

图 8-28　选择并设置刷子工具

图 8-29　绘制图形

矩形工具和基本矩形工具

【矩形工具】□是用来绘制矩形图形的，也可以绘制出带有一定圆角的矩形。

在工具箱中选择【矩形工具】□后，可以在【属性】面板中设置【矩形工具】□的绘制参数，包括所绘制矩形的轮廓色、填充色、轮廓线的粗细和轮廓样式等，如图 8-30 所示。

通过在【矩形选项】选项组中的 4 个【矩形边角半径】文本框中输入数值，可以设置圆角矩形 4 个角的角度值，范围为-100～100，数字越小，绘制的矩形的 4 个角上的圆角弧度就越小，默认值为 0，即没有弧度，表示 4 个角为直角。也可以通过拖动下方的滑块，来调整角度的大小。通过单击【将边角半径控件锁定为一个控件】按钮 ⊙，将其变为 ⊙ 状态，这样用户便可为 4 个角设置不同的值。单击【重置】按钮，可以恢复到矩形角度的初始值。

使用【矩形工具】□的操作步骤如下：

01 新建一个空白文档，在菜单栏中选择【文件】|【导入】|【导入到舞台】命令，在弹出的【导入】对话框中选择随书附带光盘中的【效果】|【原始文件】|【Chapter08】|【Unit 01】|【人物.jpg】，单击【打开】按钮，如图 8-31 所示。

图 8-30　【属性】面板

图 8-31　导入的素材图片

02 在工具箱中选择【矩形工具】□，在【属性】面板中将笔触颜色设置为无，将填充颜色设置为【#FF418E】，如图 8-32 所示。

03 将鼠标指针移动到工作区中，按住鼠标左键不放，然后沿着要绘制的矩形方向拖动鼠标，在适当位置释放鼠标左键，即可在工作区中绘制出一个矩形，效果如图 8-33 所示。

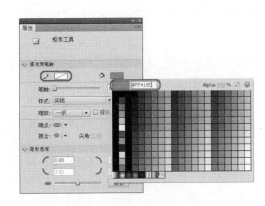

图 8-32　设置颜色

图 8-33　绘制矩形

提　示

在使用【矩形工具】绘制形状时，在拖动鼠标的过程中按键盘上的上、下方向键可以调整圆角的半径。

使用【基本矩形工具】绘制图形的方法与使用【矩形工具】相同，但绘制出的图形有区别。使用【基本矩形工具】绘制的图形上面有节点，通过使用【选择工具】拖动图形上的节点，可以改变矩形圆角的大小。图 8-34 所示为使用【基本矩形工具】绘制的不同图形。

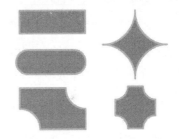

图 8-34　使用基本矩形工具绘制的图形

椭圆工具和基本椭圆工具

使用【椭圆工具】可以绘制椭圆和正圆。

在工具箱中选择【椭圆工具】后，可以在【属性】面板中设置【椭圆工具】的绘制参数，如图 8-35 所示。

【属性】面板中的【椭圆选项】选项组中的各选项参数功能如下：

● 【开始角度】：设置扇形的起始角度。

● 【结束角度】：设置扇形的结束角度。

● 【内径】：设置扇形内角的半径。

● 【闭合路径】复选框：勾选该复选框，可以使绘制出的扇形为闭合扇形。

图 8-35　【属性】面板

● 【重置】：单击该按钮后，将恢复到角度、半径的初始值。

使用【椭圆工具】 ◎ 的操作步骤如下：

01 新建一个空白文档，在菜单栏中选择【文件】|【导入】|【导入到舞台】命令，在弹出的【导入】对话框中选择随书附带光盘中的【效果】|【原始文件】|【Chapter08】|【Unit 01】|【图片 02.jpg】，单击【打开】按钮，如图 8-36 所示。

02 在工具箱中选择【椭圆工具】 ◎ ，在【属性】面板中将笔触颜色设置为【#01CFFF】，将填充颜色设置为【#FEFF01】，将【笔触】设置为 10，如图 8-37 所示。

图 8-36　导入的素材图片

图 8-37　【属性】面板

03 将鼠标指针移动到工作区中，按住鼠标左键不放，然后沿着要绘制的椭圆形方向拖动鼠标，在适当位置释放鼠标左键，即可在工作区中绘制出一个有填充色和轮廓的椭圆形，如图 8-38 所示。

 提　示

如果在绘制椭圆形的同时按住 Shift 键，则可以绘制一个正圆。

使用【基本椭圆工具】 ◎ 绘制图形的方法与使用【椭圆工具】 ◎ 是相同的，但绘制出的图形有区别。使用【基本椭圆工具】 ◎ 绘制出的图形具有节点，通过使用【选择工具】 ▶ 拖动图形上的节点，可以调出多种形状，如图 8-39 所示。

图 8-38　绘制椭圆

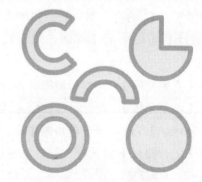

图 8-39　使用基本椭圆工具绘制的图形

多角星形工具

【多角星形工具】用来绘制多边形或星形。

在工具箱中选择【多角星形工具】后，可以在【属性】面板中设置【多角星形工具】的绘制参数，如图 8-40 所示。

单击【属性】面板中的【选项】按钮，可以打开【工具设置】对话框，如图 8-41 所示。

图 8-40 【属性】面板

图 8-41 【工具设置】对话框

● 【样式】：在该下拉列表中可以选择【多边形】或【星形】样式。

● 【边数】：用于设置多边形或星形的边数。

● 【星形顶点大小】：用于设置星形顶点的大小。

使用【多角星形工具】的操作步骤如下：

01 新建一个空白文档，在菜单栏中选择【文件】|【导入】|【导入到舞台】命令，在弹出的【导入】对话框中选择随书附带光盘中的【效果】|【原始文件】|【Chapter08】|【Unit 01】|【月亮.jpg】，单击【打开】按钮，如图 8-42 所示。

02 在工具箱中选择【多角星形工具】，在【属性】面板中将笔触颜色设置为无，将填充颜色设置为【#FFFF01】，如图 8-43 所示。

图 8-42 导入的素材图片

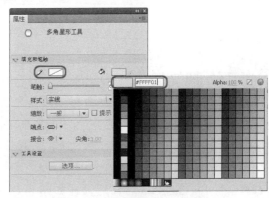

图 8-43 设置颜色

03 然后单击【选项】按钮，弹出【工具设置】对话框，在【样式】下拉列表中选择【星形】选项，如图 8-44 所示。

04 然后单击【确定】按钮。将鼠标指针移动到工作区中，按住鼠标左键不放并拖动鼠标，然后在适当的位置处释放鼠标左键，即可在工作区中绘制出星形，效果如图 8-45 所示。

图 8-44　【工具设置】对话框　　　　　　　　　　　图 8-45　绘制星形

05 使用同样的方法在工作区中绘制多个星形，效果如图 8-46 所示。

图 8-46　绘制多个星形

实战应用　绘制笑脸

本例将介绍使用 Flash 中的绘图工具绘制笑脸的方法，其中主要用到的工具有【椭圆工具】 ○ 、【钢笔工具】 ◇ 和【刷子工具】 ✓ 等，完成后的效果如图 8-47 所示。

01 运行 Flash CS5.5 软件后，在如图 8-48 所示的界面中单击【ActionScript2.0】，新建文档。

图 8-47 绘制笑脸

02 在工具箱中选择【椭圆工具】 ，在【属性】面板中将笔触颜色设置为无，将填充
颜色设置为【#FFFF01】，如图 8-49 所示。

图 8-48 新建文档 图 8-49 设置颜色

03 然后在工作区中绘制圆形，效果如图 8-50 所示。

04 在工具箱中选择【钢笔工具】 ，然后在工作区中绘制图形，如图 8-51 所示。

图 8-50 绘制圆形

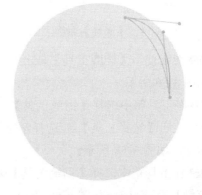

图 8-51 绘制图形

05 使用【选择工具】 ![] 选择新绘制的图形，然后在【属性】面板中将填充颜色设置为白色，将笔触颜色设置为无，如图 8-52 所示。

06 使用同样的方法，再绘制另外一个图形，如图 8-53 所示。

图 8-52　设置颜色　　　　　　　　　　　　　图 8-53　绘制图形

07 在工具箱中选择【椭圆工具】 ![]，在【属性】面板中将笔触颜色设置为黑色，将填充颜色设置为无，将【笔触】设置为 4，如图 8-54 所示。

08 然后在工作区中绘制椭圆，如图 8-55 所示。

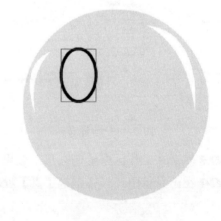

图 8-54　【属性】面板　　　　　　　　　　　图 8-55　绘制椭圆

09 继续使用【椭圆工具】 ![] 绘制椭圆，并将填充颜色设置为黑色，将笔触颜色设置为无，如图 8-56 所示。

10 在工具箱中选择【钢笔工具】 ![]，然后在工作区中绘制图形，如图 8-57 所示。

11 使用【选择工具】 ![] 选择新绘制的图形，然后将填充颜色设置为黑色，将笔触颜色设置为无，如图 8-58 所示。

12 在工具箱中选择【钢笔工具】 ![]，然后在【属性】面板中将笔触颜色设置为黑色，将【笔触】设置为 5，如图 8-59 所示。

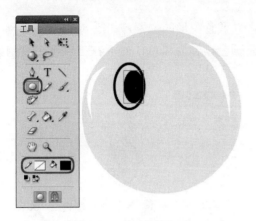

图 8-56　绘制椭圆

图 8-57　绘制图形

图 8-58　设置颜色

图 8-59　【属性】面板

13 然后在工作区中绘制一条曲线，效果如图 8-60 所示。

14 在工具箱中选择【铅笔工具】 ，在【属性】面板中将笔触颜色设置为黑色，将【笔触】设置为 3.9，然后在工作区中绘制图形，如图 8-61 所示。

图 8-60　绘制曲线

图 8-61　绘制图形

15 将新绘制的图形的填充颜色设置为红色，并调整图形的位置，如图 8-62 所示。

16 在工具箱中选择【刷子工具】，并将填充颜色设置为黑色，然后在工作区中绘制如图 8-63 所示的图形。

图 8-62　填充颜色并调整位置　　　　　　　　图 8-63　绘制图形

17 在菜单栏中选择【文件】|【导出】|【导出图像】命令，在弹出的对话框中选择一个存储路径，并为文件命名，然后在【保存类型】下拉列表中选择一个存储格式，在这里选择.swf格式，设置完成后单击【保存】按钮即可，如图 8-64 所示。

18 导出图像后，按 Ctrl+S 组合键，在弹出的对话框中选择一个存储路径，并为文件命名，选择【保存类型】为.fla，然后单击【保存】按钮，对 Flash 的场景文件进行存储，如图 8-65 所示。

图 8-64　导出图像　　　　　　　　　　　图 8-65　存储场景

Unit 02 色彩工具

色彩工具主要包括【颜料桶工具】、【墨水瓶工具】、【滴管工具】和【橡皮擦工具】，下面将对这些工具进行详细的介绍。

颜料桶工具

使用【颜料桶工具】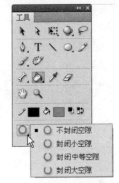不仅可以为封闭的图形填充颜色，还可以为一些没有完全封闭但接近于封闭的图形填充颜色。

在工具箱中选择【颜料桶工具】后，单击工具箱中的【空隙大小】按钮，在弹出的下拉列表中包括【不封闭空隙】、【封闭小空隙】、【封闭中等空隙】和【封闭大空隙】4 个选项，如图 8-66 所示。

图 8-66　空隙大小下拉菜单

- 【不封闭空隙】：在使用颜料桶填充颜色前，Flash 将不会自行封闭所选区域的任何空隙。也就是说，所选区域的所有未封闭的曲线内将不会被填充颜色。
- 【封闭小空隙】：在使用颜料桶填充颜色前，会自行封闭所选区域的小空隙。也就是说，如果所填充区域不是完全封闭的，但是空隙很小，则 Flash 会近似地将其判断为完全封闭而进行填充。
- 【封闭中等空隙】：在使用颜料桶填充颜色前，会自行封闭所选区域的中等空隙。也就是说，如果所填充区域不是完全封闭的，但是空隙大小中等，则 Flash 会近似地将其判断为完全封闭而进行填充。
- 【封闭大空隙】：在使用颜料桶填充颜色前，自行封闭所选区域的大空隙。也就是说，如果所填充区域不是完全封闭的，而且空隙尺寸比较大，则 Flash 会近似地将其判断为完全封闭而进行填充。

如果要填充的形状没有空隙，则可以选择【不封闭空隙】选项；否则可以根据空隙的大小选择【封闭小空隙】、【封闭中等空隙】或【封闭大空隙】选项。

使用【颜料桶工具】的操作步骤如下：

01 在菜单栏中选择【文件】|【打开】命令，在弹出的【打开】对话框中选择随书附带光盘中的【效果】|【原始文件】|【Chapter08】|【Unit 02】|【线框图.fla】，单击【打开】按钮，如图 8-67 所示。

02 在工具箱中选择【颜料桶工具】，并将填充颜色设置为白色，然后在要填充颜色的区域内单击，即可填充颜色，如图 8-68 所示。

图 8-67　打开的原始文件

03 使用同样的方法，为其他的图形填充白色，效果如图 8-69 所示。

图 8-68　填充颜色

图 8-69　为其他图形填充颜色

墨水瓶工具

【墨水瓶工具】用来在绘图中修改线条和轮廓线的颜色和样式。它不仅能够在选定图形的轮廓线上加上规定的线条，还可以改变一条线条的粗细、颜色、线型等，并且可以给打散后的文字和图形加上轮廓线。【墨水瓶工具】本身不能在工作区中绘制线条，只能对已有线条进行修改。

使用【墨水瓶工具】的操作步骤如下：

01 继续上面的操作，在工具箱中选择【墨水瓶工具】，在【属性】面板中将笔触颜色设置为【#F7C2D6】，将【笔触】设置为 4，如图 8-70所示。

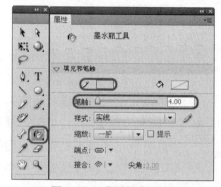

图 8-70　【属性】面板

02 将鼠标移至需要修改的轮廓线上，然后单击鼠标左键，即可修改轮廓线，效果如图 8-71 所示。

03 使用同样的方法，对其他图形的轮廓线进行修改，效果如图 8-72 所示。

图 8-71　修改轮廓线

图 8-72　修改其他图形的轮廓线

提 示

如果【墨水瓶工具】的作用对象是矢量图形，则可以直接为其添加轮廓。如果将要作用的对象是文本或者位图，则需要先将其分离，然后才可以使用【墨水瓶工具】添加轮廓。

滴管工具

【滴管工具】是吸取某种对象颜色的管状工具。在 Flash 中，【滴管工具】的作用是采集某一对象的色彩特征，以便应用到其他对象上。另外，使用【滴管工具】还可以对位图进行属性采样。

使用【滴管工具】的操作步骤如下：

01 继续上面的操作。在工具箱中选择【滴管工具】，此时鼠标指针将变成一个滴管状，然后将鼠标移至如图 8-73 所示的位置处单击，吸取颜色。

02 然后将鼠标移动到需要填充该颜色的图形上并单击，即可将吸取的颜色填充到该图形上，如图 8-74 所示。

03 使用同样的方法，再在右侧的图形上单击填充拾取的颜色，效果如图 8-75 所示。

图 8-73　吸取颜色

图 8-74　填充颜色

图 8-75　为图形填充拾取的颜色

04 使用【选择工具】选择如图 8-76 所示的图形对象。

05 然后在【属性】面板中将笔触颜色设置为无，效果如图 8-77 所示。

图 8-76　选择图形对象

图 8-77　设置笔触颜色

橡皮擦工具

Flash 中的【橡皮擦工具】可以用来擦除图形的外轮廓和内部颜色。

当选择【橡皮擦工具】时，在工具箱的选项设置区中，有一些相应的附加选项，如图 8-78 所示。

【橡皮擦工具】的各附加选项的功能说明如下：

● 【橡皮擦模式】按钮：单击该按钮，在弹出的下拉列表中共有 5 种擦除方式可供选择，包括【标准擦除】、【擦除填色】、【擦除线条】、【擦除所选填充】和【内部擦除】，如图 8-79 所示。

➢ 【标准擦除】：擦除同一层上的笔触和填充区域。此模式是 Flash 的默认工作模式，擦除效果如图 8-80 所示。

图 8-78　橡皮擦工具的附加选项　　图 8-79　橡皮擦模式下拉列表　　　图 8-80　标准擦除

➢ 【擦除填色】：只擦除填充区域，不影响笔触。擦除效果如图 8-81 所示。

➢ 【擦除线条】：只擦除笔触，不影响填充区域。擦除效果如图 8-82 所示。

图 8-81　擦除填色　　　　　　　　　　图 8-82　擦除线条

➢ 【擦除所选填充】：只擦除当前选择的填充区域，而不影响笔触。擦除效果如图 8-83 所示。

> ➢ 【内部擦除】：只有从填充色内部作为擦除的起点才有效，如果擦除的起点是图
> 形外部，则不会起任何作用。在这种模式下使用橡皮擦并不影响笔触。擦除效果
> 如图 8-84 所示。

图 8-83　擦除所选填充　　　　　　　　　图 8-84　内部擦除

- 【水龙头】按钮：单击该按钮后，只需在笔触或填充区域上单击，就可以擦除笔触
  或填充区域。
- 【橡皮擦形状】按钮：单击该按钮后，在弹出的下拉列表中可以选择橡皮擦的形状，
  以进行精确的擦除，如图 8-85 所示。

使用【橡皮擦工具】的操作步骤如下：

01 继续上面的操作。在工具箱中选择【橡皮擦工具】，然后单击【橡皮擦形状】按
钮，在弹出的下拉列表中选择如图 8-86 所示的橡皮擦形状。

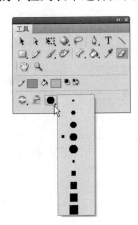

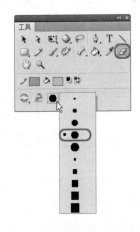

图 8-85　橡皮擦形状下拉菜单　　　　　　图 8-86　选择橡皮擦形状

02 在工作区中需要擦除的区域单击鼠标左键不放，并拖动鼠标指针对目标区域进行擦
除，其操作过程如图 8-87 所示。

03 擦除完成后，松开鼠标左键即可，效果如图 8-88 所示。

图 8-87　擦除过程

图 8-88　擦除后的效果

Unit 03　文本工具的使用与编辑文本

　　文字是影片中非常重要的组成部分，利用【文本工具】T可以在 Flash 影片中创建各种文字，然后根据需要可以对创建的文字进行分离和添加滤镜等操作。

文本工具

　　在 Flash 中，【文本工具】T是用来输入和编辑文本的。

　　在【属性】面板中可以对文本的属性进行设置，包括设置文字的大小、间距和颜色等，如图 8-89 所示。

　　【属性】面板中主要选项的功能说明如下：

● 【文本引擎】：在该下拉列表中选择需要使用的文本引擎。传统文本是 Flash 中早期文本引擎的名称。传统文本引擎在 Flash CS5 和更高版本中仍可用。传统文本对于某类内容而言可能更好一些,例如用于移动设备的内容，其中 SWF 文件大小必须保持在最小限度。不过,在某些情况下,例如需要对文本布局进行精细控制,则需要使用新的 TLF 文本。TLF 支持更多丰富的文本布局功能和对文本属性的精细控制。与以前的文本引擎（现在称为传统文本）相比，TLF 文本可加强对文本的控制。

图 8-89　【属性】面板

● 【文本类型】：用来设置所绘文本框的类型，有 3 个选项，分别为【静态文本】、【动态文本】和【输入文本】。在默认情况下，使用【文本工具】T创建的文本框为静态文本框，静态文本框创建的文本在影片播放过程中是不会改变的；使用动态文本框创建的文本是可以变化的，动态文本框中的内容可以在影片制作过程中输入，也可以在影片播放过程中设置动态变化，通常的做法是使用 ActionScript 对动态文本框中的文本进行控制，这样就大大增加了影片的灵活性；输入文本也是应用比较广泛的一种文本类型，用户可以在影片播放过程中即时地输入文本，一些用 Flash 制作的留言簿和邮件收发程序都大量使用了输入文本。

● 【改变文本方向】按钮：单击该按钮，通过在弹出的下拉列表中选择【水平】、【垂直】或【垂直，从左向右】选项可以改变当前文本的方向。

● 【字符】：设置字体属性。

　➢ 【系列】：在系列中可以选择字体。

　➢ 【样式】：从中可以选择 Regular（正常）、Italic（斜体）、Bold（粗体）或 Bold Italic（粗体、斜体）选项，设置文本样式。

　➢ 【大小】：设置文字的大小。

　➢ 【字母间距】：用于调整选定字符或整个文本框的间距。可以在其文本框中输入 –60～+60 之间的数值，单位为磅，也可以通过拖动右边的滑块进行设置。

　➢ 【颜色】：单击右侧的色块，在弹出的调色板中可以设置字体的颜色。

　➢ 【自动调整字距】复选框：勾选该复选框后，可以使用字体的内置字距微调信息来调整字符间距。

　➢ 【消除锯齿】：在该下拉列表中提供了 5 种不同选项，用来设置文本边缘的锯齿，以便更清楚地显示较小的文本。其中，【使用设备字体】选项生成一个较小的 SWF 文件；【位图文本[无消除锯齿]】选项生成明显的文本边缘，没有消除锯齿；【动画消除锯齿】选项生成可顺畅进行动画播放的消除锯齿文本。【可读性消除锯齿】选项使用高级消除锯齿引擎，提供了品质最高、最易读的文本；【自定义消除锯齿】选项与【可读性消除锯齿】选项相同，但是可以直观地操作消除锯齿参数，以生成特定外观。

　➢ 【可选】按钮 ：单击该按钮，能够在影片播放时选择动态文本或者静态文本。

　➢ 【切换上标】按钮 ：单击该按钮，将文字切换为上标显示。

　➢ 【切换下标】按钮 ：单击该按钮，将文字切换为下标显示。

● 【段落】选项组中包括以下几种选项：

　➢ 【格式】：设置文字的对齐方式，包括左对齐、居中对齐、右对齐和两端对齐 4 种方式。

　➢ 【间距】：缩进选项用于设置段落边界和首行开头之间的距离；行距选项用于设置段落中相邻行之间的距离。

　➢ 【边距】：用于设置文本框的边框和文本段落之间的间隔量。

使用【文本工具】 的操作步骤如下：

01 新建一个空白文档，在菜单栏中选择【文件】|【导入】|【导入到舞台】命令，在弹

出的【导入】对话框中选择随书附带光盘中的【效果】|【原始文件】|【Chapter08】|【Unit 03】|【图片.jpg】，单击【打开】按钮，如图 8-90 所示。

02 在工具箱中选择【文本工具】 **T** ，然后在舞台中单击并输入文字【花样年华】，如图 8-91 所示。

图 8-90　导入的素材图片　　　　　　　　图 8-91　输入文字

03 使用【选择工具】 选择文本框，然后在【属性】面板中将【系列】设置为【华文行楷】，将【大小】设置为 60 点，并选择一种字体颜色，如图 8-92 所示。

04 然后使用【选择工具】 调整文本框的位置，设置属性后的效果如图 8-93 所示。

图 8-92　【属性】面板　　　　　　图 8-93　设置属性后的效果

文字的分离

在 Flash 中，可以分离传统文本以将每个字符置于单独的文本框中，还可以将文字分散到各个图层中。

1. 分离文本

01 继续上面的操作。使用【选择工具】 选择文本框，如图 8-94 所示。

02 在菜单栏中选择【修改】|【分离】命令，如图 8-95 所示。即可将文本框中的每个文字分别位于一个单独的文本框中，效果如图 8-96 所示。

图 8-94　选择文本框

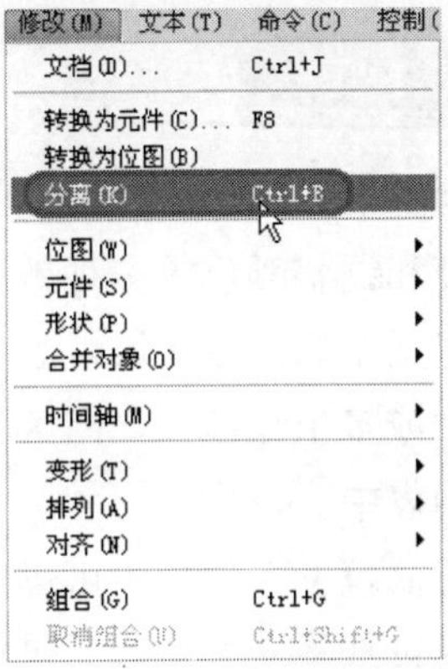

图 8-95　选择【分离】命令

2．分散到图层

继续上面的操作。在菜单栏中选择【修改】|【时间轴】|【分散到图层】命令，如图 8-97 所示。即可将文字分散到各个图层中，效果如图 8-98 所示。

图 8-96　分离文本

图 8-97　选择【分散到图层】命令

3．转换为图形

用户还可以将文本转换为图形，以便对其进行改变形状、擦除等操作。

选择需要转换为图形的文本，然后选择两次【修改】|【分离】命令，即可将舞台上的文本转换为图形，如图 8-99 所示。

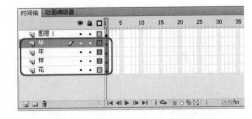

图 8-98　将文字分散到各个图层中

图 8-99　将文本转换为图形

应用文本滤镜

使用 Flash 中提供的【滤镜】功能可以为文本添加斜角、投影、发光、模糊、渐变发光、渐变模糊和调整颜色等多种效果。

选择文本后，在【属性】面板中打开【滤镜】选项组，在该选项组中可以为选择的文本应用一个或多个滤镜，如图 8-100 所示。每添加一个新的滤镜，都会显示在该文本所应用的滤镜的列表中。

在【滤镜】选项组中可以启用、禁用或者删除滤镜。删除滤镜时，文本对象恢复原来的外观。通过选择文本对象，可以查看应用于该文本对象的滤镜。

1. 投影滤镜

使用【投影】滤镜可以模拟对象向一个表面投影的效果。在【滤镜】选项组中单击左下角的【添加滤镜】按钮，在弹出的下拉列表中选择【投影】选项，如图 8-101 所示。即可在列表框中显示【投影】滤镜的参数，如图 8-102 所示。

图 8-100　【滤镜】选项组　　　　　图 8-101　选择【投影】选项

- 【模糊 X】、【模糊 Y】：设置投影的宽度和高度。
- 【强度】：设置阴影暗度。数值越大，阴影就越暗。
- 【品质】：设置投影的质量级别。如果把质量级别设置为【高】就近似于高斯模糊。建议把质量级别设置为【低】，以实现最佳的回放性能。
- 【角度】：输入一个值来设置阴影的角度。
- 【距离】：设置阴影与对象之间的距离。
- 【挖空】复选框：勾选该复选框后，即可挖空（即从视觉上隐藏）原对象，并在挖空图像上只显示投影。
- 【内阴影】复选框：勾选该复选框后，在对象边界内应用阴影。
- 【隐藏对象】复选框：勾选该复选框后，隐藏对象，并只显示其阴影。
- 【颜色】：单击右侧的色块，在弹出的调色板中选择阴影颜色。

为文本对象添加【投影】滤镜后的效果如图 8-103 所示。

图 8-102　【投影】滤镜参数　　　　图 8-103　添加【投影】滤镜后的效果

2. 模糊滤镜

使用【模糊】滤镜可以柔化对象的边缘和细节。在【滤镜】选项组中单击左下角的【添加滤镜】按钮，在弹出的下拉列表中选择【模糊】选项，即可在列表框中显示出【模糊】滤镜的参数，如图 8-104 所示。

● 【模糊 X】、【模糊 Y】：设置模糊的宽度和高度。

● 【品质】：设置模糊的质量级别。如果把质量级别设置为【高】就近似于高斯模糊。建议把质量级别设置为【低】，以实现最佳的回放性能。

为文本对象添加【模糊】滤镜后的效果如图 8-105 所示。

图 8-104　【模糊】滤镜参数　　　　图 8-105　添加【模糊】滤镜后的效果

3. 发光滤镜

使用【发光】滤镜可以为对象的整个边缘应用颜色。在【滤镜】选项组中单击左下角的【添加滤镜】按钮，在弹出的下拉列表中选择【发光】选项，即可在列表框中显示出【发光】

滤镜的参数，如图 8-106 所示。

- 【模糊 X】、【模糊 Y】：设置发光的宽度和高度。
- 【强度】：设置发光的清晰度。
- 【品质】：设置发光的质量级别。如果把质量级别设置为【高】就近似于高斯模糊。建议把质量级别设置为【低】，以实现最佳的回放性能。
- 【颜色】：单击右侧的色块，在弹出的调色板中设置发光颜色。
- 【挖空】复选框：勾选该复选框后，即可挖空（即从视觉上隐藏）原对象，并在挖空图像上只显示发光。
- 【内发光】复选框：勾选该复选框后，在对象边界内应用发光。

为文本对象添加【发光】滤镜后的效果如图 8-107 所示。

图 8-106　【发光】滤镜参数

图 8-107　添加【发光】滤镜后的效果

4．斜角滤镜

应用【斜角】滤镜就是为对象应用加亮效果，使其看起来凸出于背景表面。在【滤镜】选项组中单击左下角的【添加滤镜】按钮，在弹出的下拉列表中选择【斜角】选项，即可在列表框中显示出【斜角】滤镜的参数，如图 8-108 所示。

- 【模糊 X】、【模糊 Y】：设置斜角的宽度和高度。
- 【强度】：设置斜角的不透明度，而不影响其宽度。
- 【品质】：设置斜角的质量级别。如果把质量级别设置为【高】就近似于高斯模糊。建议把质量级别设置为【低】，以实现最佳的回放性能。
- 【阴影】、【加亮显示】：单击右侧的色块，在弹出的调色板中可以设置斜角的阴影和加亮颜色。
- 【角度】：输入数值可以更改斜边投下的阴影角度。
- 【距离】：设置斜角与对象之间的距离。
- 【挖空】复选框：勾选该复选框后，即可挖空（即从视觉上隐藏）原对象，并在挖空图像上只显示斜角。

● 【类型】：选择要应用到对象的斜角类型。可以选择【内侧】、【外侧】或者【全部】选项。
为文本对象添加【斜角】滤镜后的效果如图 8-109 所示。

图 8-108 【斜角】滤镜参数

图 8-109 添加【斜角】滤镜后的效果

5. 渐变发光滤镜

应用【渐变发光】滤镜可以在发光表面产生带渐变颜色的发光效果。在【滤镜】选项组中单击左下角的【添加滤镜】按钮🗔，在弹出的下拉列表中选择【渐变发光】选项，即可在列表框中显示出【渐变发光】滤镜的参数，如图 8-110 所示。

● 【模糊 X】、【模糊 Y】：设置发光的宽度和高度。

● 【强度】：设置发光的不透明度，而不影响其宽度。

● 【品质】：设置渐变发光的质量级别。如果把质量级别设置为【高】就近似于高斯模糊。建议把质量级别设置为【低】，以实现最佳的回放性能。

● 【角度】：通过输入数值可以更改发光投下的阴影角度。

● 距离：设置阴影与对象之间的距离。

● 【挖空】复选框：勾选该复选框后，即可挖空（即从视觉上隐藏）原对象，并在挖空图像上只显示渐变发光。

● 【类型】：在下拉列表中选择要为对象应用的发光类型，可以选择【内侧】、【外侧】或者【全部】选项。

● 【渐变】：渐变包含两种或多种可相互淡入或混合的颜色。单击右侧的渐变色块，可以在弹出的渐变条上设置渐变颜色。

为文本对象添加【渐变发光】滤镜后的效果如图 8-111 所示。

6. 变斜角滤镜

应用【渐变斜角】滤镜后可以产生一种凸起效果，且斜角表面有渐变颜色。在【滤镜】选项组中单击左下角的【添加滤镜】按钮🗔，在弹出的下拉列表中选择【渐变斜角】选项，即可在列表框中显示出【渐变斜角】滤镜的参数，如图 8-112 所示。

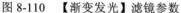

图 8-110 【渐变发光】滤镜参数

图 8-111 添加【渐变发光】滤镜后的效果

- 【模糊 X】、【模糊 Y】：设置斜角的宽度和高度。
- 【强度】：输入数值可以影响其平滑度，但不影响斜角宽度。
- 【品质】：设置渐变斜角的质量级别。如果把质量级别设置为【高】就近似于高斯模糊。建议把质量级别设置为【低】，以实现最佳的回放性能。
- 【角度】：通过输入数值来设置光源的角度。
- 【距离】：设置斜角与对象之间的距离。
- 【挖空】复选框：勾选该复选框后，即可挖空（即从视觉上隐藏）原对象，并在挖空图像上只显示渐变斜角。
- 【类型】：在下拉列表中选择要应用到对象的斜角类型，可以选择【内侧】、【外侧】或者【全部】选项。
- 【渐变】：渐变包含两种或多种可相互淡入或混合的颜色。单击右侧的渐变色块，可以在弹出的渐变条上设置渐变颜色。

为文本对象添加【渐变斜角】滤镜后的效果如图 8-113 所示。

图 8-112 【渐变斜角】滤镜参数

图 8-113 添加【渐变斜角】滤镜后的效果

7. 调整颜色

使用【调整颜色】滤镜可以调整对象的亮度、对比度、饱和度和色相。在【滤镜】选项组中单击左下角的【添加滤镜】按钮，在弹出的下拉列表中选择【调整颜色】选项，即可在列表框中显示出【调整颜色】滤镜的参数，如图 8-114 所示。

- 【亮度】：调整对象的亮度。
- 【对比度】：调整对象的对比度。
- 【饱和度】：调整对象的饱和度。
- 【色相】：调整对象的色相。

为文本对象添加【调整颜色】滤镜后的效果如图 8-115 所示。

图 8-114　【调整颜色】滤镜参数　　　　图 8-115　添加【调整颜色】滤镜后的效果

实战应用　绘制蝴蝶

本例将介绍蝴蝶的绘制方法，其中主要用到的工具有【钢笔工具】、【椭圆工具】和【颜料桶工具】等。

01 运行 Flash CS5.5 软件后，在如图 8-116 所示的界面中单击【ActionScript2.0】，新建文档。

02 在工具箱中选择【钢笔工具】，在【属性】面板中将【笔触】设置为 0.1，如图 8-117 所示。

03 然后在舞台中绘制蝴蝶的翅膀，如图 8-118 所示。

04 在工具箱中设置填充颜色为【#33CCFF】，如图 8-119 所示。

05 在工具箱中选择【颜料桶工具】，在舞台中绘制的翅膀内单击，填充颜色，如图 8-120 所示。

06 在工具箱中选择【钢笔工具】，在舞台中继续绘制蝴蝶的翅膀，如图 8-121 所示。

图 8-116　新建文档

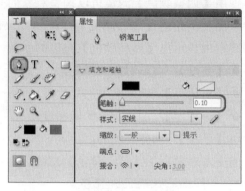

图 8-117　设置笔触

图 8-118　绘制翅膀

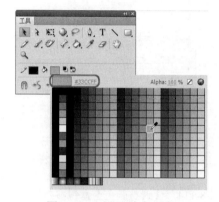

图 8-119　设置填充颜色

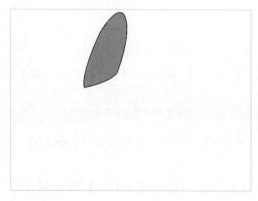

图 8-120　填充颜色

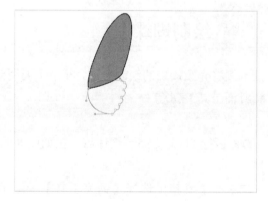

图 8-121　绘制翅膀

07 然后在工具箱中设置填充颜色为【#3399FF】，如图 8-122 所示。

08 在工具箱中选择【颜料桶工具】 ，在舞台中新绘制的翅膀内单击，填充颜色，如图 8-123 所示。

09 使用【选择工具】 选择如图 8-124 所示的翅膀，然后在菜单栏中选择【编辑】|【复制】命令。

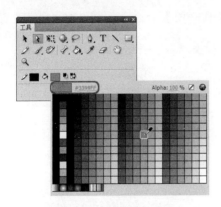

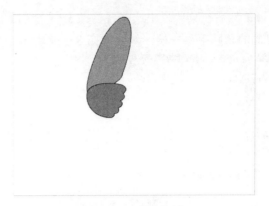

图 8-122　设置填充颜色　　　　　　　　图 8-123　填充颜色

10 在菜单栏中选择【编辑】|【粘贴到当前位置】命令，如图 8-125 所示。

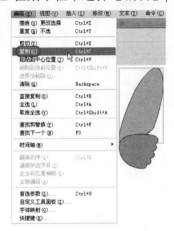

图 8-124　选择【复制】命令　　　　　图 8-125　选择【粘贴到当前位置】命令

11 即可将选择的翅膀粘贴到当前位置上，然后使用【任意变形工具】选择复制的翅膀，如图 8-126 所示。

12 在工具箱中单击【缩放】按钮，然后将鼠标指针移至右上角的锚点上，当鼠标指针变成样式时，按住鼠标左键并向左下角拖动鼠标，缩放复制的翅膀，如图 8-127 所示。

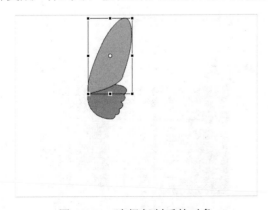

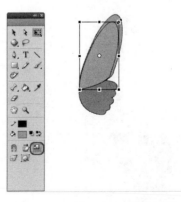

图 8-126　选择复制后的对象　　　　　　图 8-127　缩放对象

13 然后在菜单栏中选择【修改】|【排列】|【下移一层】命令，如图 8-128 所示。即可将复制的翅膀下移一层，效果如图 8-129 所示。

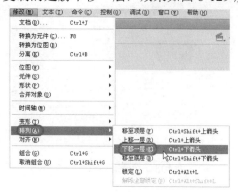

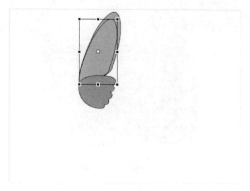

图 8-128　选择【下移一层】命令　　　　图 8-129　下移一层

14 在工具箱中设置填充颜色为【#FFFF99】，如图 8-130 所示。即可为复制的翅膀填充该颜色，效果如图 8-131 所示。

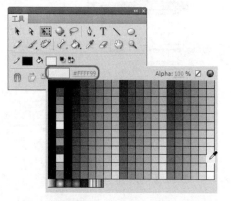
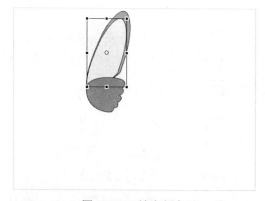

图 8-130　设置填充颜色　　　　图 8-131　填充颜色

15 在工具箱中选择【椭圆工具】，然后在舞台中绘制椭圆，如图 8-132 所示。

16 在工具箱中设置填充颜色为【#FFCCCC】，如图 8-133 所示。即可为绘制的椭圆填充该颜色，效果如图 8-134 所示。

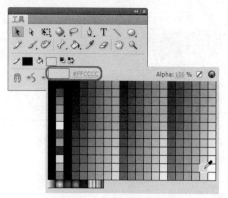

图 8-132　绘制椭圆　　　　图 8-133　设置填充颜色

17 在菜单栏中选择【窗口】|【变形】命令，打开【变形】面板，在该面板中将【旋转】设置为-18.6°，并调整椭圆的位置，如图 8-135 所示。

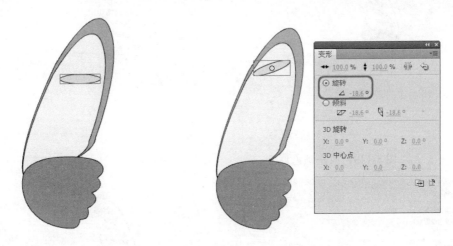

图 8-134　填充颜色　　　　　　　　　　　　图 8-135　设置旋转角度

18 使用同样的方法，绘制其他的椭圆，并为绘制的椭圆设置不同的颜色，然后在【变形】面板中设置椭圆的旋转角度，如图 8-136 所示。

19 在工具箱中选择【钢笔工具】 ，然后在舞台中绘制如图 8-137 所示的图形。

20 然后在工具箱中设置填充颜色为【#FFFF33】，如图 8-138 所示。

  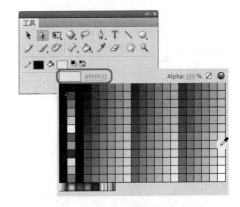

图 8-136　创建其他椭圆　　　图 8-137　绘制图形　　　图 8-138　设置填充颜色

21 在工具箱中选择【颜料桶工具】 ，在舞台中新绘制的图形内单击，填充颜色，如图 8-139 所示。

22 继续使用【钢笔工具】 绘制图形，并为绘制的图形填充颜色，效果如图 8-140 所示。

23 按 Ctrl+A 组合键选择所有的对象，然后在菜单栏中选择【修改】|【组合】命令，如图 8-141 所示。即可将选择的对象组合在一起，效果如图 8-142 所示。

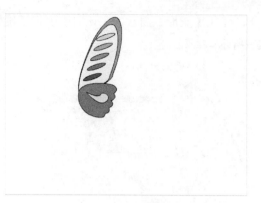

图 8-139　填充颜色

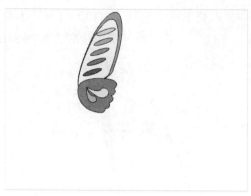

图 8-140　绘制图形并填充颜色

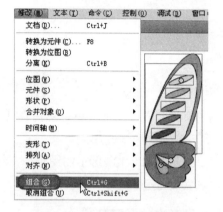

图 8-141　选择【组合】命令

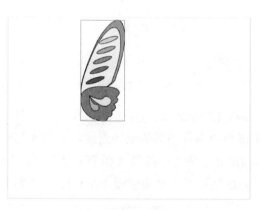

图 8-142　组合对象

24 确定组合后的对象处于选择状态，然后按 Ctrl+C 组合键粘贴，按 Ctrl+V 组合键复制组合后的对象，如图 8-143 所示。

25 选择复制的组合对象，在菜单栏中选择【修改】|【变形】|【水平翻转】命令，如图 8-144 所示。

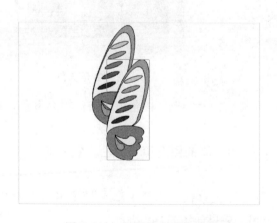

图 8-143　复制组合后的对象

图 8-144　选择【水平翻转】命令

26 即可将复制的组合对象水平翻转，使用【任意变形工具】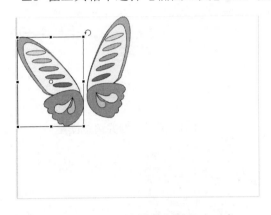选择复制的组合对象，在工具箱中单击【旋转与倾斜】按钮 ，然后旋转选择的对象，并调整对象的位置，效果如图 8-145 所示。

27 在工具箱中选择【椭圆工具】 ，然后在舞台中绘制椭圆，如图 8-146 所示。

图 8-145　旋转复制的组合对象　　　　　图 8-146　绘制椭圆

28 确定新绘制的椭圆处于选择状态，在菜单栏中选择【窗口】|【颜色】命令，打开【颜色】面板，在右上角的下拉列表中选择【径向渐变】选项，然后单击左侧的色标，将该色标的 RGB 值设置为 255、255、255，如图 8-147 所示。

29 然后单击右侧的色标，并将该色标的 RGB 值设置为 51、153、255，如图 8-148 所示。即可为新绘制的椭圆填充渐变颜色，效果如图 8-149 所示。

图 8-147　设置左侧色标颜色　　　　　图 8-148　设置右侧色标颜色

30 后使用【任意变形工具】 旋转椭圆并调整其位置，效果如图 8-150 所示。

31 工具箱中选择【钢笔工具】 ，在【属性】面板中将【笔触】设置为 2，如图 8-151 所示。

32 后在舞台中绘制蝴蝶的触角，如图 8-152 所示。

图 8-149 为椭圆填充渐变颜色　　　　图 8-150 旋转椭圆并调整位置

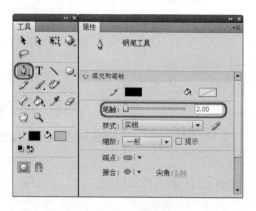 

图 8-151 设置笔触　　　　　　　　　图 8-152 绘制触角

33 后按 Ctrl+A 组合键选择所有的对象，如图 8-153 所示。

34 在菜单栏中选择【修改】|【组合】命令，即可将选择的对象组合在一起，效果如图 8-154 所示。

图 8-153 选择所有对象　　　　　　　图 8-154 组合对象

35 然后使用【钢笔工具】  、【椭圆工具】 和【颜料桶工具】 等绘制一只蝴蝶，如图 8-155 所示。

36 在菜单栏中选择【文件】|【导入】|【导入到舞台】命令，如图 8-156 所示。

图 8-155 绘制蝴蝶

图 8-156 选择【导入到舞台】命令

37 弹出【导入】对话框，在该对话框中选择随书附带光盘中的【效果】|【原始文件】|【Chapter08】|【实战应用】|【背景.jpg】，如图 8-157 所示。

38 单击【打开】按钮，即可将选择的图片导入到舞台中，效果如图 8-158 所示。

图 8-157 选择图片

图 8-158 导入的图片

39 然后在导入的图片上右击，在弹出的快捷菜单中选择【排列】|【移至底层】命令，如图 8-159 所示。即可将导入的图片移至底层，效果如图 8-160 所示。

40 然后在舞台中对两只蝴蝶的大小、位置和旋转角度进行调整，效果如图 8-161 所示。

41 在菜单栏中选择【文件】|【导出】|【导出图像】命令，在弹出的对话框中选择一个存储路径，并为文件命名，然后在【保存类型】下拉列表中选择一个存储格式，在这里选择 SWF 格式，设置完成后单击【保存】按钮即可，如图 8-162 所示。

图 8-159 选择【移至底层】命令

图 8-160 移至底层

图 8-161 调整两只蝴蝶

图 8-162 导出图像

42 导出图像后，按 Ctrl+S 组合键，在弹出的对话框中选择一个存储路径，并为文件命名，选择【保存类型】为 FLA，然后单击【保存】按钮，对 Flash 的场景文件进行存储。

09 Chapter 素材文件的导入和元件、实例的使用

虽然 Flash 功能强大，但是它本身无法产生一些素材文件，为了能够制作出更美观的效果，需要将一些素材文件导入到 Flash 中。同样元件也是制作 Flash 动画的重要元素，本章介绍素材文件的导入和元件、实例的使用。

Unit 01 导入图像文件

在 Flash CS5.5 中，用户可以根据需要将图像导入到 Flash 文档的舞台中或当前文档的库中，本节将对如何导入图像文件进行简单介绍。

导入位图

下面将介绍如何将位图图像文件导入到 Flash CS5.5 中，具体操作步骤如下：

01 在菜单栏中选择【文件】|【导入】|【导入到舞台】命令，如图 9-1 所示。

02 在弹出的对话框中选择随书附带光盘中的【效果】|【原始文件】|【Chapter09】|【Unit 01】|【001.jpg】，如图 9-2 所示。

图 9-1 选择【导入到舞台】命令

图 9-2 选择素材文件

03 单击【打开】按钮，即可将该素材导入到舞台中，导入后的效果如图 9-3 所示。

图 9-3　导入素材文件后的效果

用户在舞台上选择导入的位图后，在【属性】面板会显示该位图的元件名称、像素尺寸以及在舞台上的位置等。

将位图转换为矢量图

在 Flash 中，用户可以根据需要将位图转换为矢量图，矢量图形最大的优点是无论进行放大、缩小或旋转等操作，都不会失真。下面将介绍如何将位图转换为矢量图，具体操作步骤如下：

 提　示

在 Flash 中，用户只能对没有分离的位图进行转换。

01 将位图图像文件导入到舞台中，在菜单栏中选择【修改】|【位图】|【转换位图为矢量图】命令，如图 9-4 所示。

02 在弹出的对话框中将【颜色阈值】设置为 65，将【最小区域】设置为 10，如图 9-5 所示。

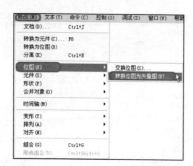

图 9-4　选择【转换为图为矢量图】命令　　　图 9-5　【转换位图为矢量图】对话框

03 单击【确定】按钮，即可将位图转换为矢量图，效果如图 9-6 所示。

【转换位图为矢量图】对话框中的各项参数功能如下。

● 颜色阈值：设置位图中每个像素的颜色与其他像素的颜色在多大程度上的不同可以被当做是不同颜色。数值越大，颜色的数量将会降低，相反数值越小，颜色的数量将会增加。

● 最小区域：设定以多少像素为单位来转换成一种色彩。数值越低，转换后的色彩与原图越接近，但是会浪费较多的时间，其范围为 1～1000。

● 角阈值：设定转换成矢量图后，曲线的弯度要达到多大的范围才能转化为拐点。

● 曲线拟合：该下拉列表中的选项用于设置转换成矢量图后曲线的平滑程度，包括【像素】、【非常紧密】、【紧密】、【一般】、【平滑】和【非常平滑】等选项，如图 9-7 所示。

图 9-6　将位图转换为矢量图后的效果

图 9-7　【曲线拟合】下拉菜单

提　示

如果导入的位图图像文件包含复杂的形状和多种颜色，那么，当图像转换成矢量图后，有时会发现转换后的文件比原文件还要大，这是由于在转换过程中，要产生较多的矢量图来匹配它。

压缩位图

Flash 影片中的每个画面都是由一张张的图片构成的，所以说，图片是构成影片的基础，但是，Flash 虽然可以很方便地导入图像素材，有一个重要的问题经常会被使用者忽略，就是导入图像的容量大小。往往大多数人认为导入的图像容量会随着图片在舞台中缩小尺寸而减少，其实这种想法是错误的，导入图像的容量和缩放的比例毫无关系。如果要减少导入图像的容量就必须对图像进行压缩，下面将介绍如何对位图进行压缩，具体操作步骤如下：

01 导入一张图像文件，按 Ctrl+L 组合键打开【库】面板，在该面板中单击其底部的【属性】按钮，如图 9-8 所示。

02 在弹出的对话框中选择【选项】选项卡，单击【自定义】按钮，在右侧的文本框中输入 35，如图 9-9 所示。

03 设置完成后，单击【确定】按钮，即可完成对图像的压缩。

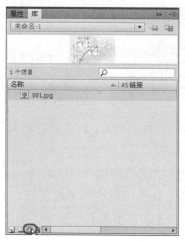

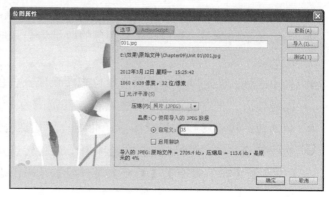

图 9-8　单击【属性】按钮　　　　　图 9-9　【位图属性】对话框

提 示

对于具有复杂颜色或色调变化的图像，如具有渐变填充的照片或图像，建议使用【照片（JPEG）】压缩方式。对于具有简单形状和颜色较少的图像，建议使用【无损（PNG/GIF）】压缩方式。

Unit 02　导入其他图形格式

在 Flash CS5.5 中，Flash 可以按不同的方式导入更多的矢量图形和图像序列，本节将介绍如何导入其他格式的图形。

导入 AI 文件

在 Flash CS5.5 中，用户可对 Illustrator 软件生成的 AI 格式文件进行导入或导出，在 Flash 中，用户可以像对其他对象一样对 AI 格式的文件进行编辑。下面将介绍如何导入 AI 文件，具体操作步骤如下：

01 按 Ctrl+R 组合键打开【导入】对话框，在弹出的对话框中选择随书附带光盘中的【效果】|【原始文件】|【Chapter09】|【Unit 02】|【梅.ai】，如图 9-10 所示。

02 单击【打开】按钮，即可打开【将"梅.ai"导入到舞台】对话框，如图 9-11 所示。

【将"……"导入到舞台】对话框中的各项设置如下。

- 将图层转换为：用户可以在该下拉列表中选择【Flash 图层】选项，将 Illustrator 文件中的每个层都转换为 Flash 文件中的一个层。选择【关键帧】选项，会将 Illustrator 文件中的每个层都转换为 Flash 文件中的一个关键帧。选择【单一 Flash 图层】选项，会将 Illustrator 文件中的所有层都转换为 Flash 文件中的单个平面化的层。

- 将对象置于原始位置：在 Photoshop 或 Illustrator 文件中的原始位置放置导入的对象。

图 9-10 选择素材文件

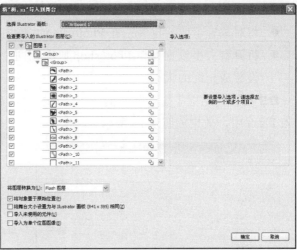

图 9-11 【将"梅.ai"导入到舞台】对话框

- 将舞台大小设置为与 Illustrator 画板相同：导入后，将舞台尺寸和 Illustrator 的画板设置成相同的大小。
- 导入未使用的元件：导入时，将未使用的元件一并导入。
- 导入为单个位图图像：导入为单一的位图图像。

03 在该对话框中进行相应的设置，设置完后，单击【确定】按钮，即可将 AI 格式文件导入 Flash 中，如图 9-12 所示。

图 9-12 导入的素材文件

导入 PSD 文件

在 Flash 中，用户同样可以将 PSD 文件导入到舞台中，并可以像处理其他对象一样对其进行编辑，下面将介绍如何导入 PSD 文件，具体操作步骤如下：

01 按 Ctrl+R 组合键打开【导入】对话框，在弹出的对话框中选择随书附带光盘中的【效果】|【原始文件】|【Chapter09】|【Unit 02】|【001.psd】，如图 9-13 所示。

02 单击【打开】按钮，即可打开【将"001.psd"导入到舞台】对话框，如图 9-14 所示。

图 9-13 选择素材文件

该对话框中的一些参数选项，与导入 AI 格式文件时打开的对话框中的参数选项相同，下面介绍一下几个不同的参数选项。

- 合并图层：单击该按钮后，即可将选中的图层进行合并。

- 将图层转换为：用户可以在其右侧的下拉列表中选择将图层转换的类型。
- 将对象置于原始位置：在 Photoshop 文件中的原始位置放置导入的对象。
- 将舞台大小设置为与 Photoshop 画布相同：导入后，将舞台尺寸和 Photoshop 的画布设置成相同的大小。

03 在该对话框中进行相应的设置，设置完成后，单击【确定】按钮，即可将 PSD 文件导入 Flash 中，效果如图 9-15 所示。

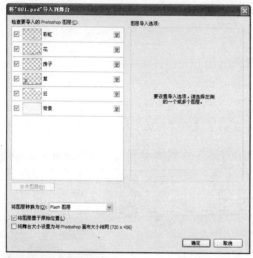

图 9-14 【将 "001.psd" 导入到舞台】对话框

图 9-15 导入的素材

导入 PNG 文件

在 Flash 中，用户可以根据需要将 PNG 文件导入到 Flash 的舞台中。下面介绍如何将 PNG 文件导入到 Flash 舞台中，具体操作步骤如下：

01 按 Ctrl+R 组合键打开【导入】对话框，在弹出的对话框中选择随书附带光盘中的【效果】|【原始文件】|【Chapter09】|【Unit 02】|【002.png】，如图 9-16 所示。

02 单击【打开】按钮，即可将选中的 PNG 文件导入到 Flash 舞台中，效果如图 9-17 所示。

图 9-16 选择素材文件

图 9-17 导入 PNG 文件后的效果

Unit 03 导入视频文件

Flash 是一个非常强大的软件，在 Flash 中，用户可以根据需要将一些视频文件导入到舞台中，根据导入视频文件的格式和方法的不同，可以将含有视频的影片发布为 Flash 影片格式（.swf 文件）或者 QuickTime 影片格式（.mov 文件）。

01 在菜单栏中选择【文件】|【导入】|【导入视频】命令，如图 9-18 所示。

02 执行该命令后，即可打开【导入视频】对话框，用户可以在该对话框中选择存储在本地计算机上的视频文件，也可以选择已上传到 Web 服务器的视频，如图 9-19 所示。

图 9-18　选择【导入视频】命令

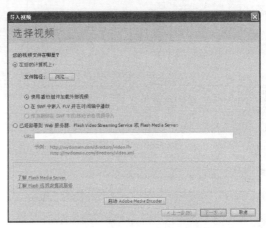

图 9-19　【导入视频】对话框

03 在【导入视频】对话框中单击【浏览】按钮，在弹出的对话框中选择随书附带光盘中的【效果】|【原始文件】|【Chapter09】|【Unit 03】|【003.mov】，如图 9-20 所示。

04 单击【打开】按钮，在返回到的【导入视频】对话框中单击【下一步】按钮，然后在弹出的界面中设置其外观，如图 9-21 所示。

图 9-20　选择素材文件

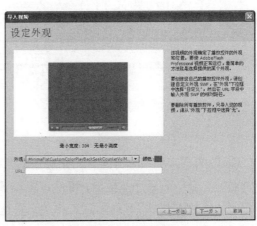

图 9-21　设置视频外观

05 设置完成后，即可弹出【完成视频导入】界面，在该界面中将会显示所导入视频的所在位置，如图 9-22 所示。

06 单击【完成】按钮，即可将选中的视频文件导入到 Flash 舞台中，导入视频后的效果如图 9-23 所示。

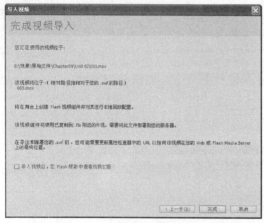

图 9-22 显示视频的所在位置信息

图 9-23 导入的视频文件

在 Flash 中，用户还可以通过【导入】命令导入不同的视频，在 Flash 中可以导入多种格式的视频文件，举例如下。

● SWF 影片：扩展名为*.swf。
● QuickTime 影片文件：扩展名为*.mov，*.qt。
● Adobe Flash 视频：扩展名为*.flv。
● 数字视频文件：扩展名为*.dv，*.dvi。
● Windows 视频文件：扩展名为*.avi。
● MPEG-4 影片文件：扩展名为*.mpg、*.mpeg。

Unit 04 导入音频文件

在 Flash 中，除了可以将视频文件导入到舞台外，还可以单独为 Flash 影片导入各种声音效果，使 Flash 动画效果更加丰富。本节将介绍如何导入音频文件并对其进行简单设置。

导入音频文件

Flash 中的声音类型分为两种，分别是事件声音和音频流。它们之间的不同之处在于：事件声音必须完全下载后才能播放，事件声音在播放时除非强制其静止，否则会一直连续播放；而音频流的播放则与 Flash 动画息息相关，它是随动画的播放而播放，随动画的停止而停止，即只要下载足够的数据就可以播放，而不必等待数据全部读取完毕，可以做到实时播放。

下面将介绍如何在 Flash 中导入声音，其操作步骤如下。

01 在菜单栏中选择【插入】|【时间轴】|【图层】命令，如图 9-24 所示，为音频文件创建一个独立的图层。如果要同时播放多个音频文件，也可以创建多个图层。

02 按 Ctrl+R 组合键打开【导入】对话框，在弹出的对话框中选择随书附带光盘中的【效果】|【原始文件】|【Chapter09】|【Unit 04】|【004.mp3】，如图 9-25 所示。

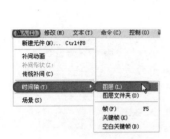

图 9-24　选择【图层】命令　　　　　　　　　　图 9-25　选择素材文件

03 选择完成后，单击【打开】按钮，即可将选中的音频文件进行导入，导入的音频文件会自动添加到【库】面板中，在【库】面板中选择一个音频文件，在【预览】窗口中即可观察到音频的波形，如图 9-26 所示。

👆 **提　示**

> 除了上述方法外，用户也可以在菜单栏中选择【文件】|【导入】|【导入到库】命令，直接将音频文件导入到影片的库中。音频被加到用户的【库】面板后，最初并不会显示在【时间轴】面板上，还需要对插入音频的帧进行设置。用户既可以使用全部音频文件，也可以将其中的一部分重复放入电影中的不同位置，这并不会显著地影响文件的大小。

在 Flash 中，用户可以通过在【库】面板中单击 按钮，在弹出的下拉菜单中选择【播放】命令来试听导入音频的效果，如图 9-27 所示，音频文件被导入到 Flash 中之后，就成为 Flash 文件的一部分，也就是说，声音或音轨文件会使 Flash 文件的体积变大。

图 9-26　导入的音频文件　　　　　　　　　图 9-27　选择【播放】命令

编辑音频

在 Flash 中，用户还可以对导入的音频文件在【属性】面板中进行编辑，如图 9-28 所示，下面将对其进行简单介绍。

1. 设置音频效果

在音频层中选择任意一帧（含有声音数据的），并打开【属性】面板，用户可以在【效果】下拉列表中选择一种效果，如图 9-29 所示。

图 9-28 【属性】面板

图 9-29 【效果】下拉菜单

- 左声道：只用左声道播放声音。
- 右声道：只用右声道播放声音。
- 向右淡出：声音从左声道转换到右声道。
- 向左淡出：声音从右声道转换到左声道。
- 淡入：音量从无逐渐增加到正常。
- 淡出：音量从正常逐渐减少到无。
- 自定义：选择该选项后，可以打开【编辑封套】对话框，用户可以通过使用编辑封套自定义声音效果，如图 9-30 所示。

提 示

用户还可以通过单击【效果】右侧的【编辑声音封套】按钮 ✎ 打开【编辑封套】对话框。

2. 音频同步设置

用户可以在【属性】面板中的【同步】下拉列表中选择音频的同步类型，如图 9-31 所示。

- 事件：该选项可以将声音和一个事件的发生过程同步。事件声音在它的起始关键帧开始显示时播放，并独立于时间轴播放完整个声音，即使 SWF 文件停止也继续播放。当播放发布的 SWF 文件时，事件和声音也同步进行播放。事件声音的一个实例就是当用户单击一个按钮时播放的声音。如果事件声音正在播放，而声音再次被实例化（例如，用户再次单击按钮），则第一个声音实例继续播放，而另一个声音实例也开始播放。

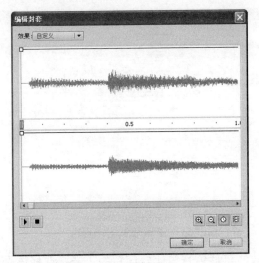

图 9-30　【编辑封套】对话框

图 9-31　【同步】下拉列表

- 开始：与【事件】选项的功能相近，但是如果原有的声音正在播放，使用【开始】选项后则不会播放新的声音实例。
- 停止：使指定的声音静音。
- 数据流：用于同步声音，以便在 Web 站点上播放。选择该项后，Flash 将强制动画和音频流同步。如果 Flash 不能流畅地运行动画帧，就跳过该帧。与事件声音不同，音频流会随着 SWF 文件的停止而停止。而且，音频流的播放时间绝对不会比帧的播放时间长。当发布 SWF 文件时，音频流会混合在一起播放。

3. 音频循环设置

一般情况下音频文件的字节数较多，如果在一个较长的动画中引用很多音频文件，就会造成文件过大。为了避免这种情况发生，可以使用音频重复播放的方法，在动画中重复播放一个音频文件。当在【属性】面板中选择【循环】命令后，用户可以在其右侧的文本框中输入一个重复的数值。

压缩音频

由于有时导入的声音文件容量很大，当发布到网上后，会受到网络速度的限制，因此 Flash 专门提供了音频压缩功能，有效地控制了最后导出的 SWF 文件中的声音品质和容量大小。

在【库】面板中选择一个音频文件并右击，在弹出的快捷菜单中选择【属性】命令，如图 9-32 所示，即可打开【声音属性】对话框，单击【压缩】右侧的下三角按钮，在弹出的下拉列表中包括了压缩选项，如图 9-33 所示。其各选项介绍如下。

- 默认：这是 Flash CS5.5 提供的一个通用的压缩方式，可以对整个文件中的声音用同一个压缩比进行压缩，而不用分别对文件中不同的声音进行单独的属性设置，从而避免了不必要的麻烦。

中文版 Dreamweaver+Flash+Photoshop 网页设计从入门到精通

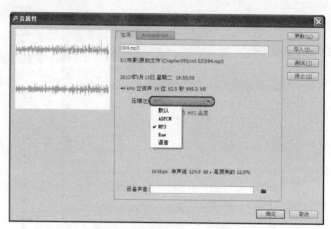

图 9-32 选择【属性】命令　　　　　图 9-33 【压缩】下拉列表

● ADPCM：常用于压缩诸如按钮音效、事件声音等比较简短的声音，选择该命令后，
其下方将出现新的设置选项，如图 9-34 所示。

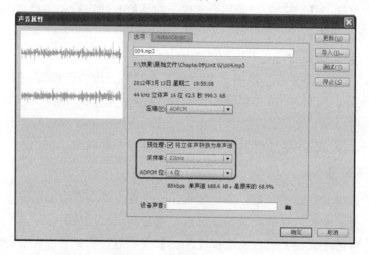

图 9-34 选择【ADPCM】选项后所弹出的选项

➢ 预处理：当勾选【将立体声转换为单声道】复选框后，就可以自动将混合立体声
（非立体声）转化为单声道的声音，文件大小相应减小。

➢ 采样率：可在此选择一个选项以控制声音的保真度和文件大小。较低的采样率可
以减小文件大小，但同时也会降低声音的品质。

➢ ADPCM 位：该下拉列表用于设置编码时的比特率。数值越大，生成的声音的音
质越好，而声音文件的容量也就越大。

● MP3：使用该方式压缩声音文件可使文件体积变成原来的 1/10，而且基本不损害音质。
这是一种高效的压缩方式，常用于压缩较长且不用循环播放的声音，这种方式在网络
传输中很常用。

● Raw：此选项在导出声音时不进行压缩。

● 语音：选择该项，则会选择一个适合于语音的压缩方式导出声音。

元件

在 Flash 中，用户可以通过在舞台中选择对象来创建元件，也可以单独创建一个空元件，从而合理地使用元件和库来提高影片的制作效率。

元件是 Flash 中一个比较重要而且使用非常频繁的概念，狭义的元件是指用户在 Flash 中所创建的图形、按钮或影片剪辑这 3 种元件。元件可以包含从其他应用程序中导入的插图。元件一旦被创建，就会被自动添加到当前影片的库中，然后可以在当前影片或其他影片中重复使用。用户创建的所有元件都会自动变为当前文件的库的一部分。

元件类型

在 Flash 中可以制作的元件类型有三种：图形元件、按钮元件及影片剪辑元件，每种元件都有其在影片中所特有的作用和特性。

● 图形元件可以用来重复应用静态的图片，并且图形元件也可以用到其他类型的元件当中，是 3 种 Flash 元件类型中最基本的类型，图形元件如图 9-35 所示。

图 9-35　图形元件

● 按钮元件一般用于响应对影片中的鼠标事件，如鼠标的单击、移开等。按钮元件是用来控制相应的鼠标事件的交互性特殊元件。按钮元件如图 9-36 所示，与在网页中出现的普通按钮一样，可以通过对

它的设置来触发某些特殊效果，如控制影片的播放、停止等。按钮元件是一种具有 4 个帧的影片剪辑。按钮元件的时间轴无法播放，它只是根据鼠标事件的不同而做出简单的响应，并转到所指向的帧，如图 9-37 所示。

图 9-36　按钮元件

图 9-37　【时间轴】面板

> ➤ 弹起：鼠标不在按钮上时的状态，即按钮的原始状态。
> ➤ 指针经过：鼠标移动到按钮上时的按钮状态。
> ➤ 按下：鼠标单击按钮时的按钮状态。
> ➤ 点击：用于设置对鼠标动作做出反应的区域，这个区域在 Flash 影片播放时是不会显示的。

● 影片剪辑是 Flash 中最具有交互性、用途最多及功能最强的部分。它基本上是一个小的独立电影，可以包含交互式控件、声音，甚至其他影片剪辑实例。可以将影片剪辑实例放在按钮元件的时间轴内，以创建动画按钮。

使用电影剪辑对象的动作和方法可以对影片剪辑进行拖动、加载等控制。要控制影片剪辑，必须通过使用目标路径（该路径指示影片剪辑在显示列表中的唯一位置）来指明它的位置。

创建元件

在 Flash 中，用户可以通过新建或转换两种方式来创建元件，下面将对其进行简单介绍。

1. 新建元件

下面将介绍如何创建元件，具体操作步骤如下：

01 在菜单栏中选择【插入】|【新建元件】命令，如图 9-38 所示。

02 执行该命令后，即可弹出【创建新元件】对话框，用户可以在该对话框中为元件进行命名，用户可以在其【类型】下拉列表中选择不同的类型，如图 9-39 所示。

图 9-38　选择【新建元件】命令

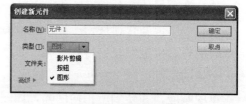

图 9-39　选择类型

03 设置完成后，单击【确定】按钮，即可创建一个新元件。

提　示

除此之外，用户可以在【库】面板中单击 按钮，在弹出的下拉菜单中选择【新建元件】命令，如图 9-40 所示，或在【库】面板底部单击【新建元件】按钮 ，或按 Ctrl+F8 组合键，同样也可以创建一个新元件。

2. 转换为元件

在 Flash 中，用户还可以将舞台中的对象转换为不同的元件，下面将介绍如何转换元件，具体操作步骤如下：

01 按 Ctrl+R 组合键打开【导入】对话框，在弹出的对话框中选择随书附带光盘中的【效果】|【原始文件】|【Chapter09】|【Unit 02】|【005.psd】，如图 9-41 所示。

图 9-40　选择【新建元件】命令　　　　　图 9-41　选择素材文件

02 单击【打开】按钮，在弹出的对话框中选择要导入的图层，将图层转换为 Flash 图层，如图 9-42 所示。

03 单击【确定】按钮，在舞台中选择背景，按 Ctrl+K 组合键打开【对齐】面板，在该面板中勾选【与舞台对齐】复选框，在【对齐】选项区域中分别单击【水平对齐】按钮 和【垂直对齐】按钮 ，然后在【匹配大小】选项区域中单击【匹配宽和高】按钮 ，对齐后的效果如图 9-43 所示。

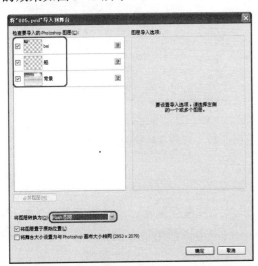

图 9-42　选择要导入的 Photoshop 图层　　　　图 9-43　对齐舞台后的效果

04 在舞台中选择船，在菜单栏中选择【修改】|【转换为元件】命令，如图 9-44 所示。

05 执行该命令后，即可弹出【转换为元件】对话框，在该对话框中将【类型】设置为【图形】，如图 9-45 所示。

图 9-44　选择【转换为元件】命令　　　　图 9-45　【转换为元件】对话框

06 设置完成后，单击【确定】按钮，即可将选中的对象转换为元件，如图 9-46 所示。

提　示

除了上述方法之外，用户还可以在选中要转换为元件的对象后右击，在弹出的快捷菜单中选择【转换为元件】命令，如图 9-47 所示，或按 F8 键。

图 9-46　转换为元件后的效果　　　　图 9-47　选择【转换为元件】命令

编辑元件

在 Flash 中，用户除了可以创建元件外，还可以对元件进行编辑，当编辑元件时，Flash 将更新文档中该元件的所有实例，以反映编辑结果，用户可以使用现有的元件作为创建新元件的起点，即复制元件后再进行修改。

编辑元件时，Flash 会自动更新影片中该元件的所有实例。Flash 提供了以下 3 种方式来编辑元件。

- 编辑：可将窗口从舞台视图更改为只显示该元件的单独视图。正在编辑的元件名称会显示在舞台上方的信息栏内。例如选择某个元件并右击，在弹出的快捷菜单中选择【编辑】命令，如图 9-48 所示。

● 在当前位置编辑：可以在该元件和其他对象同在的舞台上编辑它，其他对象将以灰显方式出现，从而将它与正在编辑的元件区别开。正在编辑的元件名称会显示在舞台上方的标题栏内，如图 9-49 所示。

图 9-48 选择【编辑】命令

图 9-49 在当前位置编辑元件

● 在新窗口中编辑：可以在一个单独的窗口中编辑元件。在单独的窗口中编辑元件可以同时看到该元件和主时间轴，正在编辑的元件名称会显示在舞台上方的标题栏内，如图 9-50 所示。

1. 复制元件

下面将介绍如何复制元件，其具体操作步骤如下：

01 在【库】面板中选择要进行编辑的元件，在该面板中单击其右上角的 按钮，在弹出的下拉菜单中选择【直接复制】命令，如图 9-51 所示。

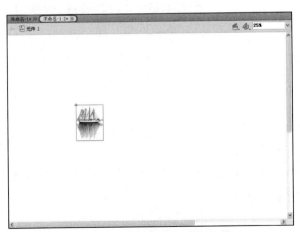

图 9-50 在新窗口中编辑元件

图 9-51 选择【直接复制】命令

02 执行该命令后，即可弹出【直接复制元件】对话框，在该对话框中进行相应的设置，如图 9-52 所示。

03 设置完成后，单击【确定】按钮，在【库】面板中即可看到复制的元件，如图 9-53 所示。

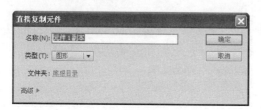

图 9-52 【直接复制元件】对话框　　　　图 9-53 复制的元件

除了使用上面的方法外，用户还可以在菜单栏中选择【修改】|【元件】|【直接复制元件】命令，如图 9-54 所示，然后在弹出的对话框中输入元件的名称，如图 9-55 所示，单击【确定】按钮即可复制该元件。

图 9-54 选择【直接复制元件】命令　　　图 9-55 【直接复制元件】对话框

2. 删除元件

在 Flash 中，用户不仅可以对元件进行复制，还可以将其删除，如果要从影片中彻底删除一个元件，则只能从【库】面板中进行删除。如果从舞台中进行删除，则删除的只是元件的一个实例，真正的元件并没有从影片中删除。删除元件和复制元件一样，可以通过【库】面板右上角的面板菜单或者右键菜单进行删除操作。

元件的相互转换

一种元件被创建后，其类型并不是不可改变的，它可以在图形、按钮和影片剪辑这 3 种元件类型之间互相转换，同时保持原有特性不变。

要将一种元件转换为另一种元件，首先要在【库】面板中选择该元件，并在该元件上右击，在弹出的快捷菜单中选择【属性】命令，弹出【元件属性】对话框，在其【类型】下拉列表中选择要改变的元件类型，然后单击【确定】按钮即可，如图 9-56 所示。

图 9-56 【元件属性】对话框

实战应用 制作按钮

下面将介绍如何使用按钮元件制作按钮效果，如图 9-57 所示，具体操作步骤如下：

图 9-57 按钮效果

01 在菜单栏中选择【文件】|【新建】命令，在弹出的对话框中选择【ActionScript 3.0】选项，如图 9-58 所示。

02 单击【确定】按钮，在菜单栏中选择【文件】|【导入】|【导入到舞台】命令，如图 9-59 所示。

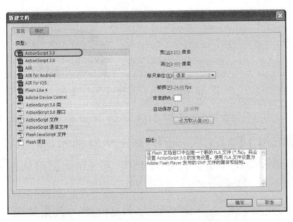

图 9-58 选择【ActionScript 3.0】选项　　　图 9-59 选择【导入到舞台】命令

03 在弹出的对话框中选择随书附带光盘中的【效果】|【原始文件】|【Chapter09】|【实战应用 1】|【电视.png】，如图 9-60 所示。

04 单击【打开】按钮，确认导入的素材处于选中的状态，打开【属性】面板，在该面

板中单击【将宽度值和高度值锁定在一起】按钮 ，并在其右侧的文本框中输入 260，按 Enter 键确认，如图 9-61 所示。

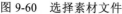

图 9-60　选择素材文件

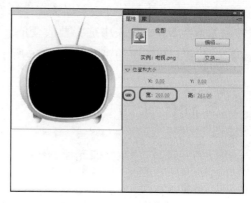

图 9-61　设置素材的大小

05 按 Ctrl+K 组合键打开【对齐】面板，在该面板中的【对齐】选项区域中分别单击【水平对齐】按钮 和【垂直对齐】按钮 ，即可将选中的对象进行对齐，对齐后的效果如图 9-62 所示。

06 在菜单栏中选择【插入】|【时间轴】|【图层】命令，如图 9-63 所示。

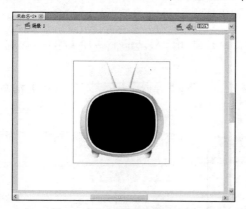

图 9-62　对齐舞台后的效果

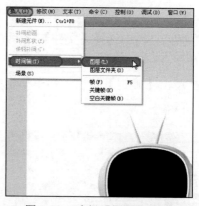

图 9-63　选择【图层】命令

07 按 Ctrl+R 组合键打开【导入】对话框，在该对话框中选择随书附带光盘中的【效果】|【原始文件】|【Chapter09】|【实战应用1】|【文字.png】，如图 9-64 所示。

08 单击【打开】按钮，在【属性】面板中将【宽】设置为 150，按 Enter 键确认，并在舞台中调整其位置，如图 9-65 所示。

09 使用相同的方法将其他素材导入到舞台中，并调整其大小及位置，效果如图 9-66 所示。

10 在【时间轴】面板中单击【图层 4】，在舞台中右击，在弹出的快捷菜单中选择【转换为元件】命令，如图 9-67 所示。

图 9-64 选择素材文件

图 9-65 调整素材文件的位置

图 9-66 导入其他素材

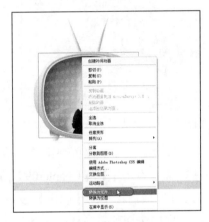

图 9-67 选择【转换为元件】命令

11 在弹出的对话框中单击【类型】右侧的下三角按钮，在弹出的下拉列表中选择【按钮】选项，如图 9-68 所示。

12 设置完成后，单击【确定】按钮，然后再次右击，在弹出的快捷菜单中选择【在当前位置编辑】命令，如图 9-69 所示。

图 9-68 选择【按钮】选项

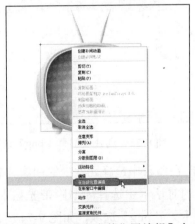

图 9-69 选择【在当前位置编辑】命令

13 在【时间轴】面板中选择【指针】下方的帧并右击，在弹出的快捷菜单中选择【插入关键帧】命令，如图 9-70 所示。

14 在舞台中选择该元件中的图像并右击，在弹出的快捷菜单中选择【交换位图】命令，如图 9-71 所示。

图 9-70　选择【插入关键帧】命令

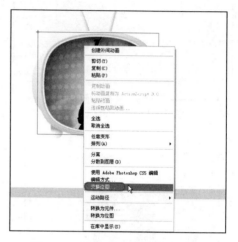

图 9-71　选择【交换位图】命令

15 执行该命令后，即可弹出【交换位图】对话框，在该对话框中选择随书附带光盘中的【效果】|【原始文件】|【Chapter09】|【实战应用 1】|【屏幕 1.png】选项，如图 9-72 所示。

16 选择完成后，单击【确定】按钮，然后在【时间轴】面板中选择【按下】下方的帧，右击，在弹出的快捷菜单中选择【插入关键帧】命令，如图 9-73 所示。

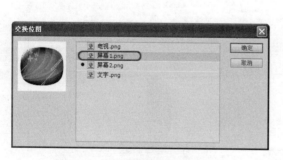

图 9-72　选择【屏幕 1.png】选项

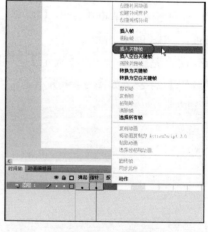

图 9-73　选择【插入关键帧】命令

17 在舞台中选择元件中的图像并右击，在弹出的快捷菜单中选择【交换位图】命令，在弹出的对话框中选择随书附带光盘中的【效果】|【原始文件】|【Chapter09】|【实战应用 1】|【文字.png】选项，如图 9-74 所示。

18 选择完成后，单击【确定】按钮，在舞台中调整其位置，调整后的效果如图 9-75 所示。

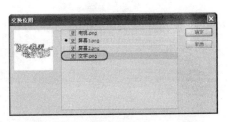

图 9-74 选择【文字.png】选项

图 9-75 调整图像的位置

19 在舞台的其他空白位置双击鼠标，然后按 F12 键进行预览，对完成后的场景进行保存即可。

库是元件和实例的载体，是使用 Flash 制作动画时一种非常有力的工具，使用库可以省去很多的重复操作和其他一些不必要的麻烦。另外，使用库对最大程度上减小动画文件的体积也具有决定性的意义，充分利用库中包含的元素可以有效地控制文件的大小，便于文件的传输和下载。Flash 的库包括两种，一种是当前编辑文件的专用库，另一种是 Flash 中自带的公用库，这两种库有着相似的使用方法和特点，但也有很多的不同点，所以要掌握 Flash 中库的使用，首先要对这两种不同类型的库有足够的认识。

库的基本操作

在 Flash 的操作过程中，库是使用频率最高的面板之一，库面板用来存放各个元件以及对元件的编辑等，Flash 的【库】面板中包括当前文件的预览窗口、库文件列表及一些相关的库文件管理工具等。

【库】面板的最下方有 4 个按钮，可以通过这 4 个按钮管理库中的文件，如图 9-76 所示。

●【新建元件】按钮：该按钮主要用于新建元件，单击该按钮，会弹出【创建新元件】对话框，如图 9-77 所示，用户可以在该对话框中设置新建元件的名称及新建元件的类型。

图 9-76 【库】面板

- 【新建文件夹】按钮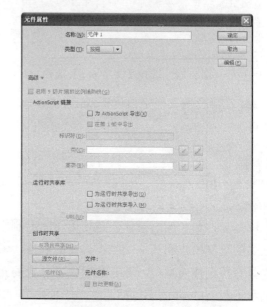：该按钮主要用于新建文件夹，在一些复杂的 Flash 文件中，库文件通常很多，管理起来非常不方便。因此需要使用创建新文件夹的功能，在【库】面板中创建一些文件夹，将同类的文件放到相应的文件夹中，使今后元件的调用更灵活方便。

- 【属性】按钮：该按钮主要用于查看和修改库元件的属性，在弹出的对话框中显示了元件的名称、类型等一系列的信息，如图 9-78 所示。

图 9-77 【创建新元件】对话框   图 9-78 【元件属性】对话框

- 【删除】按钮：该按钮主要用来删除库中多余的文件和文件夹。

专用库和公用库

在 Flash 中可以将库分为专用库和公用库两种，下面分别对其进行简单介绍。

1. 专用库

在菜单栏中选择【窗口】|【库】命令，可以打开专用库的面板。在这个库中包含了当前编辑文件下的所有元件，如导入的位图、视频等，并且某个实例不论其在舞台中出现了多少次，它都只作为一个元件出现在库中。

2. 公用库

在菜单栏中选择【窗口】|【公用库】命令，在其级联菜单中包含【声音】、【按钮】和【类】三项命令，如图 9-79 所示。

- 声音：当在该级联菜单中选择【声音】命令时，可以打开声音库面板，其中包含了很多声音文件，如图 9-80 所示。选择一个声音文件，单击面板上方的【播放】按钮，可以试听该声音文件；单击【停止】按钮，则停止播放。

图 9-79　【公用库】级联菜单

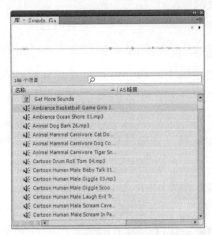
图 9-80　选择【声音】命令后弹出的面板

- 按钮：当在该级联菜单中选择【按钮】命令时，可以打开按钮库面板。其中包含多个文件夹，打开其中一个文件夹，即可看到该文件夹中包含的多个按钮文件，单击选定其中的一个按钮，便可以在预览窗口中预览，预览窗口中右上角的【播放】按钮▶和【停止】按钮■可以用来查看按钮效果，如图 9-81 所示。
- 类：当在该级联菜单中选择【类】命令时，可以打开类库面板。其中包含三项，如图 9-82 所示。

图 9-81　选择【按钮】命令后弹出的面板

图 9-82　选择【类】命令后弹出的面板

Unit 07　实例

　　实例是指位于舞台上或嵌套在另一个元件中的元件副本。实例可以与元件在颜色、大小和功能上存在很大的差别。

创建实例

在库中存在元件的情况下，选中元件并将其拖动到舞台中即可完成实例的创建。由于实例的创建源于元件，因此只要元件被修改编辑，那么所关联的实例也将会被更新。应用各实例时需要注意，影片剪辑实例的创建和包含动画的图形实例的创建是不同的，电影片段只需要一个帧就可以播放动画，而且编辑环境中不能演示动画效果；而包含动画的图形实例，则必须在与其元件同样长的帧中放置，才能显示完整的动画。

创建元件的新实例的具体操作步骤如下：

01 按 Ctrl+R 组合键打开【导入】对话框，在该对话框中选择随书附带光盘中的【效果】|【原始文件】|【Chapter09】|【Unit 07】|【福.fla】，如图 9-83 所示。

02 单击【打开】按钮，即可打开选中的素材，如图 9-84 所示。

图 9-83 选择素材文件

图 9-84 打开的素材文件

03 在【时间轴】面板中选择【图层 1】，在第 58 帧处单击，在菜单栏中选择【窗口】|【库】命令，如图 9-85 所示。

04 在弹出的【库】面板中选择【福】元件，将其拖动到舞台中，在合适的位置上释放鼠标，即可创建一个元件的实例，在舞台中调整其大小，效果如图 9-86 所示。

图 9-85 选择【库】命令

图 9-86 调整实例的大小

05 按 F12 键预览效果，完成后的效果如图 9-87 所示。

图 9-87　完成后的效果

实例的编辑

1. 指定实例名称

下面将介绍如何为实例指定名称，体操作步骤如下：

01 在舞台上选择要定义名称的实例。

02 在【属性】面板左侧的【实例名称】文本框内输入该实例的名称，只有按钮元件和影片剪辑元件可以设置实例名称，如图 9-88 和图 9-89 所示。

图 9-88　按钮的【属性】面板

图 9-89　影片剪辑的【属性】面板

创建元件的实例后，使用【属性】面板还可以指定此实例的颜色效果和动作，设置图形显示模式或更改实例的行为。除非用户另外指定，否则实例的行为与元件行为相同。对实例所做的任何更改都只影响该实例，并不影响元件。

2. 更改实例属性

每个元件实例都可以有自己的色彩效果，要设置实例的颜色和透明度选项，可使用【属性】面板，【属性】面板中的设置也会影响放置在元件内的位图。

要改变实例的颜色和透明度，可以从【属性】面板中的【色彩效果】选项区域下的【样式】下拉列表中选择，如图 9-90 所示。

- 无：不设置颜色效果，此项为默认设置。
- 亮度：用来调整图像的相对亮度和暗度。明亮值为-100%～100%，100%为白色，-100%为黑色，其默认值为0。可直接输入数字，也可通过拖动滑块进行调节。
- 色调：用来增加某种色调。选择该命令后，将会在其下方弹出相应的设置，如图9-91所示。用户可以用颜色拾取器，也可以直接输入红、绿、蓝颜色值。RGB 后有三个空格，分别对应红色、绿色、黑色的值。使用游标可以设置色调百分比。数值为0%～100%，数值为0%时不受影响，数值为100%时所选颜色将完全取代原有颜色。

图9-90　【样式】下拉列表

图9-91　选择【色调】选项后所弹出的设置选项

- 高级：用来调整实例中的红、绿、蓝和透明度。该选项包含如图9-92所示的参数设置。
- Alpha（不透明度）：用来设定实例的透明度，数值为0%～100%，数值为0%时实例完全不可见，数值为100%时实例将完全可见。可以直接输入数字，也可以通过拖动滑块进行调节。

3. 给实例指定元件

在 Flash 中，用户可以为实例指定不同的元件，从而在舞台上显示不同的实例，并保留所有的原始实例属性。其具体操作步骤如下：

01 在舞台上选择实例，然后在【属性】面板中单击【交换】按钮，如图9-93所示。

02 执行该命令后，即可弹出【交换元件】对话框，用户可以在该对话框中选择一个元件，替换当前指定给该实例的元件，如图9-94所示。

03 选择完成后，单击【确定】按钮，即可对选中的元件进行交换。

4. 改变实例类型

无论是直接在舞台创建的还是从元件拖动出的实例，都保留了其元件的类型。在制作动画时如果想将元件转换为其他类型，可以通过【属性】面板在三种元件类型之间进行转换，如图9-95所示。

图 9-92 选择【高级】选项后所弹出的设置选项

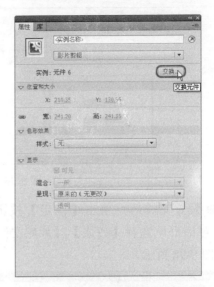

图 9-93 单击【交换】按钮

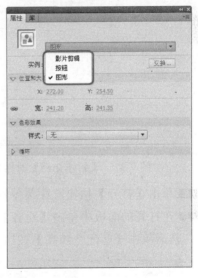

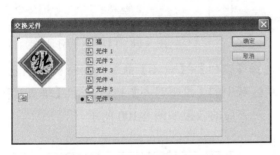

图 9-94 【交换元件】对话框

图 9-95 元件类型

实战应用 制作登录界面

通过本章的学习，我们基本了解如何导入素材文件以及制作按钮等，其效果如图 9-96 所示，下面利用本章所学的知识制作登录界面。

01 运行 Flash CS5.5 软件，在菜单栏中选择【文件】|【新建】命令，弹出【新建文档】对话框，将宽、高分别设为 590 像素、456 像素，将【帧频】设置为 24.00fps，如图 9-97 所示。

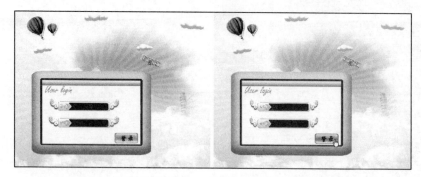

图 9-96　登录界面效果

02 设置完成后，单击【确定】按钮，按 Ctrl+R 组合件打开【导入】对话框，在弹出的对话框中选择【效果】|【原始文件】|【Chapter09】|【实战应用 2】|【背景.jpg】文件，如图 9-98 所示。

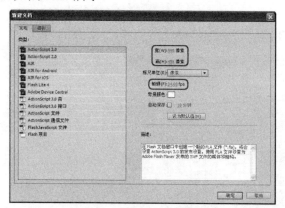

图 9-97　【新建文档】对话框

图 9-98　【导入】对话框

03 单击【打开】按钮，在菜单栏中选择【窗口】|【对齐】命令，如同 9-99 所示。

04 在打开的面板中单击【对齐】选项区域中的【水平对齐】按钮和【垂直对齐】按钮，然后单击【匹配宽和高】按钮，对齐后的效果如图 9-100 所示。

图 9-99　选择【对齐】命令

图 9-100　对齐舞台

05 在【时间轴】面板中的【图层 1】的第 40 帧处右击，在弹出的快捷菜单中选择【插入关键帧】命令，如同 9-101 所示。

06 在菜单栏中选择【插入】|【时间轴】|【图层】命令，如图 9-102 所示。

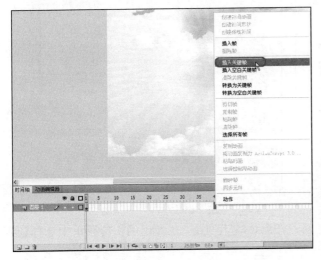

图 9-101　选择【插入关键帧】命令　　　　图 9-102　选择【图层】命令

07 按 Ctrl+R 组合件打开【导入】对话框，在弹出的对话框中选择【效果】|【原始文件】|【Chapter09】|【实战应用 2】|【界面.png】文件，如图 9-103 所示。

08 单击【打开】按钮，按 Ctrl+T 组合键打开【变形】面板，在该面板中单击【约束】按钮，将【缩放宽度】设置为 49，然后在舞台中调整其位置，如同 9-104 所示。

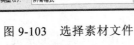

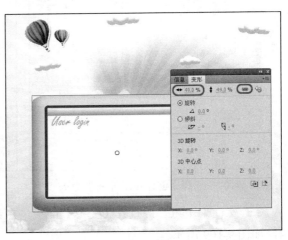

图 9-103　选择素材文件　　　　　　图 9-104　调整缩放宽度

09 在【时间轴】面板中单击【新建图层】按钮，新建一个图层，将随书附带光盘中的【效果】|【原始文件】|【Chapter09】|【实战应用 2】|【翅膀左.png】素材文件导入到舞台中，并调整其大小及位置，如图 9-105 所示。

10 在【时间轴】面板中选择【图层 3】右侧的第 5 帧并右击，在弹出的快捷菜单中选择

【插入关键帧】命令，如图 9-106 所示。

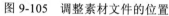

图 9-105　调整素材文件的位置

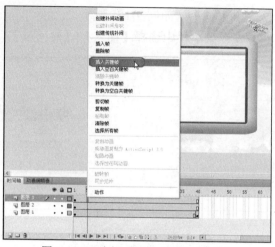

图 9-106　选择【插入关键帧】命令

11 在【图层 3】的第 1 帧到第 5 帧之间的任意位置上右击，在弹出的快捷菜单中选择【创建传统补间】命令，如图 9-107 所示。

12 在【图层 3】的第 10 帧处右击，在弹出的快捷菜单中选择【插入关键帧】命令，如图 9-108 所示。

图 9-107　选择【创建传统补间】命令

图 9-108　选择【插入关键帧】命令

13 按 Ctrl+T 组合键打开【变形】面板，在该面板中取消约束，将【缩放宽度】设置为 74，如图 9-109 所示。

14 在【图层 3】的第 5 帧到第 10 帧之间的任意位置上右击，在弹出的快捷菜单中选择【创建传统补间】命令，如图 9-110 所示。

15 将其他素材导入到舞台中，并进行相应的设置，完成后的效果如图 9-111 所示。

16 在舞台中选择蓝色的按钮，右击鼠标，在弹出的快捷菜单中选择【转换为元件】命令，如图 9-112 所示。

图 9-109 设置缩放宽度

图 9-110 选择【创建传统补间】命令

图 9-111 导入其他素材后的效果

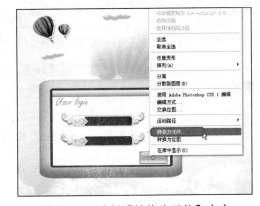

图 9-112 选择【转换为元件】命令

17 在弹出的对话框中将【类型】设置为【按钮】，如图 9-113 所示。

18 单击【确定】按钮，双击该按钮，在【时间轴】面板中选择【指针】下的帧并右击，在弹出的快捷菜单中选择【插入关键帧】命令，如图 9-114 所示。

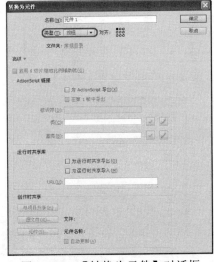

图 9-113 【转换为元件】对话框

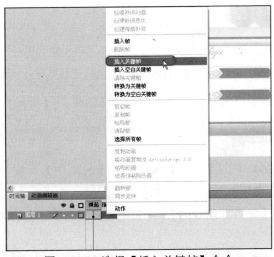

图 9-114 选择【插入关键帧】命令

19 在舞台中的蓝色按钮上右击，在弹出的快捷菜单中选择【交换位图】命令，如图 9-115 所示。

20 在弹出的对话框中选择【按钮 2】选项，如图 9-116 所示。

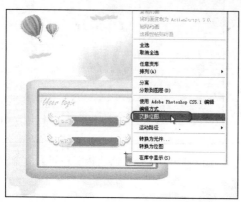

图 9-115　选择【交换位图】命令　　　　　图 9-116　【交换位图】对话框

21 单击【确定】按钮，返回到【场景 1】舞台中，选择工具箱中【文本工具】，在【按钮】元件上方输入文字，选中输入的文字，打开【属性】面板，将【系列】设置为【方正舒体】，【大小】设置为 20 点，【颜色】设置为#000000，并调整其位置，如图 9-117 所示。

22 在菜单栏中选择【文件】|【导入】|【导入到库】命令，如图 9-118 所示。

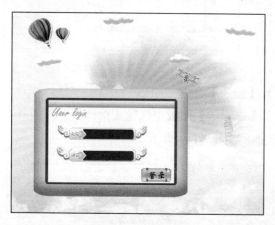

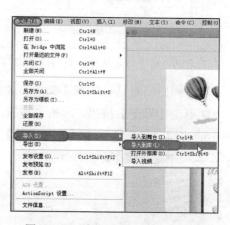

图 9-117　输入文字　　　　　　　图 9-118　选择【导入到库】命令

23 在弹出的对话框中选择【效果】|【原始文件】|【Chapter09】|【实战应用 2】|【背景音乐.mp3】文件，如图 9-119 所示。

24 单击【打开】按钮，在【时间轴】面板中单击【新建图层】按钮，新建一个图层，在【库】面板中选择【背景音乐.mp3】，将其拖动到舞台中，如图 9-120 所示。

25 在【时间轴】面板中选择【图层 9】的第 15 帧，

图 9-119　选择素材文件

在【属性】面板中将【同步】设置为【开始】，然后在其下方的下拉列表中选择【循环】命令，如图 9-121 所示。

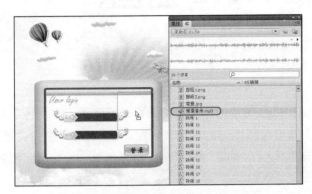

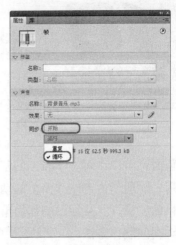

图 9-120　将背景音乐拖动到舞台中　　　　　图 9-121　设置背景音乐的属性

26 按 Ctrl+Enter 组合键测试影片，对完成后的场景进行保存即可。

10 Chapter

制作 Flash 动画

前面章节中讲解了 Flash 的基本操作以及图形的绘制和动画素材的创建，本章将学习怎样利用之前所学内容制作简单的动画。其中包括图层的管理及设置，对关键帧、空白关键帧、普通帧的编辑，并且通过制作简单的动画实例，介绍逐帧动画、补间动画、引导层动画和遮罩层动画的制作方法。

Unit 01 图层的管理与基本操作

图层是图形图像处理上一个非常重要的手段。图层就像透明的胶片，每个层上都可以绘制图像，所有图层重叠在一起就组成了完整的图像。如果要修改图像的某一部分，只需要修改某个图层就可以了。

图层的管理

在制作动画之前，首先介绍在【时间轴】面板中对图层进的基本操作。

1. 新建图层

一般来说，任何一个动画都不可能只有一个图层，所以在动画制作过程中往往需要添加新的层。单击【时间轴】面板底部的【新建图层】按钮，如图 10-1 所示。这时即可创建出一个新层，如图 10-2 所示。

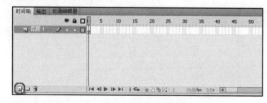

图 10-1　单击【新建图层】按钮

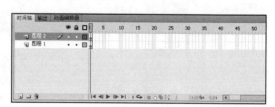

图 10-2　新建图层

创建图层还可以通过以下两种方式：

● 选中一个层，然后在菜单栏中选择【插入】|【时间轴】|【图层】命令，如图 10-3 所示。

● 选中一个层并右击，在弹出的快捷菜单中选择【插入图层】命令，如图 10-4 所示。

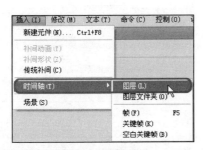

图 10-3　菜单命令

图 10-4　右键快捷菜单

 提　示

　　Flash 文件中的层数只受计算机内存的限制，它不会影响输出后 SWF 文件的大小。

　　当一个动画中图层过多时，用户可以新建图层文件夹对其进行分类管理，创建图层文件夹的方法与创建图层方法一致，单击【时间轴】面板底部的【新建文件夹】按钮即可。图 10-5 所示为展开的文件夹效果，如果需要将文件夹折叠，单击文件夹名称左侧三角形按钮即可，如图 10-6 所示。

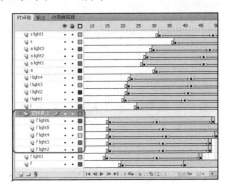

图 10-5　创建见文件夹

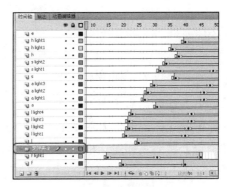

图 10-6　文件夹折叠效果

　　当对创建的文件夹进行图层控制操作时，会影响到该文件夹下所有子文件夹及图层。

2．选择图层

　　当一个文件具有多个图层时，往往需要在不同的图层之间来回选取，只有图层成为当前层才能进行编辑。当前层的名称旁边有一个铅笔的图标时，表示该层是当前工作层。每次只能编辑一个工作层。

　　选择图层的方法有如下三种：

● 单击【时间轴】面板上该层的任意一帧。

● 单击【时间轴】面板上层的名称。

● 选取工作区中的对象，则对象所在的图层被选中。

如果需要选择连续的图层或文件夹时，按住 Shift 键的同时依次进行单击即可，如图 10-7 所示，当选择多个不连续的图层或文件夹时，按住 Ctrl 键依次单击即可，如图 10-8 所示。

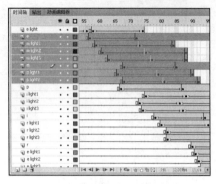 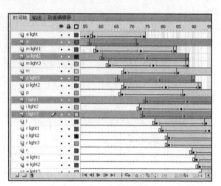

图 10-7　选择多个连续图层　　　　图 10-8　选择多个不连续图层

3．重命名图层

默认情况下，新层是按照创建它们的顺序命名的：第 1 层、第 2 层、……，依次类推。给层重命名，可以更好地反映每层中的内容。在层名称上双击，将出现一个文本框，如图 10-9 所示，此时输入新名称，然后按 Enter 键确认，如图 10-10 所示。

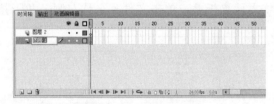 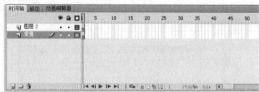

图 10-9　双击图层名称　　　　图 10-10　重命名图层

除以上方法外，右击图层名称，在弹出的快捷菜单中选择【属性】命令，如图 10-11 所示，在弹出的【图层属性】对话框的【名称】文本框中输入新名称，如图 10-12 所示，然后单击【确定】按钮关闭对话框也可进行重命名。

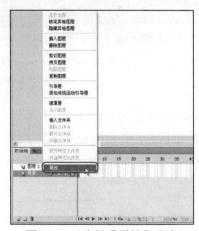 

图 10-11　选择【属性】命令　　　　图 10-12　【图层属性】对话框

4. 改变图层顺序

在编辑时，往往要改变图层之间的顺序，操作如下：在时间轴中，选择要移动的图层；然后将图层向上或向下拖动；此时会出现指示条，如图 10-13 所示。在需要的位置处释放鼠标，图层即被成功地放置到新的位置，如图 10-14 所示。

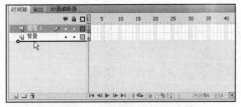

图 10-13　选择【属性】命令　　　　　图 10-14　【图层属性】对话框

5. 复制图层

如果需要多个相同的图层时，可以对图层进行复制粘贴操作，选择需要复制的图层并右击，在弹出的快捷菜单中选择【复制图层】命令，如图 10-15 所示。再次在【时间轴】面板中右击，在弹出的快捷菜单中选择【粘贴图层】命令，即可完成对图层的复制，如图 10-16 所示。在该菜单中还可以执行对图层的剪切操作，这里不进行赘述。

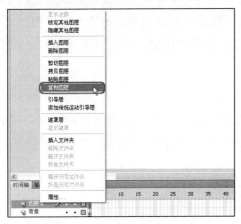

图 10-15　选择【复制图层】命令　　　　　图 10-16　复制图层

6. 删除图层

删除图层的方法有以下三种：

- 选择该图层，单击【时间轴】面板上右下角的【删除】按钮。
- 在【时间轴】面板上单击要删除的图层，并将其拖到【删除】按钮📅上。
- 在【时间轴】面板上右击要删除的图层，然后在弹出的菜单中选择【删除图层】命令。

设置图层状态

在时间轴的图层编辑区中有代表图层状态的三个图标，它们可以隐藏某层以保持工作区域的整洁，可以将某层锁定以防止被意外修改，还可以在任何层查看对象的轮廓线。

1. 隐藏图层

隐藏图层可以使所在层图像隐藏起来，从而减少不同图层之间的图像干扰，使整个工作区保持整洁。在图层隐藏以后，暂时不能对该层进行编辑。图 10-17 所示为图层隐藏前的效果，图 10-18 所示为图层隐藏后的效果。

图 10-17　图层隐藏前　　　　　　图 10-18　图层隐藏后

隐藏图层的方法有以下三种：

- 单击图层名称右边的隐藏栏即可隐藏图层，再次单击隐藏栏则可以取消隐藏该层。
- 用鼠标在图层的隐藏栏中上下拖动，即可隐藏多个图层或者取消隐藏多个图层。
- 单击【显示或隐藏所有图层】按钮，可以将所有图层隐藏，再次单击则会取消隐藏图层。

2. 锁定图层

锁定图层可以将某些图层锁定，这样可以防止一些已编辑好的图层被意外修改。在图层被锁定以后，暂时不能对该层进行编辑。与隐藏图层不同的是，锁定图层上的图像仍然可以显示，如图 10-19 所示。

图 10-19　锁定图层

3. 线框模式

在编辑中，可能需要查看对象的轮廓线，这时可以通过线框显示模式去除填充区，从而只显示该层图形对象的轮廓线。在线框模式下,该层的所有对象都以同一种颜色显示。图 10-20 所示为非线框显示效果,图 10-21 所示为线框显示效果。

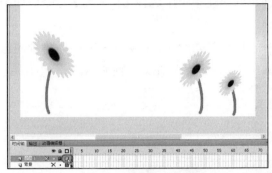

图 10-20　非线框显示效果

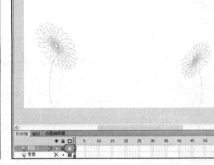

图 10-21　线框显示效果

要调出线框模式显示的方法有以下三种:

- 单击【将所有图层显示为轮廓】图标█,可以使所有图层用线框模式显示,再次单击线框模式图标则取消线框模式。
- 单击图层名称右边的显示模式栏█(不同图层显示栏的颜色不同),之后,显示模式栏变成空心的正方形█时即可将图层转换为线框模式,再次单击显示模式栏则可取消线框模式。
- 用鼠标在图层的显示模式栏中上下拖动,可以使多个图层以线框模式显示或者取消线框模式。

Unit 02　帧的管理与基本操作

在制作动画时,只需将多张关联图片按照一定的顺序排列起来,然后按照一定的速率显示就形成了动画。动画中需要的每一张图片就相当于其中的一个帧,因此帧是构成动画的核心元素。在 Flash 中制作动画时也可以不用将每帧都制作出来,只绘制起关键作用的帧然后为两帧之间创建补间动画即可,这样的帧称为关键帧。

插入普通帧和关键帧

Flash 中的帧分为普通帧、关键帧和空白关键帧三种,在时间轴中帧的类型和放置顺序将决定帧内对象的最终显示效果。下面介绍插入这些帧的方法。

1. 插入普通帧

如果需要将某些图像的显示时间延长,以满足 Flash 影片的需要,就要插入一些普通帧,使显示时间延长到需要的长度。普通帧的作用只是简单的延续所在层的内容。

如果需要将【背景】图层显示时间延长至 20 帧，不需要为其添加其他效果，则可以使用插入帧来实现。

01 选择【背景】图层第 20 帧并右击，在弹出的快捷菜单中选择【插入帧】命令，如图 10-22 所示。

02 此时即可在【背景】层第 20 帧处插入帧，拖动时间滑块，在第 1～20 帧时背景图像会一直显示，如图 10-23 所示。【图层 1】和【图层 2】图像则只在第一帧显示。

图 10-22 选择【插入帧】命令

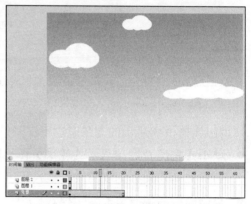
图 10-23 普通帧插入完成后的效果

要插入帧的方法还有以下两种：

● 在菜单栏中选择【插入】|【时间轴】|【帧】命令。

● 使用快捷键 F5，完成插入帧的操作。

2. 插入关键帧

关键帧就是记录图形变化的帧，只有当图形发生变化时插入关键帧才能显示出动画效果。也就是说，所有包含动画的对象只能插入在关键帧中。Flash 会自动计算并创建两个关键帧之间的内容，节省某些情况下创建动画的时间。

插入关键帧的方法有以下三种：

● 在菜单栏中选择【插入】|【时间轴】|【关键帧】命令。

● 也可以使用快捷键 F6，完成插入关键帧的操作。

● 在时间轴上右击，在弹出的快捷菜单中选择【插入关键帧】命令。

3. 插入空白关键帧

空白关键帧以空心圆表示，插入空白关键帧后该层将没有任何对象存在。例如，希望在第 1～14 帧时显示【图层 1】、【图层 2】和【背景】层，在第 15 帧时只显示【图层 1】和【图层 2】，就可以利用插入普通帧和空白关键帧来实现。

01 分别在【图层 1】和【图层 2】的第 15 帧处插入帧，在【背景】层的第 15 帧处插入空白关键帧。图 10-24 所示为第 12 帧的显示情况。

02 当时间滑块位于第 15 帧时，则只显示【图层 1】和【图层 2】中的对象，【背景】层不再显示，如图 10-25 所示。

图 10-24　第 12 帧的显示效果

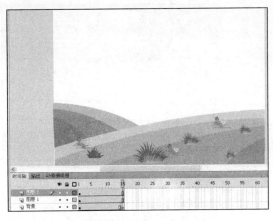

图 10-25　空白关键帧效果

插入空白关键帧的方法有以下三种：

● 在菜单栏中选择【插入】|【时间轴】|【空白关键帧】命令。

● 也可以使用快捷键 F7，完成插入空白关键帧的操作。

● 在时间轴上右击，在弹出的快捷菜单中选择【插入空白关键帧】命令。

帧的删除、移动、复制、转换与清除

对于插入的帧用户也可以随时进行编辑与修改。

1. 帧的删除

选取多余的帧并右击，在弹出的快捷菜单中选择【删除帧】命令，如图 10-26 所示。或者在菜单栏中选择【编辑】|【时间轴】|【删除帧】命令，都可以删除多余的帧，如图 10-27 所示。

图 10-26　选择【删除帧】命令

图 10-27　删除帧效果

2. 帧的移动

使用鼠标单击需要移动的帧或关键帧，拖动鼠标至目标位置即可，如图 10-28 和图 10-29 所示。

图 10-28　拖动鼠标移动帧

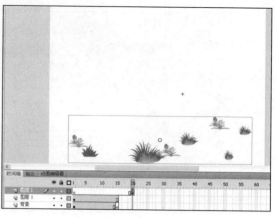

图 10-29　移动帧帧效果

3. 帧的复制

选择要复制的关键帧并右击，在弹出的快捷菜单中选择【复制帧】命令，如图 10-30 所示。

将鼠标移至新位置处右击，在弹出的快捷菜单中选择【粘贴帧】命令，实现帧的复制，如图 10-31 所示。

图 10-30　选择【复制帧】命令

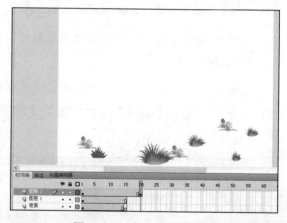

图 10-31　空白关键帧效果

另外，还有两种常用的方法。

- 选择关键帧后按住 Alt 键，将其拖到新的位置上。
- 在菜单栏中选择【编辑】|【时间轴】|【复制帧】命令，选中目标位置，然后选择【编辑】|【时间轴】|【粘贴帧】命令，也可以实现帧的复制。

4. 关键帧的转换

如果要将帧转换为关键帧，可以先选择需要转换的帧并右击，在弹出的快捷菜单中选择【转换为关键帧】命令，如图 10-32 所示，即可将帧转换为关键帧，如图 10-33 所示。或者在菜单中选择【修改】|【时间轴】|【转换为关键帧】命令，也可以得到相同的效果。

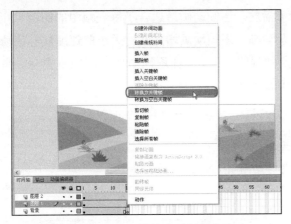

图 10-32　选择【转换为关键帧】命令

图 10-33　转换关键帧效果

5. 帧的清除

　　使用鼠标单击选择一个帧后，再使用菜单栏中的【编辑】|【时间轴】|【清除帧】命令进行清除操作。它的作用是清除帧内部的所有对象，这与【删除帧】命令有着本质区别。图 10-34 所示为清除帧后的效果，图 10-35 所示为删除帧后的效果。

图 10-34　清除帧后的效果

图 10-35　删除帧后的效果

Unit 03　制作逐帧动画

　　在制作动画时，只需将多张关联图片按照一定的顺序排列起来，然后按照一定的速率显示就形成了动画。动画中需要的每一张图片就相当于其中的一个帧，因此帧是构成动画的核心元素。

制作逐帧动画基础

　　在时间帧上逐帧绘制帧内容称为逐帧动画，由于是一帧一帧的画，所以逐帧动画具有非常大的灵活性，几乎可以表现任何用户想表现的内容。Flash 作为一款著名的二维动画制作软件，其制作动画的功能是非常强大的。在 Flash 中，用户可以轻松地创建丰富多彩的动画效果。可以说只要有一定的绘画功底，就可以创作出想要的任何动画。

　　逐帧动画需要用户更改影片每一帧中的舞台内容。简单的逐帧动画并不需要用户定义过多的参数，只需要设置好每一帧，动画即可播放。逐帧动画最适合于每一帧中的图像都在更改，而不仅仅是简单地在舞台中移动的复杂动画。逐帧动画增加文件大小的速度比补间动画快得多，所以逐帧动画的体积一般会比普通动画的体积大。在逐帧动画中，Flash 会保存每个完整帧的值。图 10-36 所示为逐帧动画制作的原理。

图 10-36　逐帧动画制作的原理

制作逐帧动画

下面介绍如何制作一个小鸟飞的逐帧动画。

01 在菜单栏中选择【文件】|【打开】命令，在弹出的【打开】对话框中选择随书附带光盘中的【效果】|【原始文件】|【Chapter10】|【逐帧动画.fla】文件，然后单击【打开】按钮，如图 10-37 所示。

02 下面为打开的素材文件插入一张背景图片。在菜单栏中选择【文件】|【导入】|【导入到舞台】命令，如图 10-38 所示。

图 10-37　选择素材文件

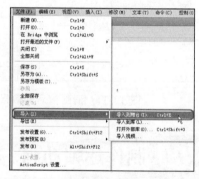

图 10-38　选择【导入到舞台】命令

03 在弹出的【导入】对话框中选择【效果】|【原始文件】|【Chapter10】|【背景.png】文件，单击【打开】按钮，如图 10-39 所示。此时选择的背景图像即可导入到舞台中，如图 10-40 所示。

04 单击【时间轴】面板底部的【新建图层】按钮，新建【图层 2】，并将该图层选中，如图 10-41 所示。

05 打开【库】面板，选择元件【1】，将其拖至舞台中，如图 10-42 所示。

06 在舞台中选择元件【1】，打开【变形】面板，将【缩放高度】和【缩放宽度】进行约束，然后将缩放数值设置为 21.0%，如图 10-43 所示。

07 继续选择元件【1】，打开【对齐】面板，勾选【与舞台对齐】复选框，分别单击【水平中齐】按钮和【垂直中齐】按钮，将元件对齐至舞台中心，如图 10-44 所示。

图 10-39 【导入】对话框

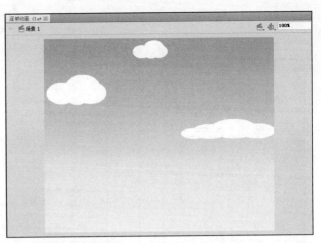

图 10-40 导入背景图像

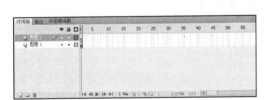

图 10-41 新建【图层 2】

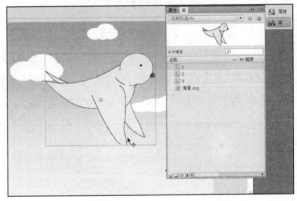

图 10-42 将元件【1】拖至舞台

图 10-43 调整缩放比例

图 10-44 与舞台对齐

08 选择【图层 2】的第 2 帧并右击，在弹出的快捷菜单中选择【插入关键帧】命令，如图 10-45 所示。

09 然后将第 2 帧中的图像删除，打开【库】面板，选择元件【2】，将其拖至舞台中，如图 10-46 所示。

 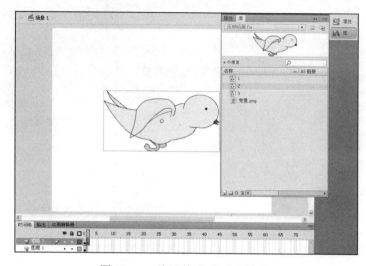

图 10-45　选择【插入关键帧】命令　　　　图 10-46　将元件【2】拖至舞台

10 在舞台中选择元件【2】，打开【变形】面板，将【缩放高度】和【缩放宽度】进行约束，然后将缩放数值设为 21.0%，如图 10-47 所示。

11 打开【对齐】面板，勾选【与舞台对齐】复选框，分别单击【水平中齐】按钮 和【垂直中齐】按钮 ，将元件对齐至舞台中心，如图 10-48 所示。

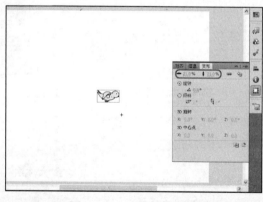 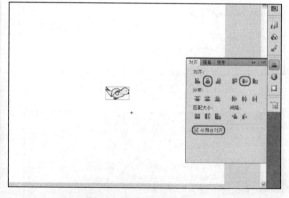

图 10-47　调整缩放比例　　　　　　　图 10-48　与舞台对齐

 提　示

此时会发现插入关键帧后背景图像不显示了，这是因为我们没有为背景图像所在层插入帧，导致其只在第一帧显示。

12 设置完成后使用相同的方法插入元件【3】，并对其进行缩放比例和对齐设置，然后适当调整其高度，如图 10-49 所示。

13 设置完成后选择【图层 1】，在第 3 帧处右击，在弹出的快捷菜单中选择【插入帧】命令，如图 10-50 所示。此时背景即可在前三帧显示，如图 10-51 所示。

14 按 Ctrl+Enter 组合键测试影片，如图 10-52 所示。

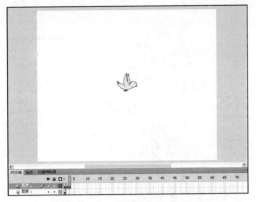

图 10-49　设置元件【3】

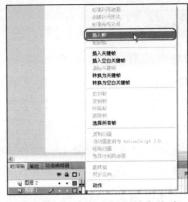

图 10-50　选择【插入帧】命令

图 10-51　显示背景

图 10-52　测试影片

15 在菜单栏中选择【文件】|【另存为】命令，在弹出的【另存为】对话框中选择一个存储路径并为文件命名，单击【保存】按钮，如图 10-53 所示。

16 输出场景动画，在菜单栏中选择【文件】|【导出】|【导出影片】命令，在弹出的【导出影片】对话框单击【保存】按钮，如图 10-54 所示，将动画输出。

图 10-53　【另存为】对话框

图 10-54　【导出影片】对话框

自动产生逐帧动画

当导入的图像为序列图时，Flash 会进行自动检测，使导入的序列图自动生成为逐帧动画。

01 新建一个空白文档，在菜单栏中选择【文件】|【导入】|【导入到舞台】命令，弹出【导入】对话框，选择【效果】|【原始文件】|【Chapter10】|【序列图片】|【1.png】文件，单击【打开】按钮，如图 10-55 所示。

02 此时会弹出【Adobe Flash CS5.5】对话框，该对话框提示用户检测到序列图像。如果单击【是】按钮，则导入序列中所有图像；如果单击【否】按钮，则只导入选择的图像；如果单击【取消】按钮，将取消导入，这里单击【是】按钮，如图 10-56 所示。

图 10-55 【导入】对话框　　　　　图 10-56 【Adobe Flash CS5.5】对话框

此时序列图片将导入到场景中，每一张图片都创建成为一个关键帧，如图 10-57 所示。

03 按 Ctrl+Enter 组合键测试影片，如图 10-58 所示。

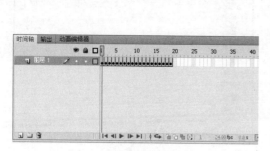

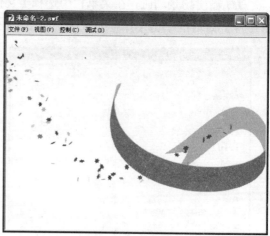

图 10-57 关键帧效果　　　　　图 10-58 测试影片

Unit 04 制作补间形状动画

通过补间形状可以实现将一幅图形变为另一幅图形的效果。且只需要创建两个关键帧即可，但是必须是被打散的形状图形之间才能产生形状补间。所谓形状图形，由无数个点堆积而成，而并非是一个整体。选中该对象时外部没有一个蓝色边框，而是会显示成掺杂白色小点的图形。

补间形状动画基础

如果想取得一些特殊的效果，需要在【属性】面板中进行相应的设置。当将某一帧设置为形状补间后，【属性】面板如图 10-59 所示。其中的部分选项及参数说明如下：

- 【名称】：设置补间的名称。
- 【类型】：设置名称以什么类型出现，这里可以选择【名称】、【锚记】和【注释】。
- 【缓动】：输入一个-100~100 的数，或者通过右边的滑块来调整。如果要慢慢地开始补间形状动画，并朝着动画的结束方向加速补间过程，可以向下拖动滑块或输入一个-1~-100 的负值。如果要快速地开始补间形状动画，并朝着动画的结束方向减速补间过程，可以向上拖动滑块或输入一个 1~100 的正值。默认情况下，补间帧之间的变化速率是不变的，通过调节此项可以调整变化速率，从而创建更加自然的变形效果。

图 10-59 【属性】面板

- 【混合】：【分布式】选项创建的动画，形状比较平滑和不规则。【角形】选项创建的动画，形状会保留明显的角和直线。【角形】只适合于具有锐化转角和直线的混合形状。如果选择的形状没有角，Flash 会还原到分布式补间形状。

要控制更加复杂的动画，可以使用变形提示。在菜单栏中选择【修改】|【形状】|【添加形状提示】命令，即显示提示。变形提示可以标识起始形状和结束形状中相对应的点。变形提示点用字母表示，这样可以方便地确定起始形状和结束形状，每次最多可以设定 26 个变形提示点。

提 示

变形提示点在开始的关键帧中是黄色的，在结束关键帧中是绿色的，如果不在曲线上则是红色的。

制作补间形状动画

下面介绍如何制作补间形状动画。

01 运行 Flash CS5.5 软件，在弹出的【开始】界面中单击【ActionScript 3.0】，如图 10-60 所示。

02 在菜单栏中选择【修改】|【文档】命令，弹出【文档设置】对话框，更改文档尺寸，然后单击【确定】按钮，如图 10-61 所示。

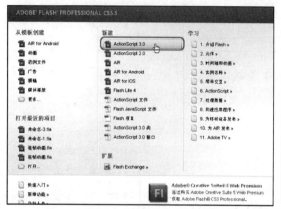

图 10-60　创建【ActionScript 3.0】文档

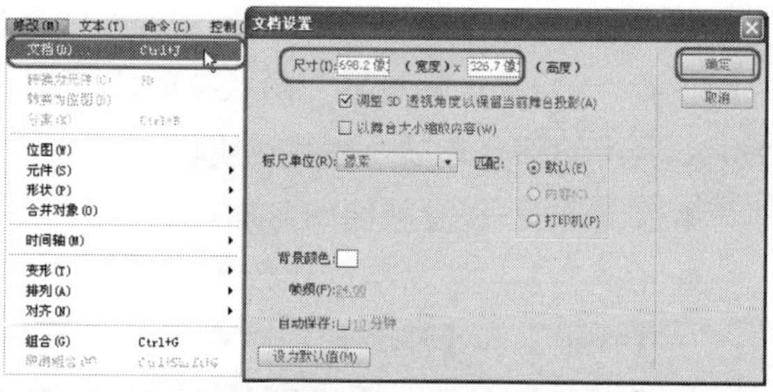

图 10-61　【文档设置】对话框

03 在菜单栏中选择【文件】|【导入】|【导入到舞台】命令，弹出【导入】对话框，选择【效果】|【原始文件】|【Chapter10】|【补间形状动画.jpg】文件，单击【打开】按钮，如图 10-62 所示。

04 此时选择的图像即可导入到舞台中，在舞台中选择图像，打开【变形】面板，将【缩放高度】和【缩放宽度】进行约束，然后将缩放数值设置为 32.0%，如图 10-63 所示。

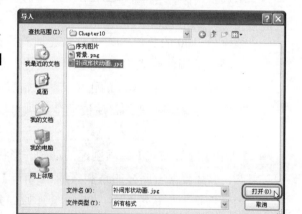

图 10-62　【导入】对话框

05 继续选择图像，打开【对齐】面板，勾选【与舞台对齐】复选框，分别单击【水平中齐】按钮 и 和【垂直中齐】 按钮，将图像对齐至舞台中心，如图 10-64 所示。

06 在菜单栏中选择【修改】|【转换为元件】命令，或者按 F8 键。

07 弹出【转换为元件】对话框，在【名称】对话框中输入元件名称，将【类型】设置为【图形】，然后单击【确定】按钮，如图 10-65 所示。

图 10-63　调整缩放比例

图 10-64　与舞台对齐

图 10-65　【转换为元件】对话框

此时【库】面板中将出现新建的元件，如图 10-66 所示。

08 新建【图层 2】，选择工具箱中的【基本椭圆工具】 ，然后在【图层 2】中绘制形状并将其选中，打开【属性】面板，在【位置和大小】组中调整其位置和大小，在【填充和笔触】组中取消【笔触颜色】填充，将【填充颜色】设为#00FFCC，在【椭圆选项】组中将【开始角度】设为 90，【结束角度】设为 0，【内径】设为 50，如图 10-67 所示。

09 设置完成后使用相同的方法继续绘制图形，然后打开【属性】面板，在【位置和大小】组中调整其位置和大小，在【填充和笔触】组中取消【笔触颜色】填充，将【填充颜色】设为#FF6600，在【椭圆选项】选项区域中将【开始角度】设置为 180，【结束角度】设置为 90，【内径】设置为 50，如图 10-68 所示。

10 设置完成后使用相同的方法继续绘制剩余的两个图形，并对其进行设置，完成后的效果如图 10-69 所示。

图 10-66　【库】面板

图 10-67　设置图形样式

图 10-68　设置形状样式

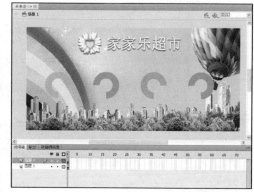

图 10-69　图形绘制完成效果

11 选择【图层 1】的第 35 帧并右击，在弹出的快捷菜单中选择【插入帧】命令，选择【图层 2】的第 35 帧并右击，在弹出的快捷菜单中选择【插入关键帧】命令，如图 10-70 所示。

12 选择【图层 2】的第 30 帧，选择工具箱中的【文本工具】 T ，在第一个图形处输入文字，选中输入的文字，打开【属性】面板，在【字符】选项区域下进行设置，将【系列】设置为【汉仪书魂体简】，【大小】设置为 70 点，【颜色】设置为#FF00CC，如图 10-71 所示。

图 10-70　设置影片长度

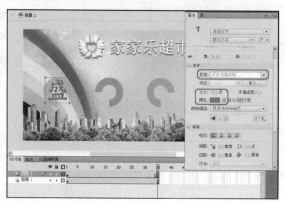

图 10-71　输入第一个文字

13 设置完成后按 Ctrl+B 组合键将字体打散，然后将该文字后面的图形删除，如图 10-72 所示。

14 继续使用【文本工具】 在第二个图形处输入文字，输入完成后在【属性】面板中对文字进行设置，效果如图 10-73 所示。

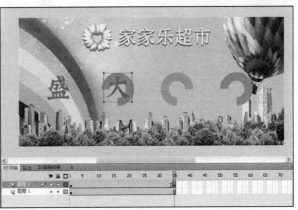

图 10-72　打散文字　　　　　　　　　　图 10-73　输入第二个文字

15 设置完成后按 Ctrl+B 组合键将字体打散，然后将该文字后面的图形删除，如图 10-74 所示。

16 使用相同的方法继续设置剩余两个文字，完成后的效果如图 10-75 所示。

图 10-74　打散文字　　　　　　　　　　图 10-75　文字输入完成后的效果

17 输入并设置完成后，在【图层 2】的第 1～35 帧之间任意位置右击，在弹出的快捷菜单中选择【创建补间形状】命令，如图 10-76 所示。此时两个关键帧之间即可创建补间形状动画，如图 10-77 所示。

18 按 Ctrl＋Enter 组合键测试影片，效果如图 10-78 所示。

19 分别选择【图层 1】和【图层 2】的第 40 帧并右击，在弹出的快捷菜单中选择【插入帧】命令，完成后的效果如图 10-79 所示。

 提　示

此时插入帧的作用是使文字变形完成后有一个停留时间。

图 10-76　选择【创建补间形状】命令

图 10-77　创建补间形状

图 10-78　测试影片

图 10-79　插入帧

20 在菜单栏中选择【文件】|【另存为】命令，在弹出的【另存为】对话框中选择一个存储路径，为文件命名，单击【保存】按钮，如图 10-80 所示。

21 输出场景动画，在菜单栏中选择【文件】|【导出】|【导出影片】命令，在弹出的【导出影片】对话框单击【保存】按钮，如图 10-81 所示，将动画输出。

图 10-80　【另存为】对话框

图 10-81　【导出影片】对话框

Unit 05　制作传统补间动画

创建传统补间（动作补间动画）的制作流程一般是：先在一个关键帧中定义实例的大小、颜色、位置、透明度等参数；然后创建出另一个关键帧并修改这些参数；最后创建补间，让

Flash 自动生成过渡状态。在 Flash 中制作动画时也可以不用将每帧都制作出来,只绘制起关键作用的帧然后为两帧之间创建补间动画即可。

传统补间动画基础

所谓创建传统补间动画又叫做中间帧动画、渐变动画,只要建立起始和结束的画面,中间部分由软件自动生成,省去了中间动画制作的复杂过程,这正是 Flash 的迷人之处,补间动画是 Flash 中最常用的动画效果。

利用传统补间方式可以制作出多种类型的动画效果,如位置移动、大小变化、旋转移动、逐渐消失等。只要能够熟练地掌握这些简单的动作补间效果,就能将它们相互组合制作出样式更加丰富、效果更加吸引人的复杂动画。

使用动作补间,需要具备以下两个前提条件:

● 起始关键帧与结束关键帧缺一不可。

● 应用于动作补间的对象必须具有元件或者群组的属性。

为时间轴设置了补间效果后,【属性】面板将有所变化,如图 10-82 所示。其中的部分选项及参数说明如下:

图 10-82　【属性】面板

● 【名称】:设置补间的名称。

● 【类型】:设置名称以什么类型出现,这里可以选择【名称】、【锚记】和【注释】。

● 【缓动】:应用于有速度变化的动画效果。当移动滑块在 0 值以上时,实现的是由快到慢的效果;当移动滑块在 0 值以下时,实现的是由慢到快的效果。

● 【旋转】:设置对象的旋转效果,包括【自动】、【顺时针】、【逆时针】和【无】4 项。

● 【贴紧】:使物体可以附着在引导线上。

● 【同步】:设置元件动画的同步性。

● 【调整到路径】:在路径动画效果中,使对象能够沿着引导线的路径移动。

● 【缩放】:应用于有大小变化的动画效果。

制作传统补间动画

下面介绍如何制作传统补间动画。

01 运行 Flash CS5.5 软件,在菜单栏中选择【文件】|【新建】命令,打开【新建文档】对话框,将宽、高分别设为 638 像素、273 像素,将【帧频】设置为 12.00fps,然后单击【确定】按钮,如图 10-83 所示。

02 在菜单栏中选择【文件】|【导入】|【导入到库】命令,如图 10-84 所示。

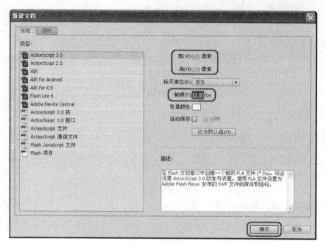

图 10-83　【新建文档】对话框　　　　　　　　　图 10-84　【导入到库】命令

03 弹出【导入到库】对话框，选择【效果】|【原始文件】|【Chapter10】|【传统补间动画.psd】文件，单击【打开】按钮，如图 10-85 所示。

04 弹出【将"传统补间动画.psd"导入到库】对话框，勾选两个图层前的复选框，然后单击【确定】按钮，如图 10-86 所示。此时选择的素材文件将出现在【库】面板中，如图 10-87所示。

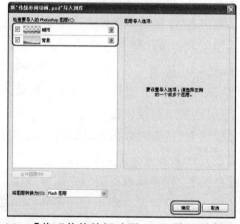

图 10-85　【导入到库】对话框　　　图 10-86　【将"传统补间动画.psd"导入到库】对话框

05 在【库】面板中选择【背景】图像，将其拖至舞台中，打开【变形】面板，将【缩放高度】和【缩放宽度】进行约束，然后将缩放数值设置为 25.0%，如图 10-88 所示。打开【对齐】面板，勾选【与舞台对齐】复选框，分别单击【水平中齐】按钮 和【垂直中齐】按钮 ，将图像对齐至舞台中心。

06 新建并选择【图层 2】，在【库】面板中选择【城市】图像，将其拖至舞台中，打开【对齐】面板，勾选【与舞台对齐】复选框，分别单击【水平中齐】按钮 和【底对齐】按钮 ，将图像进行对齐，如图 10-89 所示。

图 10-87 【库】面板

图 10-88 设置背景图片

07 打开【变形】面板，将【缩放高度】和【缩放宽度】进行约束，然后将缩放数值设置为 25.0%，如图 10-90 所示。

图 10-89 与舞台对齐

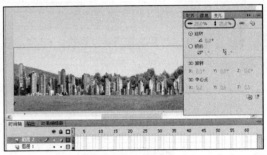

图 10-90 调整缩放比例

08 打开【效果】|【原始文件】|【Chapter10】|【素材元件.fla】文件，在【库】面板中按住 Ctrl 键选择【光圈】、【光晕】、【太阳】3 个元件，如图 10-91 所示。然后按 Ctrl+C 组合键将其复制。

09 返回到传统补间动画文档中，打开打开【库】面板，按 Ctrl+V 组合键将元件进行粘贴，如图 10-92 所示。

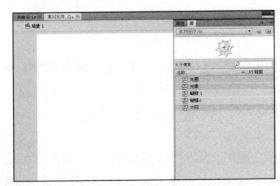

图 10-91 打开【素材元件.fla】文件

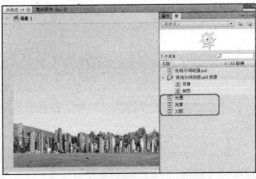

图 10-92 粘贴至【库】面板

10 新建【图层 3】，将其拖至【图层 2】和【图层 1】中间，在【库】面板中选择【太阳】元件，将其拖至舞台中，打开【变形】面板，将【缩放高度】和【缩放宽度】进行约束，然后将缩放数值设置为 15.0%，并调整太阳位置，如图 10-93 所示。

.***11*** 分别在【图层 2】和【图层 1】的第 60 帧插入帧，选择【图层 3】的第 24 帧并右击，在弹出的快捷菜单中选择【插入关键帧】命令，选择第 24 帧，调整该帧中太阳的位置，如图 10-94 所示。

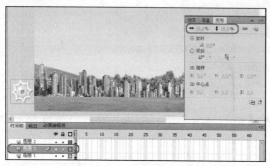 

图 10-93　调整缩放比例　　　　　　　　　图 10-94　插入关键帧

12 在【图层 3】的第 1～24 帧之间任意位置右击，在弹出的快捷菜单中选择【创建传统补间】命令，如图 10-95 所示。

13 创建完成后的【太阳】元件即可根据两个关键帧的位置生成中间帧的动画。图 10-96 所示为第 13 帧时【太阳】元件的位置。

 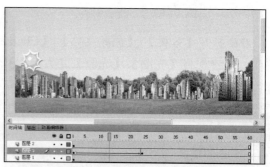

图 10-95　选择【创建传统补间】命令　　　　图 10-96　创建传统补间动画

14 新建【图层 4】，将其拖至【图层 2】和【图层 3】中间，在【库】面板中选择【光圈】元件，将其拖至舞台中，打开【变形】面板，取消【缩放高度】和【缩放宽度】约束，然后将【缩放宽度】设置为 33.0%，【缩放高度】设置为 24.3%，并调整光圈位置，如图 10-97 所示。

15 选择【图层 4】第 1 帧关键帧，按住鼠标左键将其拖至第 8 帧位置，打开【变形】面板，取消【缩放高度】和【缩放宽度】约束，然后将【缩放宽度】设置为 62.0%，【缩放高度】设置为 45.6%，然后调整其在舞台中的位置，如图 10-98 所示。

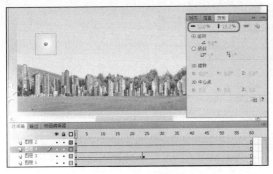

图 10-97 插入【光圈】元件

图 10-98 调整关键帧位置

16 选择【图层 4】的第 24 帧并右击，在弹出的快捷菜单中选择【插入关键帧】命令，选择第 24 帧，打开【变形】面板，取消【缩放高度】和【缩放宽度】约束，然后将【缩放宽度】设置为 26.0%，【缩放高度】设置为 19.1%，并调整光圈位置，如图 10-99 所示。

17 在【图层 4】的第 8~24 帧之间任意位置右击，在弹出的快捷菜单中选择【创建传统补间】命令。图 10-100 所示为第 19 帧时【光圈】元件的位置。

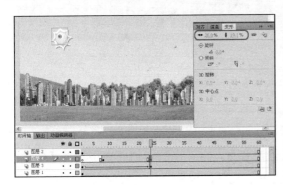

图 10-99 插入关键帧

图 10-100 创建传统补间动画

18 创建【图层 5】，将其拖至【图层 2】和【图层 4】中间，在【库】面板中选择【光晕】元件，将其拖至舞台中，打开【变形】面板，将【缩放高度】和【缩放宽度】进行约束，然后将缩放数值设置为 28.0%，如图 10-101 所示。

19 在舞台中选择【光晕】元件，打开【属性】面板，将【色彩效果】组下【样式】设置为【高级】，【Alpha】值设置为 54%，将【红】、【绿】、【蓝】设置为 100%，【绿色偏移】设置为 255，如图 10-102 所示。

20 选择【图层 5】的第 1 帧关键帧，按住鼠标左键将其拖至第 14 帧位置，选择第 14 帧，打开【变形】面板，取消【缩放高度】和【缩放宽度】约束，然后将【缩放宽度】设置为 21.0%，【缩放高度】设置为 16.0%，并调整光晕位置，如图 10-103 所示。

21 选择【图层 5】的第 24 帧并右击，在弹出的快捷菜单中选择【插入关键帧】命令，选择第 24 帧，打开【变形】面板，取消【缩放高度】和【缩放宽度】约束，然后将【缩放宽度】设置为 30.0%，【缩放高度】设置为 25.0%，【旋转】设置为-11.0，并调整光晕位置，如图 10-104 所示。

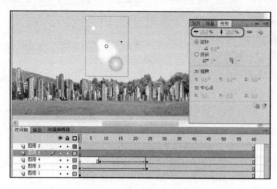

图 10-101　插入【光晕】元件

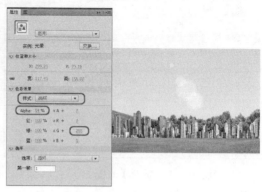

图 10-102　调整光晕属性

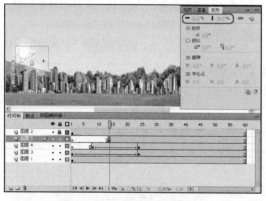

图 10-103　调整关键帧位置

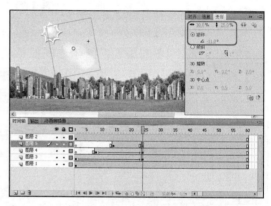

图 10-104　更改元件参数

22 在【图层 5】的第 14～24 帧之间任意位置右击，在弹出的快捷菜单中选择【创建传统补间】命令。图 10-105 所示为第 21 帧时【光晕】元件的位置。

23 选择【图层 5】第 40 帧并右击，在弹出的快捷菜单中选择【插入关键帧】命令，选择第 40 帧，打开【变形】面板，取消【缩放高度】和【缩放宽度】约束，然后将【缩放宽度】设置为 30.9%,【缩放高度】设置为 36.9%,【旋转】设置为-24.8，并调整光晕位置，如图 10-106 所示。

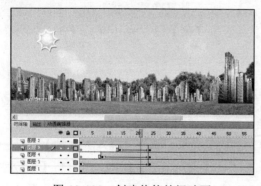

图 10-105　创建传统补间动画

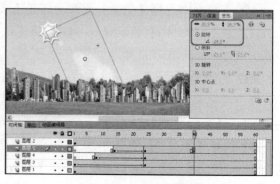

图 10-106　插入关键帧

24 在【图层 5】的第 25～40 帧之间任意位置右击，在弹出的快捷菜单中选择【创建传统补间】命令。图 10-107 所示为第 33 帧时【光晕】元件的位置。

25 按 Ctrl＋Enter 组合键测试影片，效果如图 10-108 所示。

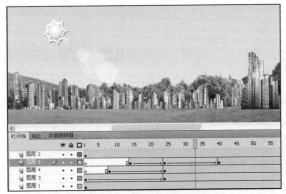

图 10-107　创建传统补间动画

图 10-108　测试影片

26 在菜单栏中选择【文件】|【另存为】命令，在弹出的【另存为】对话框中选择一个存储路径并为文件命名，单击【保存】按钮，如图 10-109 所示。

27 输出场景动画，在菜单栏中选择【文件】|【导出】|【导出影片】命令，在弹出的【导出影片】对话框中单击【保存】按钮，如图 10-110 所示，将动画输出。

图 10-109　【另存为】对话框

图 10-110　【导出影片】对话框

Unit 06　制作引导层动画

　　使用运动引导层可以创建特定路径的补间动画效果，实例、组或文本块均可沿着这些路径运动。在影片中也可以将多个图层链接到一个运动引导层，从而使多个对象沿同一条路径运动，链接到运动引导层的常规层相应地就成为引导层。

引导层动画基础

引导层在影片制作中起辅助作用，它可以分为普通引导层和运动引导层两种，下面分别介绍这两种引导层。

1．普通引导层

普通引导层以图标 ⬸ 表示，起到辅助静态对象定位的作用，它无须使用被引导层，可以单独使用。创建普通引导层的操作很简单，只需选中要作为引导层的那一层并右击并在弹出的快捷菜单中选择【引导层】命令即可，如图 10-111 所示。

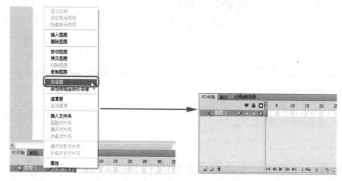

图 10-111　创建引导层

如果想将普通引导层改为普通图层，只需要再次在图层上右击，从弹出的快捷菜单中选择【引导层】命令即可。引导层有着与普通图层相似的图层属性，因此，可以在普通引导层上进行前边讲过的任何针对图层的操作，如锁定、隐藏等。

2．运动引导层

在 Flash 中建立直线运动是一件很容易的事情，但建立曲线运动或沿一条特定路径运动的动画却不是直接能够完成的，而需要运动引导层的帮助。在运动引导层的名称旁边有一个图标 ⬝⬝，表示当前图层的状态是运动引导，运动引导层总是与至少一个图层相关联（如果需要，它可以与任意多个图层相关联），这些被关联的图层被称为被引导层。将层与运动引导层关联起来可以使被引导图层上的任意对象沿着运动引导层上的路径运动。创建运动引导层时，已被选择的层都会自动与该运动引导层建立关联。也可以在创建运动引导层之后，将其他任意多的标准层与运动层相关联或者取消它们之间的关联。任何被引导层的名称栏都将被嵌在运动引导层的名称栏下面，表明一种层次关系。

💡 提　示

在默认情况下，任何一个新生成的运动引导层都会自动放置在用来创建该运动引导层的普通层的上面。用户可以像操作标准图层一样重新安排它的位置，不过所有同它连接的层都将随之移动，以保持它们之间的引导与被引导关系。

创建运动引导层的过程也很简单，选中被引导层，单击 ⬝⬝ 图标添加运动引导层按钮或右击并在弹出的快捷菜单中选择【添加传统运动引导层】命令即可，如图 10-112 所示。

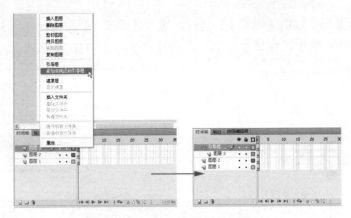

图 10-112　添加传统运动引导层

运动引导层的默认命名规则为"引导层：被引导图层名"。建立运动引导层的同时也建立了两者之间的关联，从图 10-112 中【图层 3】的标签向内缩进可以看出两者之间的关系，具有缩进的图层为被引导层，上方无缩进的图层为运动引导层。如果在运动引导层上绘制一条路径，任何同该层建立关联的层上的过渡元件都将沿这条路径运动。以后可以将任意多的标准图层关联到运动引导层，这样，所有被关联的图层上的过渡元件都共享同一条运动路径。要使更多的图层同运动引导层建立关联，只需将其拖动到引导层下即可。

制作引导层动画

下面介绍如何创建引导层动画，具体步骤如下：

01 继续上一个实例的操作，打开【效果】|【原始文件】|【Chapter10】|【素材元件.fla】文件，在【库】面板中按住 Ctrl 键选择【蝴蝶 1】、【蝴蝶 2】两个元件，如图 10-113 所示。然后按 Ctrl+C 组合键将其复制。

02 返回到动画文档中，打开【库】面板，按 Ctrl+V 组合键将元件进行粘贴，如图 10-114 所示。

图 10-113　打开素材文件

图 10-114　粘贴至【库】面板

03 在【库】面板中双击【蝴蝶1】元件，进入【蝴蝶1】面板，如图10-115所示。

04 选择蝴蝶中所有组，在第2帧插入关键帧，如图10-116所示。

图 10-115　【蝴蝶1】面板

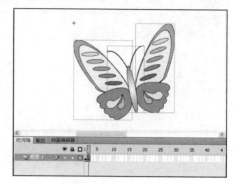

图 10-116　插入关键帧

05 选择左侧蝴蝶翅膀，打开【变形】面板，取消【缩放高度】和【缩放宽度】约束，然后将【缩放宽度】设置为50.0%，【缩放高度】设置为100.0%，打开【属性】面板，将【位置和大小】组下【X】设置为71.15，【Y】设置为45.50，如图10-117所示。

06 选择右侧蝴蝶翅膀，打开【变形】面板，取消【缩放高度】和【缩放宽度】约束，然后将【缩放宽度】设置为50.0%，【缩放高度】设置为96.0%，【旋转】设为-7.0，打开【属性】面板，将【位置和大小】组下【X】设置为160.45，【Y】设置为12.20，如图10-118所示。

图 10-117　设置【蝴蝶1】左侧翅膀关键帧

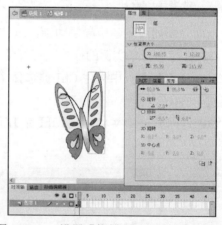

图 10-118　设置【蝴蝶1】右侧翅膀关键帧

07 在【库】面板中双击【蝴蝶2】元件，进入【蝴蝶2】面板，选择蝴蝶中所有组，在第2帧插入关键帧，选择左侧蝴蝶翅膀，打开【变形】面板，取消【缩放高度】和【缩放宽度】约束，然后将【缩放宽度】设置为50.0%，【缩放高度】设置为100.0%，打开【属性】面板，将【位置和大小】组下【X】设置为70.00，【Y】设置为43.00，如图10-119所示。

08 选择右侧蝴蝶翅膀，打开【变形】面板，取消【缩放高度】和【缩放宽度】约束，然后将【缩放宽度】设置为50.0%，【缩放高度】设置为90.0%，【旋转】设置为-11.0，打开【属性】面板，将【位置和大小】组下【X】设置为155.80，【Y】设置为11.90，如图10-120所示。

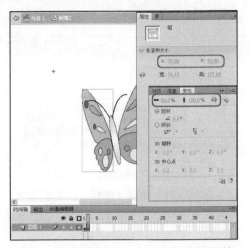

图 10-119　设置【蝴2】左侧翅膀关键帧

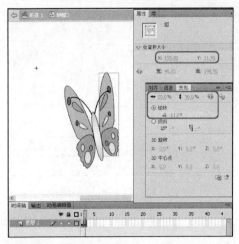

图 10-120　设置【蝴蝶 2】右侧翅膀关键帧

09 新建【图层 6】，将元件【蝴蝶】拖至图层 6 中，打开【变形】面板，将【缩放高度】和【缩放宽度】进行约束，然后将缩放数值设置为 16.0%，并调整蝴蝶位置。选择【图层 6】的第 1 帧，将其拖至第 25 帧处，如图 10-121 所示。

10 在【图层 6】名称上右击，在弹出的快捷菜单中选择【添加传统运动引导层】命令，如图 10-122 所示。

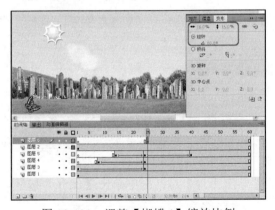

图 10-121　调整【蝴蝶 1】缩放比例

图 10-122　选择【添加传统运动引导层】命令

11 选择【引导层】的第 25 帧并右击，在弹出的快捷菜单中选择【插入关键帧】命令，然后选择工具箱中的【铅笔工具】 🖊 绘制路径，如图 10-123 所示。

12 选择【引导层】的第 60 帧并右击，在弹出的快捷菜单中选择【插入关键帧】命令，在【图层 6】的第 60 帧处插入关键帧，将第 25 帧调整为蝴蝶至路径起点，将第 60 帧调整为蝴蝶至路径终点，如图 10-124 所示。

13 在【图层 6】的第 25~40 帧之间任意位置右击，在弹出的快捷菜单中选择【创建传统补间】命令，为蝴蝶创建补间动画，如图 10-125 所示。

14 设置完成后使用相同的方法为元件【蝴蝶 2】创建引导层动画，完成后的效果如图 10-126 所示。

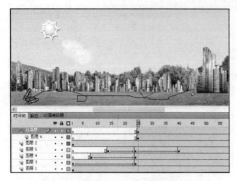

图 10-123　绘制引导层路径

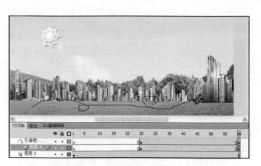

图 10-124　调整【蝴蝶 1】位置

图 10-125　创建传统补间动画

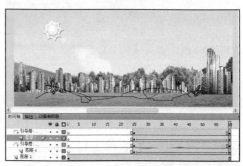

图 10-126　创建【蝴蝶 2】引导层动画

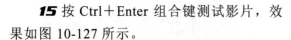

15 按 Ctrl＋Enter 组合键测试影片，效果如图 10-127 所示。

16 在菜单栏中选择【文件】|【另存为】命令，在弹出的【另存为】对话框中选择一个存储路径并为文件命名，单击【保存】按钮，如图 10-128 所示。

17 输出场景动画，在菜单栏中选择【文

图 10-127　测试影片

件】|【导出】|【导出影片】命令，在弹出的【导出影片】对话框中单击【保存】按钮，如图 10-129 所示，将动画输出。

图 10-128　【另存为】对话框

图 10-129　【导出影片】对话框

制作遮罩动画

Flash 中的遮罩是和遮罩层紧密联系在一起的。在遮罩层中的任何填充区域都是完全透明的；而任何非填充区域都是不透明的。换句话说，遮罩层中如果什么也没有，被遮层中的所有内容都不会显示出来；如果遮罩层全部填满，被遮层的所有内容都能显示出来；如果只有部分区域有内容，那么只有在有内容的部分才会显示被遮层的内容。

遮罩层动画基础

创建遮罩层很简单，只需要先创建两个图层，下方为链接层，上方为遮罩层，在上方图层名称处右击，在弹出的快捷菜单中选择【遮罩层】命令，如图 10-130 所示。此时遮罩层盖住的区域将显示出来，其余的所有内容都会被隐藏起来，如图 10-131 所示。

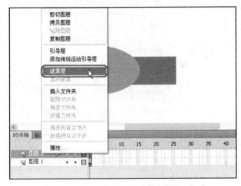

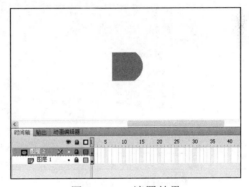

图 10-130　选择【遮罩层】命令　　　　图 10-131　遮罩效果

就像运动引导层一样，遮罩层起初与一个单独的被遮罩层关联，被遮罩层位于遮罩层的下面。遮罩层也可以与任意多个被遮罩的图层关联，仅那些与遮罩层相关联的图层会受其影响，其他所有图层（包括组成遮罩的图层下面的那些图层及与遮罩层相关联的层）将显示出来。

制作遮罩动画

下面介绍如何创建遮罩层动画，具体步骤如下：

01 继续上一个实例的操作，新建【图层 8】，选择工具箱中的【文本工具】 **T** ，在舞台中单击创建文本输入框，如图 10-132 所示。

02 在文本框中输入文本，输入完成后选择文本，打开【属性】面板，在【字符】组下进行设置，将【系列】设置为【方正行楷简体】，【大小】设置为 50 点，【颜色】设置为#FF9900，如图 10-133 所示。

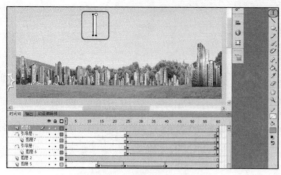

图 10-132　创建文本输入框　　　　　　　　　　图 10-133　设置文本样式

03 新建【图层 9】，选择工具箱中的【矩形工具】▢，在舞台中绘制矩形，矩形大小以可以完全遮盖住文字为准，并调整矩形的位置，如图 10-134 所示。

04 选择【图层 9】的第 30 帧并右击，在弹出的快捷菜单中选择【插入关键帧】命令，并且在该关键帧处移动绘制的矩形，将其完全遮盖住文字，如图 10-135 所示。

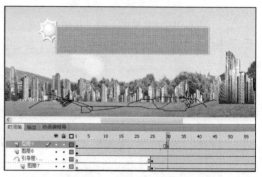

图 10-134　绘制矩形　　　　　　　　　　　图 10-135　设置矩形关键帧

05 在【图层 9】的第 1～30 帧之间任意位置右击，在弹出的快捷菜单中选择【创建传统补间】命令，为矩形创建补间动画。图 10-136 所示为第 20 帧时矩形移动的位置。

06 在【图层 9】中右击，在弹出的快捷菜单中选择【遮罩层】命令，如图 10-137 所示。

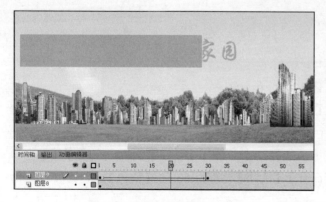

图 10-136　创建传统补间动画　　　　　　　图 10-137　选择【遮罩层】命令

07 创建遮罩层后图层将自动锁定，如果想为遮罩层添加素材则可以单击遮罩层后的锁定按钮，使图层呈可编辑状态。图 10-138 所示为第 17 帧时的遮罩动画效果。

08 按 Ctrl＋Enter 组合键测试影片，效果如图 10-139 所示。

图 10-138　遮罩效果

图 10-139　测试影片

09 在菜单栏中选择【文件】|【另存为】命令，在弹出的【另存为】对话框中选择一个存储路径并为文件命名，单击【保存】按钮，如图 10-140 所示。

10 输出场景动画，在菜单栏中选择【文件】|【导出】|【导出影片】命令，在弹出的【导出影片】对话框中单击【保存】按钮，如图 10-141 所示，将动画输出。

图 10-140　【另存为】对话框

图 10-141　【导出影片】对话框

实战应用　制作促销广告动画

通过本章的学习，基本了解了创建动画的各个方式，下面利用所学知识制作促销广告动画。

01 运行 Flash CS5.5 软件，在菜单栏中选择【文件】|【新建】命令，弹出【新建文档】对话框，将宽、高分别设置为 710 像素、410 像素，将【帧频】设置为 12.00fps，然后单击【确定】按钮，如图 10-142 所示。

02 在菜单栏中选择【文件】|【导入】|【导入到舞台】命令，弹出【导入】对话框，选择【效果】|【原始文件】|【Chapter10】|【实战应用】|【背景.jpg】文件，单击【打开】按钮，如图 10-143 所示。

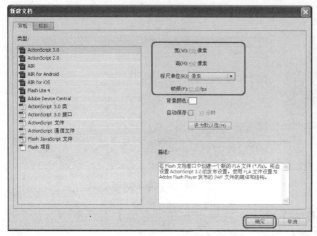

图 10-142　【新建文档】对话框

图 10-143　【导入】对话框

03 选择导入的背景图像，打开【变形】面板，将【缩放高度】和【缩放宽度】进行约束，然后将缩放数值设置为 30.0%，如图 10-144 所示。打开【对齐】面板，勾选【与舞台对齐】复选框，分别单击【水平中齐】按钮和【垂直中齐】按钮，将图像对齐至舞台中心。

04 在菜单栏中选择【文件】|【导入】|【导入到库】命令，弹出【导入到库】对话框，选择【效果】|【原始文件】|【Chapter10】|【实战应用】|【按钮.psd】文件，单击【打开】按钮，如图 10-145 所示。

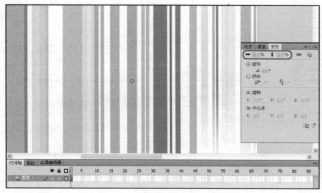

图 10-144　调整背景图像

图 10-145　【导入到库】对话框

05 弹出【将"按钮.psd"导入到库】对话框，勾选图层前的复选框，然后单击【确定】按钮，如图 10-146 所示。

06 使用相同的方法继续将其他素材导入到库中，导入完成后的【库】面板如图 10-147 所示。

图 10-146 【将"按钮.psd"导入到库】对话框　图 10-147 【库】面板

07 新建【图层 2】，在【库】面板中选择【图形】元件，将其拖至舞台中，打开【变形】面板，将【缩放高度】和【缩放宽度】进行约束，然后将缩放数值设置为 10.0%，调整其位置，如图 10-148 所示。

08 在【图层 2】名称上并右击，在弹出的快捷菜单中选择【添加传统运动引导层】命令，如图 10-149 所示。

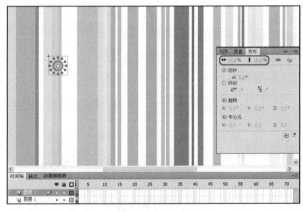

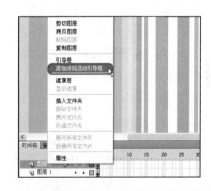

图 10-148 调整【图形】元件　图 10-149 选择【添加传统运动引导层】命令

09 选择工具箱中的【钢笔工具】，在【引导层】中绘制路径，如图 10-150 所示。

10 在【图层 1】的第 30 帧插入帧，在【图层 2】和【引导层】的第 30 帧处分别插入关键帧，选择【图层 2】的第 30 帧，拖动【图形】元件至路径另一端，如图 10-151 所示。

11 在【图层 2】的第 1～30 帧之间任意位置右击，在弹出的快捷菜单中选择【创建传统补间】命令，为图形创建补间动画，如图 10-152 所示。

12 选择第 30 帧【图形】元件，打开【属性】面板，将【色彩效果】组下【样式】设置为【Alpha】，【Alpha】值设置为 0%，如图 10-153 所示。

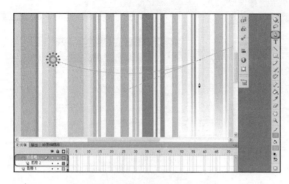

图 10-150 绘制引导路径

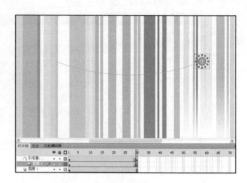

图 10-151 调整【图形】元件位置

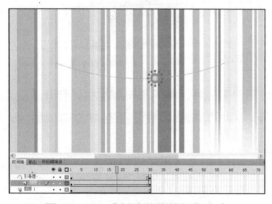

图 10-152 【创建传统补间】命令

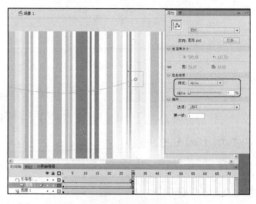

图 10-153 设置【图形】元件的 Alpha 值

13 新建【图层 3】，选择工具箱中的【文本工具】 ，在舞台中输入文字，选中输入的文字，打开【属性】面板，在【字符】组下进行设置，将【系列】设置为【汉仪行楷简】，【大小】设置为 80 点，【颜色】设置为#FF6600，并调整其位置，如图 10-154 所示。

14 在【图层 3】名称上右击，在弹出的快捷菜单中选择【拷贝图层】命令，如图 10-155 所示。

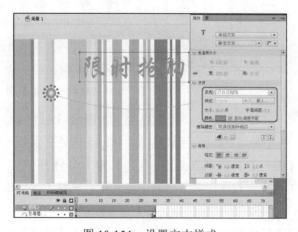

图 10-154 设置文本样式

图 10-155 选择【拷贝图层】命令

15 继续右击，在弹出的快捷菜单中选择【粘贴图层】命令，将复制的图层重命名，选择文字，打开【属性】面板，在【字符】组下将【颜色】设置为#00FFFF，如图 10-156 所示。

16 新建【图层 4】，使用工具箱中的【矩形工具】绘制多条矩形，然后将绘制的矩形成组，打开【变形】面板，调整其位置及缩放比例、旋转参数，完成后的效果如图 10-157 所示。

提 示

这里绘制的矩形作为文字上面的扫光效果，大小及样式可以自行定义，只需要在运动时将文字遮盖住即可。

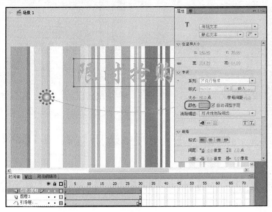

图 10-156　更改复制图层文字样式　　　　图 10-157　调整绘制矩形组

17 在【图层 4】的第 30 帧处插入关键帧，然后移动矩形位置，在第 1～30 帧之间任意位置右击，在弹出的快捷菜单中选择【创建传统补间】命令，为图形创建补间动画，如图 10-158 所示。

18 在【图层 4】中右击，在弹出的快捷菜单中选择【遮罩层】命令，将【图层 4】设置为遮罩层。图 10-159 所示为第 11 帧时的遮罩效果。

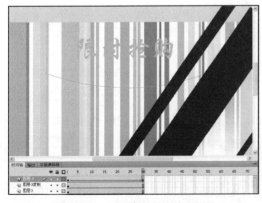
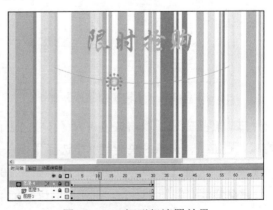

图 10-158　创建传统补间动画　　　　　　图 10-159　矩形组遮罩效果

19 新建【图层 5】，在【库】面板中将【按钮】元件拖至舞台中，打开【变形】面板，将【缩放高度】和【缩放宽度】进行约束，然后将缩放数值设置为 80.0%，如图 10-160 所示。

20 选择工具箱中的【文本工具】 T，在【按钮】元件上方输入文字，选中输入的文字，打开【属性】面板，在【字符】组下进行设置，将【系列】设置为【汉仪行楷简】，【大小】设置为 50 点，【颜色】设置为#FFFF00，并调整其位置，如图 10-161 所示。

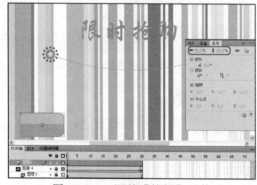

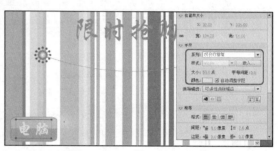

图 10-160　调整【按钮】元件　　　　　　　　图 10-161　输入按钮文字

21 将文字和【按钮】元件成组，选择成组后的按钮，在菜单栏中选择【修改】|【转换为元件】命令，如图 10-162 所示。

22 弹出【转换为元件】对话框，将【名称】命名为【按钮 1】，【类型】设置为【按钮】，然后单击【确定】按钮，如图 10-163 所示。

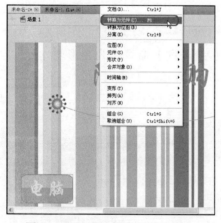

图 10-162　【转换为元件】命令　　　　　　　图 10-163　【转换为元件】对话框

23 转换完成后双击按钮进入【按钮 1】面板，在【时间轴】面板中选择【指针】下方的帧并右击，在弹出的快捷菜单中选择【插入关键帧】命令，然后在按钮上右击，在弹出的快捷菜单中选择【转换为位图】命令，如图 10-164 所示。

24 继续在按钮上右击，在弹出的快捷菜单中选择【交换位图】命令，如图 10-165 所示。

图 10-164　选择【转换为位图】命令

图 10-165　选择【交换位图】命令

25 弹出【交换位图】对话框，选择【电脑】图像，然后单击【确定】按钮，如图 10-166 所示。

26 此时该帧图像将转换为选择的图形，打开【变形】面板，将【缩放高度】和【缩放宽度】进行约束，然后将缩放数值设置为 17.0%，打开【属性】面板，将【位置和大小】组下【X】设置为 14.00，【Y】设置为-50.00，如图 10-167 所示。

图 10-166　【交换位图】对话框

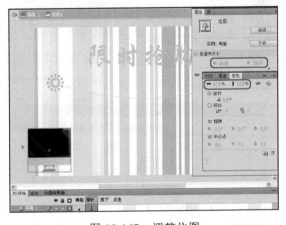

图 10-167　调整位图

27 返回到【场景 1】舞台中。按 Ctrl＋Enter 组合键测试影片，图 10-168 所示为鼠标指针经过按钮前的效果，图 10-169 所示为鼠标指针经过按钮时的效果。

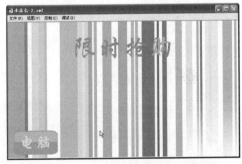

图 10-168　鼠标指针经过前的效果

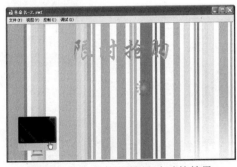

图 10-169　鼠标指针经过时的效果

28 设置完成后使用相同的方法继续创建【按钮】元件，并分别为其指定相应的位图图像，完成后的效果如图 10-170 所示。

29 设置完成后按 Ctrl＋Enter 组合键测试影片，图 10-171 所示为鼠标经过不同按钮时的效果。

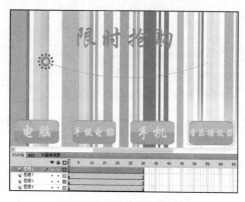

图 10-170　创建其他按钮

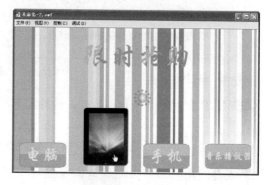

图 10-171　测试影片

30 在菜单栏中选择【文件】|【另存为】命令，在弹出的【另存为】对话框中选择一个存储路径并为文件命名，单击【保存】按钮，如图 10-172 所示。

31 输出场景动画，在菜单栏中选择【文件】|【导出】|【导出影片】命令，在弹出的【导出影片】对话框中单击【保存】按钮，如图 10-173 所示，将动画输出。

图 10-172　【另存为】对话框

图 10-173　【导出影片】对话框

11 Chapter
Photoshop CS5.1 快速入门

本章将主要介绍 Photoshop CS5.1 的入门基础知识，针对 Photoshop CS5.1 的安装、卸载、启动与退出；然后对其工作界面进行介绍。通过本章的学习，使读者对 Photoshop CS5.1 有一个初步的认识，为后面章节的学习奠定良好的基础。

Unit 01 Photoshop CS5.1 的安装、启动与退出

在学习 Photoshop CS5.1 前，首先要安装 Photoshop CS5.1 软件。下面介绍在 Microsoft Windows XP 系统中安装、启动与退出 Photoshop CS5.1 的方法。

运行环境

在 Microsoft Windows 系统中运行 Photoshop CS5.1 的配置要求如下：

- 1.6GHz 或更高处理器（包含单核支持）。
- Microsoft Windows XP（带有 Service Pack 3）、Windows Vista® 或 Windows 7。
- 1GB 内存（HD 视频功能需要 2GB 内存）。
- 4GB 可用硬盘空间（在安装过程中需要额外的可用空间）。
- 带 16 位彩色视频卡的彩色显示器。
- 1024×576 显示屏分辨率。
- 兼容 Microsoft DirectX 9 的显卡驱动程序。
- DVD-ROM 驱动器。
- 需要 Internet 连接，以使用基于 Internet 的服务。

Photoshop CS5.1 的安装

Photoshop CS5.1 是专业的设计软件，其安装方法比较标准，具体安装步骤如下：

01 在相应的文件夹下选择下载后的安装文件，双击安装文件图标，即可初始化文件，如图 11-1 所示。

02 初始化完成后将会弹出许可协议界面，单击【接受】按钮，如图 11-2 所示。

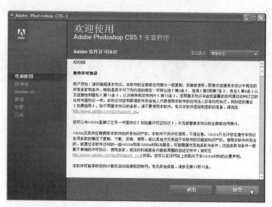

图 11-1　安装初始化　　　　　　　　　　　图 11-2　单击【接受】按钮

03 执行操作后将会弹出序列号界面，在该界面中输入序列号，将语言设置为【简体中文】，如图 11-3 所示。

04 单击【下一步】按钮，弹出 Adobe ID 界面，在该界面中输入【电子邮件】和【密码】，单击【下一步】按钮，如图 11-4 所示。

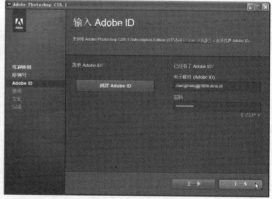

图 11-3　输入序列号　　　　　　　　　　图 11-4　输入 Adobe ID

05 执行操作后，即可弹出【安装选项】界面，在该界面中指定安装路径，如图 11-5 所示。

06 单击【安装】按钮，在弹出的【安装】界面中将显示所安装的进度，如图 11-6 所示。

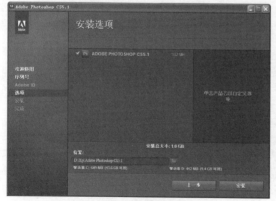

图 11-5　指定安装路径　　　　　　　　　　图 11-6　安装进度

07 安装完成后，将会弹出完成界面，单击【完成】按钮即可，如图 11-7 所示。

图 11-7　单击【完成】按钮

启动 Photoshop CS5.1

　　如果要启动 Photoshop CS5.1，可选择【开始】|【程序】|【Adobe Photoshop CS5.1】命令，如图 11-8 所示。除此之外，用户还可在桌面上双击该程序的图标，或双击与 Photoshop CS5.1 相关的文档。

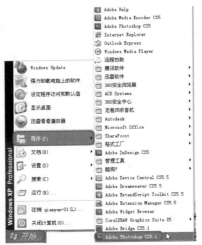

图 11-8　选择【Adobe Photoshop CS5.1】选项

退出 Photoshop CS5.1

　　如果要退出 Photoshop CS5.1，可在程序窗口中选择【文件】|【退出】命令，如图 11-9 所示。

　　用户还可以在程序窗口左上角的图标上右击，在弹出的快捷菜单中选择【关闭】命令，如图 11-10 所示。或单击程序窗口右上角的【关闭】按钮、按 Alt+F4 组合键、按 Ctrl+Q 组合键等操作退出 Photoshop CS5.1。

图 11-9　选择【退出】命令

图 11-10　选择【关闭】命令

Unit 02　辅助工具

在 Photoshop CS5.1 中，灵活地掌握标尺、参考线、网格、选框等辅助工具的使用方法，可以在处理图像的过程中精确地对图像进行定位、对齐等操作，可以更好地、有效地处理图像。

标尺

在 Photoshop 中，用户可以利用标尺精确地定位图像中的某一点以及创建参考线，本节将对其进行简单介绍。

01 在菜单栏中选择【文件】|【打开】命令，如图 11-11 所示。

02 在弹出的对话框中选择随书附带光盘中的【效果】|【原始文件】|【Chapter11】|【Unit 02】|【0014.jpg】，如图 11-12 所示。

图 11-11　选择【打开】命令

图 11-12　选择素材文件

03 单击【打开】按钮，即可打开选中的素材，如图 11-13 所示。

04 在菜单栏中选择【视图】|【标尺】命令，如图 11-14 所示，或按 Ctrl+R 组合键。

图 11-13　打开的素材文件

图 11-14　选择【标尺】命令

05 执行该命令后，即可打开标尺，效果如图 11-15 所示。

更改标尺原点（左上角标尺上的 0.0 标志）可以从图像上的特定点开始度量。例如，在左上角按住鼠标左键拖动到特定的位置然后释放鼠标，即可改变原点的位置，如图 11-16 所示。

图 11-15　打开标尺的效果

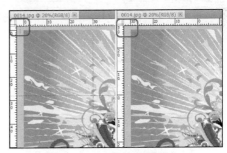

图 11-16　更改原点位置

如果需要恢复原点的位置，可在左上角的位置上双击鼠标，即可恢复原点。

提 示

标尺原点还决定网格的原点，网格的原点位置会随着标尺的原点位置而改变。

默认情况下标尺的单位是厘米，如果要改变标尺的单位，可以在标志位置右击，弹出快捷菜单，如图 11-17 所示。然后选择相应的单位即可。

图 11-17　【标尺】单位

参考线

　　当显示标尺后，用户可以在标尺中将参考线拖出，参考线是浮在整个图像上但不打印出来的线条，可以移动或删除参考线；也可以对参考线进行锁定，以免不小心移动了它。

1. 创建参考线

　　下面将介绍如何创建参考线，具体操作步骤如下：

　　01 打开随书附带光盘中的【效果】|【原始文件】|【Chapter 11】|【Unit 02】|【001.jpg】文件，从标尺处直接拖动出参考线，按住 Shift 键并拖动参考线可以使参考线与标尺对齐。

　　02 如果要精确地创建参考线，可以在菜单栏中选择【视图】|【新建参考线】命令，如图 11-18 所示。

　　03 执行该命令后，即可弹出【新建参考线】对话框，在该对话框中输入相应的【水平】和【垂直】参考线数值，如图 11-19 所示。

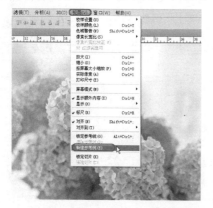

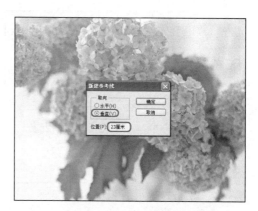

图 11-18　选择【新建参考线】命令　　　　　　图 11-19　【新建参考线】对话框

　　04 输入完成后，单击【确定】按钮，即可创建参考线，创建参考线后的效果如图 11-20 所示。用户可以使用同样的方法创建水平参考线。

图 11-20　创建参考线的效果

2．删除参考线

在 Photoshop 中，用户可以随意对参考线进行删除。下面将介绍如何删除参考线，具体操作步骤如下：

01 在工具箱中选择【移动工具】 ，在工作窗口中选择要删除的参考线，如图 11-21 所示。

02 将参考线拖动到标尺位置，可以一次删除一条参考线，，或在菜单栏中选择【视图】|【清除参考线】命令，如图 11-22 所示，可以一次将图像窗口中的所有参考线全部删除。

图 11-21　选择要删除的参考线

3．定参考线

在 Photoshop 中，为了避免不小心移动参考线，可通过在菜单栏中选择【视图】|【锁定参考线】命令将参考线锁定。如图 11-23 所示。

图 11-22　选择【清除参考线】命令

图 11-23　选择【锁定参考线】命令

网格

在 Photoshop 中，网格可以把画布平均分成若干块同样大小的区域，这样将有利于制作时对准图像，同时可以有利于选择较好的构图比例，网格在默认的情况下显示为不打印出来的线条，但也可以显示为点。使用网格可以查看和跟踪图像扭曲的情况。显示网格的具体操作步骤如下：

01 打开一幅素材图片，选择【视图】|【显示】|【网格】命令或使用快捷键 Ctrl+'，如图 11-24 所示。

02 执行该命令后，即可显示网格，显示网格后的效果如图 11-25 所示。

图 11-24 选择【网格】命令

图 11-25 显示网格后的效果

网格有三种显示形式，分别为直线、虚线和网点。可以在菜单栏中选择【编辑】|【首选项】|【参考线、网格和切片】命令，如图 11-26 所示。在弹出的【首选项】对话框中选择【参考线、网格和切片】选项卡，在【网格】选项区域的【样式】下拉菜单中可以设置参考线样式，如图 11-27 所示。当将参考线设置为【虚线】和【网点】时的效果如图 11-28 和图 11-29 所示。同时，用户还可以在【首选项】话框中设定网格的大小和颜色。

图 11-26 选择【参考线、网格和切片】命令

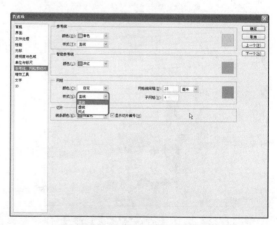

图 11-27 【样式】下拉菜单

图 11-28 虚线显示效果

图 11-29 网点显示效果

如果需要取消网格的显示，可在菜单栏中选择【视图】|
【显示】|【网格】命令，如图 11-30 所示，取消【网格】前面
的勾选，即可取消网格显示。

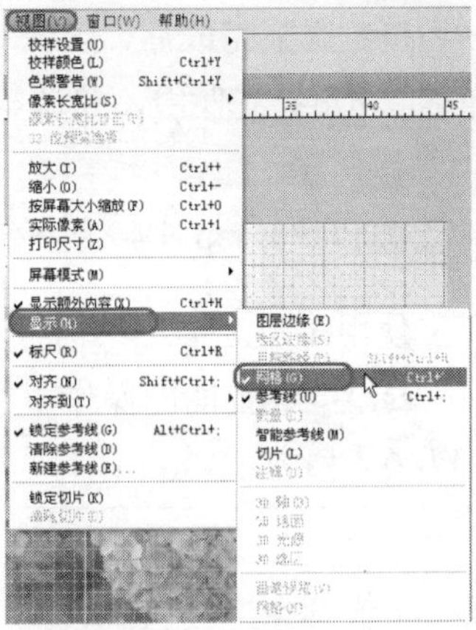

使用选框工具

在 Photoshop 中，选区可以将操作限制在指定的区域内，
可以有效地帮助用户处理图像的局部，Photoshop 中有很多
创建选区的工具，其中包括：矩形选框工具、椭圆选框工具、
单行选框工具和单列选框工具，下面分别进行介绍。

1. 矩形选框工具

图 11-30　选择【网格】命令

矩形选框工具 用来创建矩形和正方形选区，下面来学习一下矩形选框工具的实际操作。

01 启动 Photoshop CS5.1，按 Ctrl+O 组合键打开随书附带光盘中的【效果】|【原始文件】|
【Chapter11】|【Unit 02】|【未命名-2.psd】和【0017.jpg】，如图 11-31 和图 11-32 所示。

图 11-31　打开的【未命名-2.psd】素材文件

图 11-32　打开的【0017.jpg】素材文件

02 单击工具箱中的【矩形选框工具】，在属性栏中将【羽化】设置为 50，然后在【未
命名-2.psd】文件左上角单击鼠标左键并向右下角拖动，创建一个矩形选区，如图 11-33 所示。

03 创建完成后，将鼠标指针移至选区中，当鼠标指针变为 形状时，单击鼠标并拖动
选区，将其移动至素材【0017.jpg】文件中，并调整其位置，如图 11-34 所示。

图 11-33　创建选区

图 11-34　调整选区的位置

04 调整完成后，按住 Ctrl 键，当鼠标指针变为 ▶ 形状时，将选区中的图像拖动到【未命名-2.psd】文件中，并调整其位置，如图 11-35 所示。

提 示

在 Photoshop 中，当在绘制选区时，按住 Alt 键即可以光标所在位置为中心进行绘制。

使用矩形选框工具也可以绘制正方形，下面介绍正方形的绘制。

01 继续上面的操作，在工具箱中单击【矩形选框工具】 □，在属性栏中将【羽化】设置为 0，如图 11-36 所示。

图 11-35　调整后的效果

图 11-36　设置羽化值

02 在文档窗口中按住 Shift 键在图片中创建选区，即可绘制正方形选区，如图 11-37 所示。

注 意

如果当前的图像中存在选区，就应该在创建选区的过程中再按下 Shift 键或 Alt 键；如果创建选区前按下该键，则新建的选区会与原有的选区发生运算。

2．椭圆选框工具

椭圆选框工具 ◯ 用于创建椭圆形和圆形选区，该工具的使用方法与矩形选框工具完全相同。下面将介绍椭圆选框工具的使用方法，具体操作步骤如下：

01 启动 Photoshop CS5.1，按 Ctrl+O 组合键打开随书附带光盘中的【效果】|【原始文件】|【Chapter11】|【Unit 02】|【002.jpg】和【003.jpg】，如图 11-38 和图 11-39 所示。

图 11-37　创建正方形选区

图 11-38　打开的【002.jpg】素材文件

02 选择工具箱中的【椭圆选框工具】◎，在属性栏中使用默认参数，在【003.jpg】素材图片中按住 Shift 键绘制选区，如图 11-40 所示。

👆 **提　示**

在绘制椭圆选区时，按住 Shift 键的同时拖动鼠标可以创建圆形选区；按住 Alt 键的同时拖动鼠标会以光标所在位置为中心创建选区，按住 Alt+Shift 键同时拖动鼠标，会以光标所在位置点为中心绘制圆形选区。

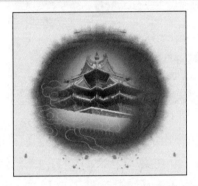 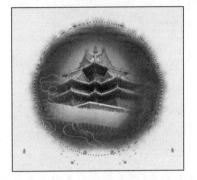

　　图 11-39　打开的【003.jpg】素材文件　　　　　　　图 11-40　　创建选区

03 按住 Ctrl 键，当鼠标指针变为 ⛏ 形状时，将选区中的图像拖动到【002.jpg】文件中，并调整其位置及大小，如图 11-41 所示。

04 按 F7 键打开【图层】面板，在该面板中单击【添加图层面板】按钮 ◻，如图 11-42 所示。

　　图 11-41　调整图像的位置及大小　　　　　　图 11-42　　单击【添加图层面板】按钮

05 添加完成后，在工具箱中单击【渐变工具】▬，在属性栏中单击渐变色条，在弹出的对话框中将左侧色标的 RGB 值设置为 255、255、255，将其位置调整为 68，将右侧色标的 RGB 值设置为 0、0、0，如图 11-43 所示。

06 设置完成后，单击【确定】按钮，在图层 1 的中心位置单击鼠标并进行拖动，在合适的位置上释放鼠标，完成后的效果如图 11-44 所示。

　　椭圆选区工具选项栏与矩形选框工具选项栏的选项相同，但是该工具增加了【消除锯齿】功能，由于像素为正方形并且是构成图像的最小元素，所以当创建圆形或者多边形等不规则图形选区时很容易出现锯齿效果，此时勾选该复选框，会自动在选区边缘 1 像素的范围内添加于周围相近的颜色，这样就可以使产生锯齿的选区变得平滑。

3．单行选框工具

单行选框工具只能是创建高度为 1 像素的行选区，当在文件中单击时即可创建像素为 1 的选区，下面通过实例来了解创建行选区。

图 11-43　【渐变编辑器】对话框

图 11-44　完成后的效果

01 启动 Photoshop CS5.1，按 Ctrl+N 组合键，在弹出的对话框中将【宽度】和【高度】分别设置为 29 厘米、21 厘米，将【分辨率】设置为 300 像素/英寸，如图 11-45 所示。

02 设置完成后，单击【确定】按钮，在工具箱中单击【单行选框工具】，在属性栏中使用默认参数，单击鼠标，即可创建选区，如图 11-46 所示。

图 11-45　【新建】对话框　　　　图 11-46　创建选区

03 在文档窗口中右击，在弹出的快捷菜单中选择【变换选区】命令，如图 11-47 所示。

04 在文档窗口中调整其大小及宽度，在工具箱中将【前景色】的 RGB 值设置为 191、211、0，按 Alt+Delete 组合键填充前景色，如图 11-48 所示。

图 11-47　选择【变换选区】命令

图 11-48　填充前景色

05 使用同样的方法创建其他的选区，并填充不同的颜色，完成后的效果如图 11-49 所示。

4．单列选框工具

单列选框工具 和单行选框工具 的用法一样，可以精确地绘制一行或者一列像素，填充选区后能够得到一条水平线或垂直线，其通常用来制作网格，在板式设计和网页设计中经常使用该工具绘制直线，如图 11-50 所示。

图 11-49　完成后的效果　　　　　图 11-50　使用单列选框工具后的效果

Unit 03　填充颜色

在 Photoshop CS5.1 中，颜色的选择是设计的关键，选择好的颜色搭配能够在众多设计作品中脱颖而出，本节将对颜色的填充进行简单的介绍。

前景色与背景色

工具箱底部有两个重叠在一起的小方块，它们用来设置前景色和背景色，如图 11-51 所示。

默认情况下，前景色为黑色，背景色为白色。如果要修改前景色，可以单击前景色图标，单击该图标后会弹出相应的对话框，如图 11-52 所示；如果要修改背景色，则单击背景色图标，单击该图标后会弹出相应的对话框，如图 11-53 所示，在该对话框中进行设置即可。

默认前景色和背景色
切换前景色和背景色
设置前景色
设置背景色

图 11-51　前景色与背景色窗口

单击切换前景色和背景色图标 ，或者按下 X 键，可以切换前景色与背景色的颜色，如图 11-54 所示。

不论当前使用什么颜色的前景色和背景色，只要单击默认前景色和背景色图标 ，或者按下 D 键，即可将前景色和背景色恢复为默认的颜色，即前景色为黑色，背景色为白色，如图 11-55 所示。

图 11-52　单击前景色所弹出的对话框

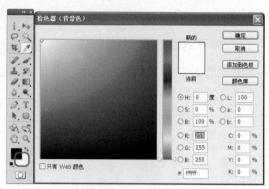

图 11-53　单击背景色所弹出的对话框

图 11-54　切换前景色和背景色

图 11-55　将前景色和背景色恢复为默认的颜色

下面将介绍如何使用前景色和背景色进行填充，具体操作步骤如下：

01 启动 Photoshop CS5.1 后，按 Ctrl+O 组合键打开随书附带光盘中的【效果】|【原始文件】|【Chapter11】|【Unit 03】|【001.psd】，如图 11-56 所示。

02 在工具箱中单击前景色的图标，在弹出的对话框中将 RGB 值设置为 135、203、248，如图 11-57 所示。

图 11-56　打开的素材

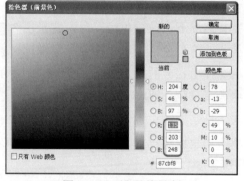

图 11-57　设置前景色

03 设置完成后，单击【确定】按钮，打开【图层】面板，在该面板中单击【创建新图层】按钮 ，将【图层 1】调整到【图层 0】的下方，如图 11-58 所示。

04 调整完成后，按 Alt+Delete 组合键填充前景色，填充颜色后的效果如图 11-59 所示。

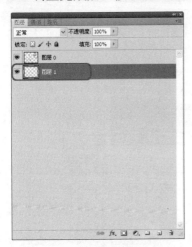

图 11-58 调整图层的位置 图 11-59 填充前景色

05 然后在工具箱中单击背景色的色标，在弹出的对话框中将 RGB 值设置为 194、211、73，如图 11-60 所示。

06 设置完成后，单击【确定】按钮，在【图层】面板中单击【图层 1】，按 Ctrl+Delete 组合键填充背景色，完成后的效果如图 11-61 所示。

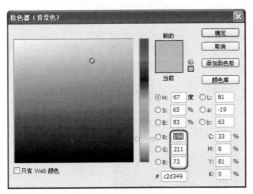

图 11-60 设置背景色 图 11-61 填充背景色后的效果

使用拾色器

【拾色器】用来设置前景色、背景色和文本的颜色，也可以为不同的工具、命令和选项设置目标颜色。下面将简单介绍拾色器的使用，具体步骤如下：

01 单击工具箱中的前景色或背景色图标，可以打开【拾色器】对话框，在【拾色器】对话框中，拖动颜色滑块，或者在竖直的渐变条上单击可以选择颜色范围，如图 11-62 所示。

02 设置颜色范围后，将光标放在色域中，光标会变为一个空心圆，单击鼠标可在选定的颜色范围内设置当前颜色，单击后拖动鼠标还可以调整颜色的深浅，如图 11-63 所示。

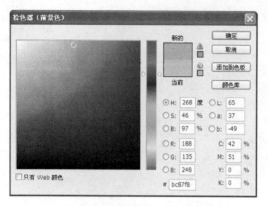

图 11-62　选择的颜色范围　　　　　　　　　图 11-63　颜色变浅

提　示

单击【添加到色板】按钮，可以将当前设置的颜色添加到【色板】调板，使之成为【色板】调板中的预设颜色。

03 如果要调整颜色的饱和度和亮度，则可以在对话框中的【S】或【B】数值框中输入百分比值（S 代表了饱和度、B 代表了亮度），也可以选择【S】或【B】单选按钮，然后拖动竖直的渐变条进行调整。例如，图 11-64 所示为当前选择的颜色，如果要调整它的饱和度，可以在【S】数值框中输入百分比值，如图 11-65 所示；或者勾选【S】单选按钮，然后拖动渐变条来进行调整，调整颜色的亮度的方法与上述一样，这里就不再进行介绍了。

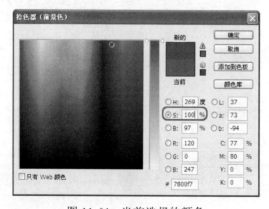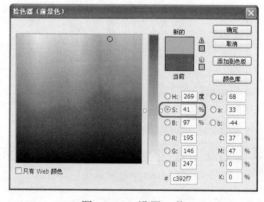

图 11-64　当前选择的颜色　　　　　　　　　图 11-65　设置 S 值

提　示

在【拾色器】对话框中，色相【H】是以 0 度到 360 度的角度（对应于色轮上的位置）来定义色相的。因此，调整 H 的度数值即可调整色相。

吸管工具

吸管工具 ✐ 可以从当前图像或屏幕的任何位置采集色样，然后将其设置为前景色或背景色。选择该工具后，将光标放在图像上单击，可以拾取单击点的颜色并将其设置为前景色，如图 11-66 所示，按住 Alt 键单击，则将拾取的颜色设置为背景色，如图 11-67 所示。

图 11-66 设置前景色

图 11-67 设置背景色

吸管工具选项栏如图 11-68 所示。

图 11-68 吸管工具属性栏

- 取样大小：它决定了吸管工具的取样范围。选择【取样点】选项，可拾取光标所在位置像素的精确颜色；选择【3×3 平均】选项，可拾取光标所在位置 3 个像素区域内的平均颜色；选择【5×5 平均】选项，可拾取光标所在位置 5 个像素区域内的平均颜色，其他项依此类推。
- 样本：选择【所有图层】选项，表示可在所有图层上取样；选择【当前图层】选项，表示只能在当前图层上取样。
- 显示取样环：勾选该复选框，在吸取颜色后可预览取样颜色的圆环。但是此选项只有启用 OpenGL 后才可使用。

渐变工具

　　渐变工具是用来在选区内或在整个文档中填充渐变颜色的，渐变是一种颜色向另一种颜色实现的过渡，以形成一种柔和的或者特殊规律的色彩区域，就是一种渐变的过渡效果。渐变工具可以创建多种颜色间的逐渐混合，用户可以从预设渐变填充中选取或根据需要自己创建渐变色。下面介绍渐变工具的使用方法。

　　01 启动 Photoshop CS5.1 后，按 Ctrl+O 组合键打开随书附带光盘中的【效果】|【原始文件】|【Chapter11】|【Unit 03】|【002.psd】，如图 11-69 所示。

　　02 在工具箱中单击【渐变工具】，在工具属性栏中单击渐变色条，在弹出的对话框中将左侧色标的 RGB 值设置为 219、240、250，在渐变色条的中间位置上单击，添加一个色标，将其 RGB 值设置为 35、170、224，将其位置设置为 50，将右侧色标的 RGB 值设置为 13、99、175，如图 11-70 所示。

图 11-69　打开的素材文件　　　　　图 11-70　【渐变编辑器】对话框

03 设置完成后，单击【确定】按钮，在工具属性栏中单击【径向渐变】按钮■，打开【图层】面板，在该面板中单击【创建新图层】按钮　　，将【图层 1】调整到【背景】的上方，如图 11-71 所示。

04 调整完成后，在文档窗口中按住鼠标进行拖动，即可填充设置的渐变颜色，填充后的效果如图 11-72 所示。

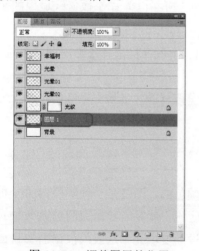

图 11-71　调整图层的位置　　　　　图 11-72　填充渐变色后的效果

Unit 04　对图的修饰

在 Photoshop CS5.1 中，提供了完善图像处理修饰的工具，用户可以通过使用 Photoshop CS5.1 提供的修饰工具对图像进行修饰和修复操作，本节将对其进行简单介绍。

移动工具

通过移动工具 ![移动] 可以来移动没有锁定的图层图片、选区，以此来显示所需要显示的部分。下面将介绍移动工具的使用方法，具体操作步骤如下：

01 启动 Photoshop CS5.1 后，按 Ctrl+O 组合键打开随书附带光盘中的【效果】|【原始文件】|【Chapter11】|【Unit 04】|【001.psd】和【0012.jpg】，如图 11-73 和图 11-74 所示。

图 11-73　【001.psd】素材

图 11-74　【0012.jpg】文件

02 单击工具箱中的【移动工具】 ![移动]，在【001.psd】素材文件中的【图层】面板中选择【气球】，如图 11-75 所示。

03 按住鼠标向【0012.jpg】素材文件中拖动，在合适的位置上释放鼠标，并调整其位置和大小，效果如图 11-76 所示。

图 11-75　选择【气球】

图 11-76　完成后的效果

提　示

当使用【移动工具】 ![移动] 时，每按一下键盘中的上、下、左、右方向键，图像就会移动一个像素的距离；按住【Shift】键的同时再按方向键，图像每次会移动 10 个像素的距离。

裁剪工具

裁剪是移去部分图像，以形成突出或加强构图效果显示，裁剪工具可以保留图像中需要的部分，剪去不需要的内容。使用裁剪工具的具体步骤如下：

01 继续上面的操作，在工具箱中单击【裁剪工具】 ，如图 11-77 所示。

02 在文档窗口中按住鼠标进行拖动，在合适的位置上释放鼠标，即可创建一个虚线框，如图 11-78 所示

03 确认选区后，按 Enter 键确认，即可对素材图形进行裁剪，完成后的效果如图 11-79 所示。

在 Photoshop CS5.1 中，用户可以随意调整裁切选框，如果要将裁切选框移动到其他位置，则可将指针放在裁切选框内并拖动。如果要缩放选框，则可拖移手柄。

图 11-77　单击【裁剪工具】

当在拖动手柄时，按住 Shift 键即可约束其缩放的比例。如果要旋转选框，则可将指针放在裁切选框外（指针变为弯曲的箭头形状）并拖动。

如果要移动选框旋转时所围绕的中心点，则可拖动位于裁切选框中心的圆。用户还可以在拖动鼠标时按住空格键进行移动。

图 11-78　创建选区

图 11-79　完成后的效果

污点修复画笔工具

在 Photoshop CS5.1 中，用户可以通过使用污点修复画笔工具快速移去图像或照片中的污点和其他不理想的部分，污点修复画笔工具使用图像或图案中的样本像素进行绘画，该工具可以自动从所修饰区域的周围取样，下面将介绍污点修复画笔工具的使用方法。

01 启动 Photoshop CS5.1 后，按 Ctrl+O 组合键打开随书附带光盘中的【效果】|【原始文件】|【Chapter11】|【Unit 04】|【000.jpg】，如图 11-80 所示。

02 打开素材文件后，在工具箱中单击【污点修复画笔工具】 ，如图 11-81 所示。

图 11-80　打开的素材文件　　　　　　　图 11-81　单击【污点修复画笔工具】

03 在工具属性栏中将画笔大小设置为 500，在文档窗口中对需要移去的部分进行涂抹，如图 11-82 所示。

04 在释放鼠标后，系统会自动进行修复，修复后的效果如图 11-83 所示。

图 11-82　涂抹要移除的部分　　　　　　　图 11-83　完成后的效果

修复画笔工具

修复画笔工具与仿制图章工具一样，也可以利用图像或图案中的样本像素来绘画，但是修复画笔工具可将样本像素的纹理、光照、透明度和阴影等与源像素进行匹配，从而使修复后的像素不留痕迹地融入图像的其余部分。下面将介绍修复画笔工具的使用方法，具体步骤如下：

01 继续上面的操作，在工具箱中的【污点修复画笔工具】 上右击，在弹出的列表中选择【修复画笔工具】 ，如图 11-84 所示。

02 在文档窗口中按住 Alt 键进行取样，连续单击鼠标对图像中较小的蝴蝶进行修复，修复后的效果如图 11-85 所示。

图 11-84　选择【修复画笔工具】　　　　　　　图 11-85　修复后的效果

修补工具

　　修补工具可以用其他区域或其他图案中的像素来修补选中的区域,像修复画笔工具一样,修补工具会将样本像素的纹理、光照和阴影等与源像素进行匹配,还可以使用修补工具来仿制图像的隔离区域,下面将介绍修补工具的使用方法。

　　01 启动 Photoshop CS5.1 后,按 Ctrl+O 组合键打开随书附带光盘中的【效果】|【原始文件】|【Chapter11】|【Unit 04】|【002.jpg】,如图 11-86 所示。

　　02 在工具箱中单击【修补工具】 ,在文档窗口中按住鼠标对如图 11-87 所示的对象进行选取。

　　03 向右移动选区,在合适的位置上释放鼠

图 11-86　打开的素材文件

标,按 Ctrl+D 组合键取消选区即可,修补后的效果如图 11-88 所示。

图 11-87　选取对象　　　　　　　　　　　图 11-88　修补后的效果

 提　示

　　当利用修补工具修复图像时,创建的选区和方法与工具无关,只要有选区即可。

　　无论是用仿制图章工具、修复画笔工具还是修补工具修复图像的边缘,都应该结合选区完成。

红眼工具

　　红眼工具可移去用闪光灯拍摄的人物照片中的红眼，也可以移去用闪光灯拍摄的动物照片中的白色或绿色反光。红眼是由于相机闪光灯在主体视网膜上反光引起的。当人处在较暗处时瞳孔会自动放大，以看清景物。用闪光灯拍照时，瞬间的强光瞳孔来不及收缩，光线透过瞳孔投射到视网膜上，视网膜上的血管很丰富，拍出的照片眼珠是红色的，因此为了避免红眼，应使用相机的红眼消除功能，或者最好使用可安装在相机上远离相机镜头位置的独立闪光装置。下面将介绍红眼工具的使用方法。

　　01 启动 Photoshop CS5.1 后，按 Ctrl+O 组合键打开随书附带光盘中的【效果】|【原始文件】|【Chapter11】|【Unit 04】|【003.jpg】，如图 11-89 所示。

　　02 在工具箱中单击【红眼工具】，在照片中人物的眼睛上单击，即可消除素材图像中人物的红眼，效果如图 11-90 所示。

图 11-89　打开的素材文件

图 11-90　完成后的效果

仿制图章工具

　　在 Photoshop CS5.1 中，【仿制图章工具】可以从图像中复制信息，然后应用到其他区域或者其他图像中，该工具常用于复制对象或去除图像中的缺陷。下面将介绍仿制图章工具的使用方法。

　　01 启动 Photoshop CS5.1 后，按 Ctrl+O 组合键打开随书附带光盘中的【效果】|【原始文件】|【Chapter11】|【Unit 04】|【004.jpg】，如图 11-91 所示。

　　02 在工具箱中单击【仿制图章工具】，在工具属性栏中将大小设置为 125，将硬度设置为 100，如图 11-92 所示。

图 11-91　打开的素材文件

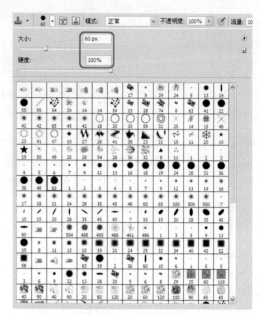

图 11-92　设置笔触

03 设置完成后，按住 Alt 键对如图 11-93 所示的位置处进行取样。

04 然后在其他位置上进行涂抹，完成后的效果如图 11-94 所示。

图 11-93　进行取样

图 11-94　完成后的效果

图案图章工具

在 Photoshop CS5.1 中，图案图章工具 可以利用 Photoshop 提供的图案或自定义的图案进行绘制，下面将介绍图案图章工具的使用方法。

01 启动 Photoshop CS5.1 后，按 Ctrl+O 组合键打开随书附带光盘中的【效果】|【原始文件】|【Chapter11】|【Unit 04】|【005.psd】，如图 11-95 所示。

02 在菜单栏中选择【编辑】|【定义图案】命令，如图 11-96 所示。

图 11-95   打开的素材文件

图 11-96   选择【定义图案】命令

03 在弹出的对话框中单击【确定】按钮，在【图层】面板中选择【背景】，在菜单栏中选择【图像】|【调整】|【去色】命令，如图 11-97 所示。

04 在工具箱中单击【图案图章工具】，在工具属性栏中将图案定义为 005.psd，如图 11-98 所示。

图 11-97   选择【去色】命令

图 11-98   定义图案

05 在文档窗口中对树进行涂抹，涂抹完成后的效果如图 11-99 所示。最终效果如图 11-100 所示。

图 11-99   涂抹完成后的效果

图 11-100   完成后的效果

橡皮擦工具

橡皮擦工具可将像素更改为背景色或透明。如果用户在背景中或已锁定透明度的图层中工作，像素将更改为背景色；否则，像素将被抹成透明。下面介绍橡皮擦工具的使用方法。

01 启动 Photoshop CS5.1 后，按 Ctrl+O 组合键打开随书附带光盘中的【效果】|【原始文件】|【Chapter11】|【Unit 04】|【006.jpg】，如图 11-101 所示。

02 在工具箱中单击【橡皮擦工具】，在工具属性栏将大小设置为 245，将硬度设置为 100，如图 11-102 所示。

图 11-101　打开素材文件

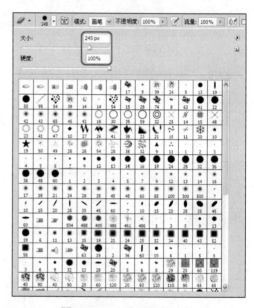

图 11-102　设置画笔大小

03 在工具箱中单击【背景色】，在弹出的对话框中将背景色的 RGB 值设置为 255、255、255，如图 11-103 所示。

04 在素材文件中进行涂抹，完成后的效果如图 11-104 所示。

图 11-103　设置背景色

图 11-104　完成后的效果

背景色橡皮擦工具

背景色橡皮擦工具是一种可以擦除指定颜色的擦除器，这个指定颜色叫做标本色，表示背景色。使用背景色橡皮擦工具可以进行选择性的擦除。

背景色橡皮擦工具只擦除了黑色区域，其擦除功能非常灵活，在一些情况下可以达到事半功倍的效果。

背景色橡皮擦工具的属性栏如图 11-105 所示，其中包括：【画笔】设置项、【限制】下拉列表、【容差】设置框、【保护前景色】复选框以及取样设置等。

图 11-105　背景色橡皮擦工具选项栏

- 【画笔】设置项：用于选择画笔的形状以及设置画笔的大小等操作。
- 【连续】：单击此按钮，擦除时会自动选择所擦除的颜色为标本色，此按钮用于抹去不同颜色的相邻范围。在擦除一种颜色时，背景色橡皮擦工具不能超过这种颜色与其他颜色的边界而完全进入另一种颜色，因为这时已不再满足相邻范围的这个条件。当背景色橡皮擦工具完全进入另一种颜色时，标本色即随之变为当前颜色，也就是说，现在所在颜色的相邻范围为可擦除的范围。
- 【一次】：单击此按钮，擦除时首先在要擦除的颜色上单击以选定标本色，这时标本色已固定，然后就可以在图像上擦除与标本色相同的颜色范围了。每次单击选定标本色只能做一次连续的擦除，如果想继续擦除，则必须重新单击选定标本色。
- 【背景色板】：单击此按钮，也就是在擦除之前选定好背景色（即选定好标本色），然后就可以擦除与背景色相同的色彩范围了。
- 【限制】下拉列表：用于选择背景色橡皮擦工具的擦除界限，包括以下 3 个选项。
  - ➢ 【不连续】：在选定的色彩范围内，可以多次重复擦除。
  - ➢ 【连续】：在选定的色彩范围内，只可以进行一次擦除，也就是说，必须在选定的标本色内连续擦除。
  - ➢ 【查找边界】：在擦除时，保持边界的锐度。
- 【容差】设置框：可以输入数值或者拖动滑块来调节容差。数值越低，擦除的范围越接近标本色。大的容差会把其他颜色擦成半透明的效果。
- 【保护前景色】复选框：用于保护前景色，使之不会被擦除。

在 Photoshop 中是不支持背景层有透明部分的，而背景色橡皮擦工具则可直接在背景层上擦除，擦除后，Photoshop 会自动把背景层转换为一般层。

魔术橡皮擦工具

当使用魔术橡皮擦工具在图层中单击时，该工具会将所有相似的像素更改为透明。如果在背景中单击，则可以将背景转换为图层并将所有相似的像素更改为透明。下面介绍魔术橡皮擦工具的使用方法。

01 继续上面的操作，在工具箱中选择【魔术橡皮擦工具】，如图 11-106 所示。

02 使用其默认的参数设置，在素材图片中的空白位置上单击，即可将其擦除，效果如图 11-107 所示。

图 11-106　选择【魔术橡皮擦工具】　　　　图 11-107　完成后的效果

模糊工具

模糊工具可以柔化图像中清晰的边缘或降低其明显度。使用该工具在某一区域上涂抹的次数越多，该区域就会变得越模糊。下面介绍模糊工具的使用方法。

01 启动 Photoshop CS5.1 后，按 Ctrl+O 组合键打开随书附带光盘中的【效果】|【原始文件】|【Chapter11】|【Unit 04】|【007.jpg】，如图 11-108 所示。

02 在工具箱中选择【模糊工具】 ，在工具属性栏中将大小设置为 70，将硬度设置为 0，如图 11-109 所示。

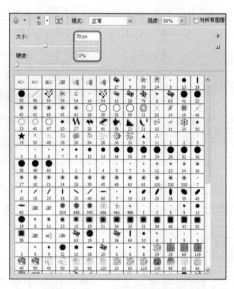

图 11-108　打开的素材文件　　　　图 11-109　设置笔触大小

03 设置完成后，在素材文件中对背景进行涂抹，完成后的效果如图 11-110 所示。

图 11-110　完成后的效果

涂抹工具

涂抹工具可以模拟手指拖过湿油漆时呈现的效果，下面介绍涂抹工具的使用方法，具体步骤如下。

01 启动 Photoshop CS5.1 后，按 Ctrl+O 组合键打开随书附带光盘中的【效果】|【原始文件】|【Chapter11】|【Unit 04】|【008.psd】，如图 11-111 所示。

02 在工具箱中单击【涂抹工具】，在工具属性栏中将大小设置为 200，将硬度设置为 0，将强度设置为 48，如图 11-112 所示。

03 在【图层】面板中选择【图层 1】，在素材图片中进行涂抹，完成后的效果如图 11-113 所示。

图 11-111　打开的素材文件

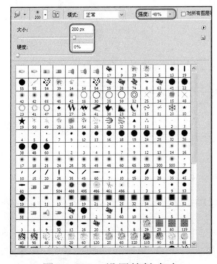

图 11-112　设置笔触大小

图 11-113　完成后的效果

加深和减淡工具

加深工具和减淡工具是用于修饰图像的工具，它们基于调节照片特定区域曝光度的传统摄影技术来改变图像的曝光度，使图像变暗或变亮。选择这两个工具后，在画面涂抹即可进行加深和减淡的处理，在某个区域上方涂抹的次数越多，该区域就会变得更暗或更亮。下面将介绍减淡工具的使用方法。加深工具的使用方法与减淡工具的使用方法相同，在此就不再进行赘述。

图 11-114　打开的素材文件

01 启动 Photoshop CS5.1 后，按 Ctrl+O 组合键打开随书附带光盘中的【效果】|【原始文件】|【Chapter11】|【Unit 04】|【009.jpg】，如图 11-114 所示。

02 在工具箱中单击【减淡工具】，在工具属性栏中将大小设置为 100，将硬度设置为 0，将曝光度设置为 100，如图 11-115 所示。

03 在工作区中对素材文件进行涂抹，完成后的效果如图 11-116 所示。

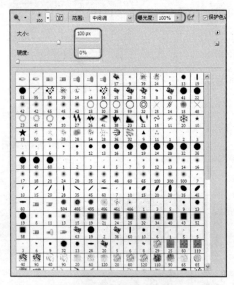

图 11-115　设置笔触大小

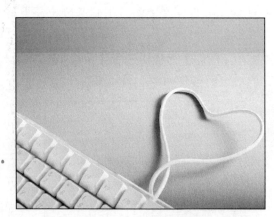

图 11-116　完成后的效果

历史记录画笔工具

历史记录画笔工具可以将图像恢复到编辑过程中的某一状态，或者将部分图像恢复为原样，下面将介绍历史记录画笔工具的使用方法。

01 启动 Photoshop CS5.1 后，按 Ctrl+O 组合键打开随书附带光盘中的【效果】|【原始文件】|【Chapter11】|【Unit 04】|【010.jpg】，如图 11-117 所示。

02 在菜单栏中选择【图像】|【调整】|【黑白】命令，如图 11-118 所示。

图 11-117　打开的素材文件

图 11-118　选择【黑白】命令

03 在工具箱中单击【矩形选框工具】，在文档窗口中进行框选，如图 11-119 所示。

04 在工具箱中单击【历史记录画笔工具】，在工具属性栏中将大小设置为 90，将硬度设置为 0，如图 11-120 所示。

05 设置完成后，在矩形选框中进行涂抹，涂抹完成后，按 Ctrl+D 组合键取消选区，效果如图 11-121 所示。

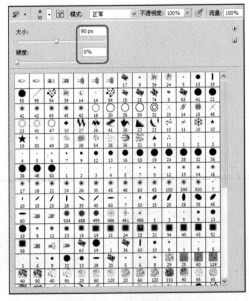

图 11-120　设置笔触大小

图 11-119　对素材文件进行框选

图 11-121　完成后的效果

实战应用 制作导航栏

在网页中，导航栏的风格往往决定了整个网站的风格，因此设计者也会投入很多的时间和精力来制作各种样式的导航栏，本案例将介绍如何制作网页中的导航栏，其效果如图 11-122 所示，具体操作步骤如下：

图 11-122　导航栏效果

01 启动 Photoshop CS5.1，在菜单栏中选择【文件】|【打开】命令，如图 11-123 所示。

02 在弹出的对话框中将【宽度】和【高度】分别设置为 48 厘米、21.5 厘米，将【分辨率】设置为 72 像素/英寸，将【背景内容】设置为【透明】，如图 11-124 所示。

图 11-123　选择【新建】命令

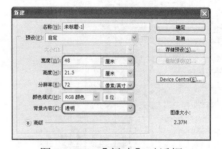

图 11-124　【新建】对话框

03 设置完成后，单击【确定】按钮，按 Ctrl+O 组合键打开【打开】对话框，在该对话框中选择【效果】|【原始文件】|【Chapter11】|【实战应用】|【000.jpg】文件，如图 11-125 所示。

04 在工具箱中单击【移动工具】，将 000.jpg 素材文件拖动到新建的 PSD 文件中，按 Ctrl+T 组合键变换选区，在工具属性栏中将【W】和【H】分别设置为 70.88、46.53，按

Enter 键确认，在文档窗口中调整其位置，如图 11-126 所示。

图 11-125   选择素材文件

图 11-126   调整素材图片的大小

05 再按 Enter 键确认，在工具箱中单击【钢笔工具】，在工作窗口中绘制一个如图 11-127 所示的路径。

06 按 F7 键打开【图层】面板，在该面板中单击【创建新图层】按钮 <img>，创建一个新的图层，如图 11-128 所示。

图 11-127   绘制路径

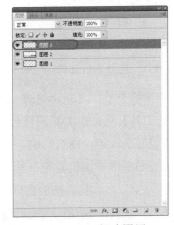

图 11-128   新建图层

07 按 Ctrl+Enter 组合键载入选区，在工具箱中单击前景色色标，在弹出的对话框中将前景色的 RGB 值设置为 0、0、0，图 11-129 所示。

08 设置完成后，单击【确定】按钮，按 Alt+Delete 组合键填充前景色，按 Ctrl+D 组合键取消选取，填充后的效果如图 11-130 所示。

09 按 Ctrl+O 组合键打开【打开】对话框，在该对话框中选择【效果】|【原始文件】|【Chapter11】|【实战应用 1】|【001.png】文件，如图 11-131 所示。

10 单击【打开】按钮，按住鼠标将其拖动到 PSD 文件中，并在文档窗口中调整其大小及位置，调整后的效果如图 11-132 所示。

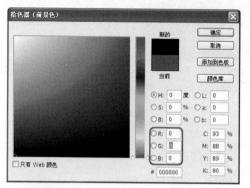

图 11-129　设置前景色的 RGB 值

图 11-130　填充前景色后的效果

图 11-131　选择素材文件

图 11-132　调整图片的位置及大小

11 在工具箱中单击【矩形选框工具】，在文档窗口中绘制一个矩形选框，在工具箱中单击【渐变工具】，在工具属性栏中单击渐变色条，在弹出的对话框中选择左侧的色标，将其 RGB 值设置为 180、188、164，如图 11-133 所示。

12 在渐变色条的中间位置单击鼠标，添加一个色标，将其 RGB 值设置为 154、167、157，将其位置设置为 48，再选择右侧的色标，将其 RGB 值设置为 103、136、143，如图 11-134 所示。

图 11-133　【渐变编辑器】对话框

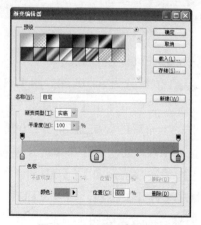

图 11-134　设置渐变色

13 设置完成后，单击【确定】按钮，按 F7 键打开【图层】面板，在该面板中单击【创建新图层】按钮 ，创建一个新的图层，在文档窗口中按住鼠标进行拖动，填充渐变颜色，填充后的效果如图 11-135 所示。

14 按 Ctrl+D 组合键取消选区，使用同样的方法填充其他颜色，填充后的效果如图 11-136 所示。

图 11-135 填充渐变颜色　　　　　　图 11-136 填充其他颜色后的效果

15 在工具箱中单击【文字工具】 ，在文档窗口中单击鼠标，然后输入文字，将输入的文字选中，在工具属性栏中将字体设置为【方正大标宋简体】，将字号设置为 32，如图 11-137 所示。

16 使用文字工具 将文字选中，在工具属性栏中将文本颜色设置为白色，然后再选中【产品展示】，将其文本颜色的 RGB 值设置为 178、244、0，效果如图 11-138 所示。

图 11-137 创建文字　　　　　　　　图 11-138 设置文字颜色

17 使用同样的方法添加其他文字，添加后的效果如图 11-139 所示。

图 11-139 添加文字后的效果

12 Chapter 色彩调整与图层的使用

在 Photoshop 中对图像色彩的调整是图像编辑的关键，它将直接关系到图像最后的效果。图层是 Photoshop 中最为核心的功能之一，它承载了几乎所有的图像效果。本章将主要介绍图像色彩的调整和图层的使用。

Unit 01 色彩调整

当要对图像的色彩进行处理时，首先需要通过直方图查看图像色调的分布情况，然后根据需要对图像的色彩进行调整，本节将对色彩调整进行简单介绍。

查看色调分布

在 Photoshop 中，用户可以通过【直方图】快速浏览图像色调或图像基本色调类型，低色调图像的细节集中在暗调处，高色调图像的细节集中在高光处，而平均色调图像的细节集中在中间调处，识别色调范围有助于确定相应的色调校正，默认情况下直方图显示整幅图像的色调范围。其具体操作步骤如下：

01 启动 Photoshop CS5.1 后，按 Ctrl+O 组合键打开随书附带光盘中的【效果】|【原始文件】|【Chapter12】|【Unit 01】|【001.jpg】，如图 12-1 所示。

02 在菜单栏中选择【窗口】|【直方图】命令，如图 12-2 所示。

图 12-1　打开的素材图形

图 12-2　选择【直方图】命令

03 执行该命令后，即可在打开的【直方图】面板中查看色调的分布情况，如图 12-3 所示。

04 在【直方图】面板中单击 按钮，在弹出的下拉菜单中选择【扩展视图】命令，即可在【直方图】面板中显示更多内容，如图 12-4 所示。

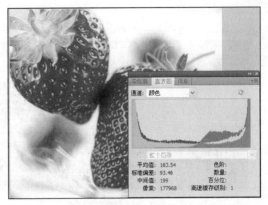

图 12-3 【直方图】面板　　　　　　　图 12-4 执行【扩展视图】命令后的效果

05 在【直方图】面板中单击 按钮，在弹出的下拉菜单中选择【全部通道视图】命令，即可在【直方图】面板中显示该图像的全部内容，如图 12-5 所示。

06 除此之外，用户还可以在【信息】面板中查看图像的颜色值，在【信息】面板中，用户可以通过移动鼠标来查看光标所在位置的颜色值，如图 12-6 所示。

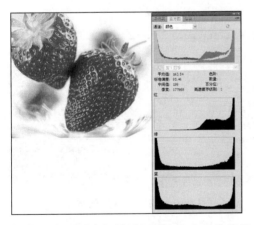

图 12-5 执行【全部通过视图】命令后的效果　　　图 12-6 查看图像颜色值

调整【色阶】

对于光线较暗的图像，可以通过在【色阶】对话框中进行调整，从而增大图像中高光区域的范围，使图像变亮，相反，用户还可以将较亮的图像变暗，其具体操作步骤如下：

01 启动 Photoshop CS5.1 后，按 Ctrl+O 组合键打开随书附带光盘中的【效果】|【原始文件】|【Chapter12】|【Unit 01】|【002.jpg】，如图 12-7 所示。

02 在菜单栏中选择【图像】|【调整】命令，然后在弹出的子菜单中选择【色阶】命令，如图 12-8 所示。

图 12-7　打开的素材图像　　　　　　　　　图 12-8　选择【色阶】命令

03 在弹出的对话框中将【通道】设置为【RGB】，在【输入色阶】下方的第二个文本框中输入 2.08，如图 12-9 所示。

04 设置完成后，单击【确定】按钮，完成后的效果如图 12-10 所示。

图 12-9　【色阶】对话框　　　　　　　　　图 12-10　设置完成后的效果

（1）【通道】下拉列表框

利用此下拉列表框，可以在整个颜色范围内对图像进行色调调整，也可以单独编辑特定颜色的色调。若要同时编辑一组颜色通道，在选择【色阶】命令之前应按住 Shift 键在【通道】面板中选择这些通道。之后，通道菜单会显示目标通道的缩写，例如 CM 代表青色和洋红。此下拉列表框还包含所选组合的个别通道。可以只分别编辑专色通道和 Alpha 通道。

（2）【输入色阶】参数框

在【输入色阶】参数框中，可以分别调整暗调、中间调和高光的亮度级别来修改图像的色调范围，以提高或降低图像的对比度。

- 可以在【输入色阶】参数框中输入目标值，这种方法比较精确，但直观性不好。
- 以输入色阶直方图为参考，拖动 3 个【输入色阶】滑块可使色调的调整更为直观。
- 最左边的黑色滑块（阴影滑块）：向右拖可以增大图像的暗调范围，使图像显示得更暗。同时拖动的程度会在【输入色阶】最左边的方框中得到量化。
- 最右边的白色滑块（高光滑块）：向左拖动可以增大图像的高光范围，使图像变亮。高光的范围会在【输入色阶】最右边的方框中显示。
- 中间的灰色滑块（中间调滑块）：左右拖动可以增大或减小中间色调范围，从而改变图像的对比度。其作用与在【输入色阶】中间方框输入数值相同。

（3）【输出色阶】参数框

【输出色阶】参数框中只有暗调滑块和高光滑块，比如将第一个方框的值调为 10，则表示输出图像会以在输入图像中色调值为 10 的像素的暗度为最低暗度，所以图像会变亮：将第二个方框的值调为 245，则表示输出图像会以在输入图像中色调值 245 的像素的亮度为最高亮度，所以图像会变暗。总之，【输入色阶】的调整是用来增加对比度的，而【输出色阶】的调整则是用来减少对比度的。

（4）吸管工具

用于完成图像中的黑场、灰场和白场的设定。使用设置黑场吸管在图像中的某点颜色上单击，该点则成为图像中的黑色，该点与原来黑色的颜色色调范围内的颜色都将变为黑色，该点与原来白色的颜色色调范围内的颜色整体都进行亮度的降低。使用设置白场吸管，完成的效果则正好与设置黑场吸管的作用相反。使用设置灰场吸管可以完成图像中的灰度设置。

（5）自动按钮

单击【自动】按钮可以将高光和暗调滑块自动地移动到最亮点和最暗点。利用【色阶】命令可以解决图像的偏亮、偏暗、偏灰及偏色等问题。

调整【亮度／对比度】

【亮度/对比度】命令主要是用来调整图像的亮度和对比度，调整亮度/对比度的具体操作步骤如下：

01 启动 Photoshop CS5.1 后，按 Ctrl+O 组合键打开随书附带光盘中的【效果】|【原始文件】|【Chapter12】|【Unit 01】|【003.jpg】，如图 12-11 所示。

02 在菜单栏中选择【图像】|【调整】命令，然后在弹出的子菜单中选择【亮度/对比度】命令，如图 12-12 所示。

03 在弹出的对话框中将【亮度】和【对比度】分别设置为 36、30，效果如图 12-13 所示。

04 设置完成后，单击【确定】按钮，完成后的效果如图 12-14 所示。

图 12-11　打开的素材文件

图 12-12　选择【亮度/对比度】命令

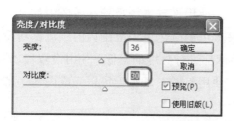

图 12-13　设置亮度/对比度

图 12-14　完成后的效果

💡 **提　示**

【亮度/对比度】可以对图像中的每个像素进行相同的调整，对于单个通道不起作用，建议不要用于高端输出，以免引起图像中细节的丢失。

【曲线】调整

【曲线】命令是用来调整图像色彩与色调的，它比【色阶】命令的功能更强大，在【曲线】对话框中，用户可以通过添加调整点来对图像进行调整，其具体操作步骤如下：

01 启动 Photoshop CS5.1 后，按 Ctrl+O 组合键打开随书附带光盘中的【效果】|【原始文件】|【Chapter12】|【Unit 01】|【004.jpg】，如图 12-15 所示。

02 在菜单栏中选择【图像】|【调整】命令，然后在弹出的子菜单中选择【曲线】命令，如图 12-16 所示。

03 在弹出的对话框单击曲线添加一个控制点，分别将【输出】和【输入】设置为 191、105，如图 12-17 所示。

04 设置完成后，单击【确定】按钮即可，完成后的效果如图 12-18 所示。

图 12-15　打开的素材图片

图 12-16　选择【曲线】命令

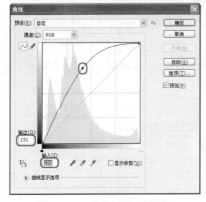

图 12-17　【曲线】对话框

图 12-18　完成后的效果

- 【预设】下拉列表：该选项的下拉列表中包含了 Photoshop 提供的预设调整文件，当选择【默认值】时，可通过拖动曲线来调整图像。选择其他选项时，则可以使用预设文件调整图像。
- 预设选项：单击该按钮，可以打开一个下拉列表，选择【存储预设】命令，可以将当前的调整状态保存为一个预设文件。在对其他图像应用相同的调整时，可以选择【载入预设】命令，用载入的预设文件自动调整；选择【删除当前预设】命令，则删除存储的预设文件。
- 通道：在该选项的下拉列表中可以选择一个需要调整的通道。
- 编辑点以修改曲线：单击该按钮后，在曲线中单击可添加新的控制点，拖动控制点改变曲线形状即可对图像做出调整。
- 通过绘制来修改曲线：单击该按钮后，可在对话框内绘制手绘效果的自由形状曲线，绘制自由曲线后，单击对话框中的按钮，可在曲线上显示控制点。
- 平滑(M)按钮：用工具绘制曲线后，单击该按钮，可对曲线进行平滑处理。
- 输入色阶/输出色阶：【输入色阶】显示了调整前的像素值，【输出色阶】显示了调整后的像素值。

- 高光/中间调/阴影：移动曲线顶部的点可以调整图像的高光区域；拖动曲线中间的点可以调整图像的中间调；拖动曲线底部的点可以调整图像的阴影区域。
- 黑场/灰点/白场：这几个工具和选项与【色阶】对话框中相应工具的作用相同。
- ⬚选项(T)...⬚按钮：单击该按钮，会弹出【自动颜色校正选项】对话框，自动颜色校正选项用来控制由【色阶】和【曲线】中的【自动颜色】、【自动色阶】、【自动对比度】和【自动】选项应用的色调和颜色校正，它允许指定阴影和高光剪切百分比，并为阴影、中间调和高光指定颜色值。

调整【曝光度】

【曝光度】命令主要用于调整高动态范围（HDR）图像的色调，曝光度是通过在线性颜色空间执行计算而得来的，调整曝光度的具体操作步骤如下：

01 启动 Photoshop CS5.1 后，按 Ctrl+O 组合键打开随书附带光盘中的【效果】|【原始文件】|【Chapter12】|【Unit 01】|【005.jpg】，如图 12-19 所示。

02 在菜单栏中选择【图像】|【调整】命令，然后在弹出的子菜单中选择【曝光度】命令，如图 12-20 所示。

图 12-19　打开的素材图形

图 12-20　选择【曝光度】命令

03 在弹出的对话框中将【曝光度】、【位移】和【灰度系数校正】分别设置为 0.57、-0.0347、0.9，如图 12-21 所示。

04 设置完成后，单击【确定】按钮即可，完成后的效果如图 12-22 所示。

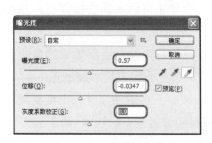
图 12-21　设置曝光度

图 12-22　完成后的效果

调整【自然饱和度】

使用【自然饱和度】命令调整饱和度以便在图像颜色接近最大饱和度时，最大限度地减少修剪。具体操作步骤如下：

01 启动 Photoshop CS5.1 后，按 Ctrl+O 组合键打开随书附带光盘中的【效果】|【原始文件】|【Chapter12】|【Unit 01】|【006.jpg】，如图 12-23 所示。

02 在菜单栏中选择【图像】|【调整】命令，然后在弹出的子菜单中选择【自然饱和度】命令，如图 12-24 所示。

图 12-23　打开的素材图片

图 12-24　选择【自然饱和度】命令

03 在弹出的对话框中将【自然饱和度】和【饱和度】分别设置为 100、40，如图 12-25 所示。

04 设置完成后，单击【确定】按钮即可，完成后的效果如图 12-26 所示。

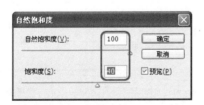

图 12-25　设置自然饱和度

图 12-26　完成后的效果

【色彩平衡】调整

【色彩平衡】命令主要用于调整整体图像的色彩平衡，以及对于普通色彩的校正，调整色彩平衡的具体操作步骤如下：

01 启动 Photoshop CS5.1 后，按 Ctrl+O 组合键打开随书附带光盘中的【效果】|【原始文件】|【Chapter12】|【Unit 01】|【007.jpg】，如图 12-27 所示。

02 在菜单栏中选择【图像】|【调整】命令，然后在弹出的子菜单中选择【色彩平衡】命令，如图 12-28 所示。

图 12-27　打开的素材文件

图 12-28　选择【色彩平衡】命令

03 在弹出的【色彩平衡】对话框中将【色阶】的参数分别设置为 100、100、-35，如图 12-29 所示。

04 设置完成后，单击【确定】按钮，完成后的效果如图 12-30 所示。

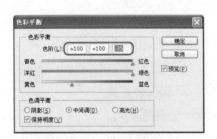

图 12-29　设置色彩平衡

图 12-30　完成后的效果

调整【色相/饱和度】

使用【色相/饱和度】命令可以调整图像颜色的色相、饱和度和亮度，使用【色相/饱和度】命令的具体操作步骤如下：

01 启动 Photoshop CS5.1 后，按 Ctrl+O 组合键打开随书附带光盘中的【效果】|【原始文件】|【Chapter12】|【Unit 01】|【008.jpg】，如图 12-31 所示。

02 在菜单栏中选择【图像】|【调整】命令，然后在弹出的子菜单中选择【色相/饱和度】命令，如图 12-32 所示。

03 在弹出的【色相/饱和度】对话框中将【色相】设置为-180，如图 12-33 所示。

04 设置完成后，单击【确定】按钮即可，完成后的效果如图 12-34 所示。

图 12-31　打开的素材图片

图 12-32　选择【色相/饱和度】命令

图 12-33　【色相/饱和度】对话框

图 12-34　完成后的效果

提　示

当勾选【着色】复选框时，图像将转换为只有一种颜色的单色调图像，变为单色调图像后，可拖动色相滑块和其他滑块来调整图像的颜色。

Unit 02　使用图层

图层是 Photoshop 中最为重要的功能之一，图层就像是含有文字或图像等元素的胶片，一张张按顺序叠放在一起，组合起来形成页面的最终效果。通过使用图层样式可以为图层添加投影、外发光和描边等效果。

认识【图层】面板

【图层】面板用来创建、编辑和管理图层，以及为图层添加样式、设置图层的不透明度和混合模式。

在菜单栏中选择【窗口】|【图层】命令，打开【图层】面板，如图 12-35 所示。

- 正常 ⌄：用来设置当前图层中的图像与下面图层混合时使用的混合模式。

- 不透明度: 100% ▸：用来设置图层的总体不透明度，设置的不透明度对该图层中的任何元素都会起作用。

- 填充: 100% ▸：用来设置当前图层的填充百分比。

- 锁定按钮：通过单击【锁定透明像素】按钮⬚、【锁定图像像素】按钮✎、【锁定位置】按钮✛或【锁定全部】按钮🔒，可以对图层中对应的内容进行锁定，避免对图像内容误操作。

图 12-35 【图层】面板

- 【指示图层可见性】图标👁：当图层前显示该图标时，表示该图层为可见图层。单击它可以取消显示，从而隐藏图层。

- 【展开/折叠图层组】按钮▽：该按钮用于展开或折叠图层组。

- 【展开/折叠图层效果】按钮·：该按钮用于展开或折叠应用的图层效果。

- 【链接图层】按钮🔗：该按钮用于链接当前选择的多个图层，被链接的图层会显示出图层链接标志，也可以对链接的图层同时进行移动、编辑等操作。

- 【添加图层样式】按钮 fx.：单击该按钮，在弹出的下拉列表中可以选择要为当前图层应用的图层样式。

- 【添加图层蒙版】按钮◻.：单击该按钮，可以为当前图层添加图层蒙版。

- 【创建新的填充或调整图层】按钮◑.：单击该按钮，在弹出的下拉列表中可以选择创建新的填充图层或调整图层。

- 【创建新组】按钮⬜：单击该按钮可以创建一个新的图层组。

- 【创建新图层】按钮⬛：单击该按钮可以新建一个图层。

- 【删除图层】按钮🗑：单击该按钮可以删除当前选择的图层或图层组。

新建图层

在 Photoshop 中可以通过【图层】面板和菜单命令来创建新图层。

单击【图层】面板中的【创建新图层】按钮⬛，即可创建一个新的图层，如图 12-36 所示。

👆 提 示

如果需要在某一个图层下方创建新图层(背景层除外)，则在按住 Ctrl 键的同时单击【创建新图层】按钮⬛即可。

在菜单栏中选择【图层】|【新建】|【图层】命令，或者在按住 Alt 键的同时单击【创建新图层】按钮⬛，即可弹出【新建图层】对话框，如图 12-37 所示，在该对话框中可以对图层的名称、颜色和混合模式等属性进行设置。

图 12-36　单击【创建新图层】按钮　　　　图 12-37　【新建图层】对话框

编辑图层

创建完图层后，可以对创建的图层进行选择、复制、链接和删除等操作。

1. 选择图层

当需要在某个图层上绘制或编辑对象时，首先要选择该图层，Photoshop 中提供了多种选择图层的方法，可以一次选择一个图层，也可以一次选择多个图层：

- 在【图层】面板中单击一个图层即可选择该图层并将其设置为当前图层，如图 12-38 所示；如果要选择多个连续的图层，可单击一个图层，然后按住 Shift 键单击最后一个图层，如图 12-39 所示；如果要选择多个非连续的图层，可以按住 Ctrl 键单击要选择的图层，如图 12-40 所示。

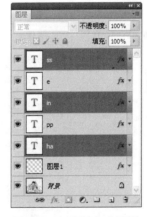

图 12-38　选择一个图层　　　图 12-39　选择多个连续图层　　　图 12-40　选择多个图层

- 在工具箱中单击【移动工具】按钮，按住 Ctrl 键在窗口中单击，即可选择单击点下面的图层，如图 12-41 所示；如果单击点下有多个重叠的图层，则会选择位于最上面的图层。
- 如果文档中包含多个图层，则在工具箱中单击【移动工具】按钮，然后勾选工具选项栏中的【自动选择】复选框，并在右侧的下拉列表中选择【图层】选项，如图 12-42 所示，此时单击【移动工具】按钮在画面上单击，可以自动选择光标下面包含的像素的最顶层的图层；如果文档中包含图层组，则可以在右侧的下拉列表中选择【组】选项，当再在画面上单击【移动工具】按钮▶₊时，可以自动选择光标下面包含像素的最顶层的图层所在的图层组。

图 12-41　在窗口中单击选择图层

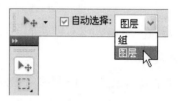

图 12-42　将自动选择设置为图层

● 选择一个图层后，按下 Alt+]组合键，可以将当前图层切换为与之相邻的上一个图层；按下 Alt+[组合键，可以将当前图层切换为与之相邻的下一个图层。
● 要选择类型相似的所有图层，如要选择所有的文字图层，可在选择了一个文字图层后，在菜单栏中选择【选择】|【相似图层】命令，即可选择其他文字图层，如图 12-43 所示。
● 在菜单栏中选择【选择】|【所有图层】命令，即可选择所有的图层。

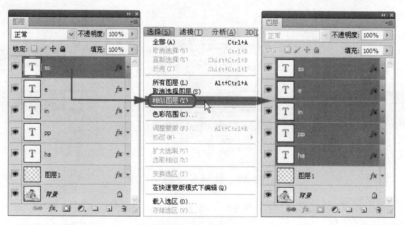

图 12-43　选择相似图层

2．隐藏与显示图层

在【图层】面板中，每一个图层的左侧都有一个【指示图层可见性】图标👁，它用来控制图层的可见性，显示该图标的图层为可见的图层，如图 12-44 所示，如果单击该图标，该图标会变成▢样式，此时的图层会变成隐藏的图层，如图 12-45 所示。被隐藏的图层不能进行编辑和处理，也不能被打印出来。

图 12-44　可见图层

图 12-45　隐藏图层

3．调整图层透明度

在【图层】面板中选择需要调整透明度的图层，如图 12-46 所示。然后单击【不透明度】右侧的 按钮，弹出数值滑块栏，拖动滑块就可以调整图层的透明度，效果如图 12-47 所示。也可以在【不透明度】文本框中直接输入数值来调整图层的透明度。

图 12-46　选择图层

图 12-47　调整透明度

4．调整图层顺序

在【图层】面板中，将一个图层的名称拖至另外一个图层的上面（或下面），当显示出黑色线条时，如图 12-48 所示，松开鼠标左键即可调整图层的堆叠顺序，如图 12-49 所示。

5．链接图层

在编辑图像时，如果要经常同时移动或者变换几个图层，则可以将它们链接在一起。链接在一起的图层，只需选择其中的一个图层移动或变换，其他所有与之链接的图层都会发生相同的变换。

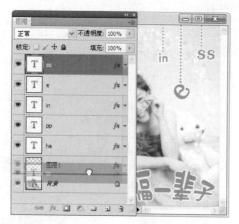
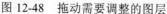

图 12-48 拖动需要调整的图层

图 12-49 调整图层顺序

先在【图层】面板中选择需要链接的图层，如图 12-50 所示。然后单击面板中的【链接图层】按钮 ，即可将选择的图层链接在一起，此时被链接的图层右侧会出现一个 图标，如图 12-51 所示。如果要临时停用图层链接，可以按住 Shift 键单击图层右侧的 按钮，此时图标会变成 样式，如图 12-52 所示。按住 Shift 键再次单击 按钮，可以重新启用链接功能。

图 12-50 选择图层

图 12-51 链接图层

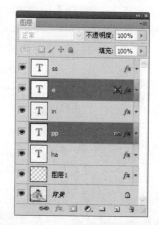

图 12-52 停用图层链接

 提 示

链接的图层可以同时应用变换或创建为剪贴蒙版，但却不能同时应用滤镜，调整混合模式、进行填充或绘画，这些操作只能作用于当前选择的一个图层。

6. 锁定图层

在【图层】面板中提供了用于保护图层透明区域、图像像素和位置的锁定功能，用户可以根据需要锁定图层的属性。当一个图层被锁定后，该图层名称的右侧会出现一个锁状图标，如果图层部分被锁定，该图标是空心 样式的；如果图层全部被锁定，则该图标是实心 样式的；若要取消锁定，重新单击相应的"锁定"按钮即可。

在【图层】面板中有 4 项锁定功能，分别是锁定透明像素、锁定图像像素、锁定位置和锁定全部：

- 【锁定透明像素】按钮：单击该按钮后，编辑范围将被限定在图层的不透明区域，图层的透明区域会受到保护。
- 【锁定图像像素】按钮：单击该按钮后，只能对图层进行移动和变换操作，不能使用绘画工具修改图层中的像素，例如，不能在图层上进行绘画、擦除或应用滤镜。图 12-53 所示为锁定图像像素后，使用【橡皮擦工具】擦除时弹出的警告。

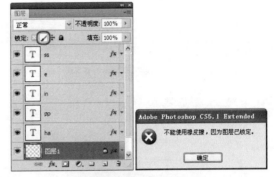

图 12-53   锁定图像像素

- 【锁定位置】按钮：单击该按钮后，图层将不能被移动。
- 【锁定全部】按钮：单击该按钮后，可以锁定以上的全部选项。

7．图层的合并操作

在 Photoshop 中，可以将多个图层合并在一起，从而可以减小文件的大小：

- 如果要将一个图层与它下面的图层合并，可以选择该图层，然后在菜单栏中选择【图层】|【向下合并】命令，合并后的图层将使用合并前位于下面的图层的名称，如图 12-54 所示。
- 如果要合并【图层】面板中所有的可见图层，可在菜单栏中选择【图层】|【合并可见图层】命令。如果背景图层为显示状态，则这些图层将合并到背景图层中；如果背景图层被隐藏，则合并后的图层将使用合并前被选择的图层的名称，如图 12-55 所示。

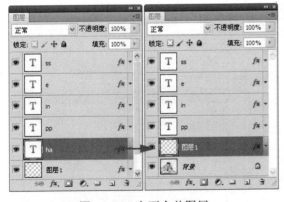

图 12-54   向下合并图层

图 12-55   合并可见图层

- 在菜单栏中选择【图层】|【拼合图像】命令，可以将所有的图层都拼合到背景图层中，图层中的透明区域会以白色填充。如果文档中有隐藏的图层，则会弹出信息提示

框，单击【确定】按钮可以拼合图层，并删除隐藏的图层，单击【取消】按钮则取消拼合操作，如图 12-56 所示。

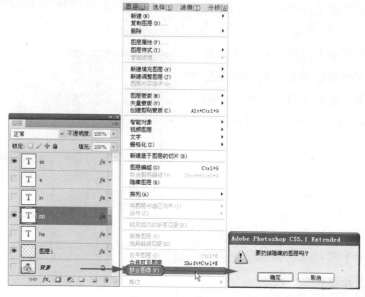

图 12-56　拼合图像

8．复制图层

要复制图层，可以使用下面的几种方法：

● 将需要复制的图层拖至【图层】面板中的【创建新图层】按钮 上，即可复制该图层，如图 12-57 所示。

● 选择需要复制的图层，在菜单栏中选择【图层】|【复制图层】命令，弹出【复制图层】对话框，如图 12-58 所示。在该对话框中可以为复制的图层命名，还可以在【文档】下拉列表中选择需要将图层复制到的文件中。

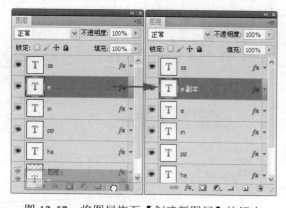

图 12-57　将图层拖至【创建新图层】按钮上

图 12-58　【复制图层】对话框

9．删除图层

通过使用下面的几种方法可以将不需要的图层删除：

- 在【图层】面板中选择需要删除的图层，然后单击【删除图层】按钮 ，在弹出的对话框中单击【是】按钮，即可删除该图层，如图 12-59 所示。

图 12-59 单击【删除图层】按钮

- 在【图层】面板中将需要删除的图层拖至【删除图层】按钮 上，即可删除该图层。
- 在菜单栏中选择【图层】|【删除】|【图层】命令，在弹出的对话框中单击【是】按钮，可以将选择的图层删除。
- 在菜单栏中选择【图层】|【删除】|【隐藏图层】命令，在弹出的对话框中单击【是】按钮，即可将隐藏的图层删除。

Unit 03 使用图层样式

图层样式在 Photoshop 中是用来创建图像特效的。使用图层样式可以为当前图层快速地应用投影、外发光、光泽或描边等效果。

投影

【投影】样式是在图像原始像素的外边生成阴影，使其产生立体感。在【图层】面板中单击【添加图层样式】按钮 *fx.*，在弹出的下拉列表中选择【投影】选项，弹出【图层样式】对话框，如图 12-60 所示。

- 混合模式：用来设置投影与下面图层的混合模式，默认为【正片叠底】。
- 设置阴影颜色：单击【混合模式】右侧的色块，弹出【选择阴影颜色】对话框，在该对话框中可以设置投影的颜色。
- 不透明度：拖动滑块或输入数值可以设置投影的不透明度，该值越高，投影越深；该值越低，投影越浅。
- 角度：设置效果应用于图层时所采用的光照角度，可以在文本框中输入数值，也可以拖动圆盘的指针来进行调整，指针的方向为光源的方向。
- 【使用全局光】复选框：勾选该复选框后，所有图层应用样式的光线都是以一个方向进行照射，调整任意一个样式中光照的角度，其他样式的光照角度也会发生改变。

- 距离：用来设置阴影离图层中图像的距离，值越高，投影越远。
- 扩展：用来设置投影的扩展范围，受后面【大小】选项的影响。
- 大小：用来设置投影的模糊范围，值越高，模糊范围越广，值越小，投影越清晰。
- 等高线：用来控制某些效果在指定范围上的形状。单击 按钮可以弹出【等高线编辑器】对话框，在该对话框中可以对等高线的形状进行编辑，如图 12-61 所示。单击 按钮可以打开等高线的预设窗口，在该窗口中可以选择预设等高线来调整效果的形状，如图 12-62 所示。

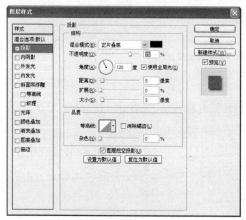

图 12-60   选择【投影】选项时的【图层样式】对话框   图 12-61   【等高线编辑器】对话框

- 【消除锯齿】复选框：勾选该复选框后，可以消除阴影周围的锯齿，使阴影变得平滑。
- 杂色：通过拖动滑块或输入数值可以调整投影中杂色的数量，数值越大，杂色越多。
- 【图层挖空投影】复选框：用来控制半透明图层中投影的可见性。

使用【投影】样式的操作步骤如下：

01 在菜单栏中选择【文件】|【打开】命令，在弹出的【打开】对话框中选择随书附带光盘中的【效果】|【原始文件】|【Chapter12】|【Unit 03】|【异度空间.psd】，单击【打开】按钮，如图 12-63 所示。

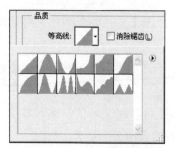

图 12-62   预设等高线

图 12-63   打开的原始文件

02 在【图层】面板中选择文字层，然后单击【添加图层样式】按钮 *fx.*，在弹出的下拉列表中选择【投影】选项，如图 12-64 所示。

03 弹出【图层样式】对话框，在【投影】选项卡中单击【混合模式】右侧的色块，在弹出的【选择阴影颜色：】对话框中将 RGB 值设置为 69、47、0，如图 12-65 所示。

图 12-64　选择【投影】选项

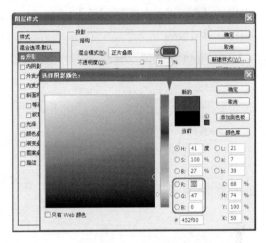

图 12-65　设置投影颜色

04 设置完成后单击【确定】按钮，返回到【图层样式】对话框，将【角度】设置为 135 度，将【距离】设置为 10 像素，将【扩展】设置为 15%，如图 12-66 所示。

05 单击【确定】按钮，即可为文字添加投影效果，如图 12-67 所示。

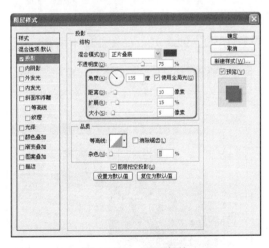

图 12-66　设置参数

图 12-67　投影效果

内阴影

【内阴影】样式是在图像的内侧制作阴影效果，在【图层】面板中单击【添加图层样式】按钮 *fx.*，在弹出的下拉列表中选择【内阴影】选项，弹出【图层样式】对话框，如图 12-68 所示。

【内阴影】选项卡中的各选项与【投影】选项卡中的各选项大致相同，只是少了【图层挖空投影】复选框。

使用【内阴影】样式的操作步骤如下：

01 在菜单栏中选择【文件】|【打开】命令，在弹出的【打开】对话框中选择随书附带光盘中的【效果】|【原始文件】|【Chapter12】|【Unit 03】|【感恩的心.psd】，单击【打开】按钮，如图 12-69 所示。

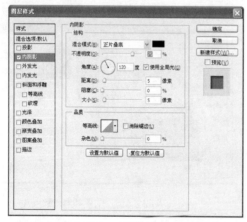 

图 12-68 选择【内阴影】选项时的【图层样式】对话框　　　图 12-69 打开的原始文件

02 在【图层】面板中选择【图层 1】，然后单击【添加图层样式】按钮 *fx.*，在弹出的下拉列表中选择【内阴影】选项，如图 12-70 所示。

03 弹出【图层样式】对话框，在【内阴影】选项卡中单击【混合模式】右侧的色块，在弹出的【选择阴影颜色】对话框中将 RGB 值设置为 92、92、92，如图 12-71 所示。

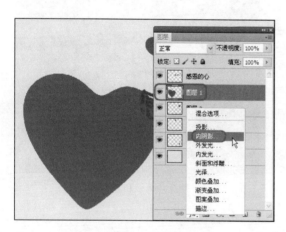 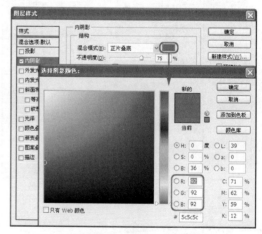

图 12-70 选择【内阴影】选项　　　　　图 12-71 设置内阴影颜色

04 设置完成后单击【确定】按钮，返回到【图层样式】对话框中，将【大小】设置为 160 像素，如图 12-72 所示。

05 单击【确定】按钮，即可为图层添加内阴影效果，如图 12-73 所示。

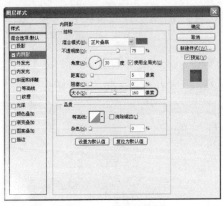

图 12-72　设置参数

图 12-73　内阴影效果

外发光

应用【外发光】样式可以围绕图层内容的边缘创建外部发光效果。在【图层】面板中单击【添加图层样式】按钮 *fx.*，在弹出的下拉列表中选择【外发光】选项，弹出【图层样式】对话框，如图 12-74 所示。

- 单击【设置发光颜色】色块可以弹出【拾色器】对话框，在该对话框中可以设置一种颜色作为外发光颜色；单击其右侧的渐变条，可以弹出【渐变编辑器】对话框，在该对话框中可以设置一种渐变颜色作为外发光颜色。
- 【方法】下拉列表：在该下拉列表中包括【柔和】和【精确】两个选项，用于设置光线的发散效果。
- 【范围】：该选项用来控制发光中作为等高线目标的范围。
- 【抖动】：用于改变渐变的颜色和不透明度的应用。

使用【外发光】样式的操作步骤如下：

01 在菜单栏中选择【文件】|【打开】命令，在弹出的【打开】对话框中选择随书附带光盘中的【效果】|【原始文件】|【Chapter12】|【Unit 03】|【月亮.psd】，单击【打开】按钮，如图 12-75 所示。

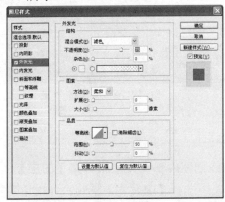

图 12-74　选择【外发光】选项时的【图层样式】对话框

图 12-75　打开的原始文件

02 在【图层】面板中选择【图层2】，然后单击【添加图层样式】按钮 ![fx]，在弹出的下拉列表中选择【外发光】选项，如图12-76所示。

03 弹出【图层样式】对话框，在【外发光】选项卡中单击【设置发光颜色】色块，在弹出的【拾色器】对话框中将RGB值设置为240、238、199，如图12-77所示。

图 12-76　选择【外发光】选项

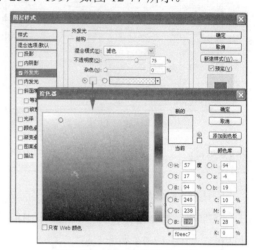

图 12-77　设置外发光颜色

04 设置完成后单击【确定】按钮，返回到【图层样式】对话框中，将【不透明度】设置为50%，将【大小】设置为210像素，如图12-78所示。

05 单击【确定】按钮，即可为图层添加外发光效果，如图12-79所示。

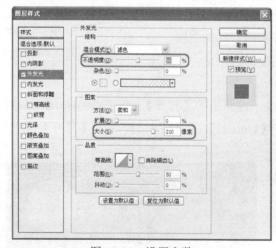

图 12-78　设置参数

图 12-79　外发光效果

内发光

应用【内发光】样式可以围绕图层内容的边缘创建内部发光效果。在【图层】面板中单击【添加图层样式】按钮 ![fx]，在弹出的下拉列表中选择【内发光】选项，弹出【图层样式】对话框，如图12-80所示。

【内发光】选项卡中的各选项与【外发光】选项卡中的各选项基本上一样，只有下面两项是不同的。

● 源：用来指定内发光的光源。当选择【居中】单选按钮时，光源从图层内容的中心发出；当选择【边缘】单选按钮时，光源从图层内容的边缘发出。

● 阻塞：可以控制图像内发光区域边缘的羽化范围，值越大，羽化效果越弱；值越小，羽化效果越强。

使用【内发光】样式的操作步骤如下：

01 在菜单栏中选择【文件】|【打开】命令，在弹出的【打开】对话框中选择随书附带光盘中的【效果】|【原始文件】|【Chapter12】|【Unit 03】|【地球.psd】，单击【打开】按钮，如图 12-81 所示。

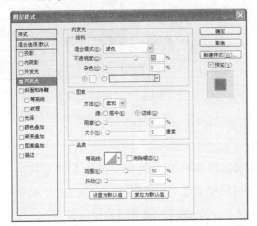

图 12-80　选择【内发光】选项时的【图层样式】对话框

图 12-81　打开的原始文件

02 在【图层】面板中选择【图层 2】，然后单击【添加图层样式】按钮 *fx.*，在弹出的下拉列表中选择【内发光】选项，如图 12-82 所示。

03 弹出【图层样式】对话框，在【内发光】选项卡中单击【设置发光颜色】色块，在弹出的【拾色器】对话框中将 RGB 值设置为 36、126、209，如图 12-83 所示。

图 12-82　选择【内发光】选项

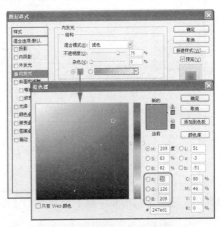

图 12-83　设置内发光颜色

04 设置完成后单击【确定】按钮，返回到【图层样式】对话框中，将【不透明度】设置为 50%，将【大小】设置为 60 像素，如图 12-84 所示。

05 单击【确定】按钮，即可为图层添加内发光效果，如图 12-85 所示。

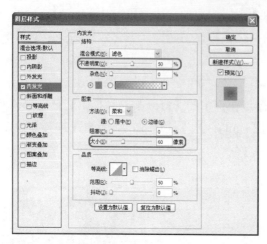

图 12-84　设置参数

图 12-85　内发光效果

斜面和浮雕

应用【斜面和浮雕】样式可以为图层内容添加暗调和高光效果，从而使图层内容呈现突起的浮雕效果。在【图层】面板中单击【添加图层样式】按钮 *fx.*，在弹出的下拉列表中选择【斜面和浮雕】选项，弹出【图层样式】对话框，如图 12-86 所示。

- 【样式】下拉列表：用来设置斜面的样式。在该下拉列表中共有 5 种样式，分别是【外斜面】、【内斜面】、【浮雕效果】、【枕状浮雕】和【描边浮雕】。
  - 外斜面：在图层内容的外边缘上创建斜面，如图 12-87 所示。

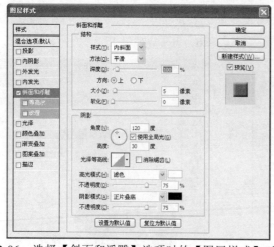

图 12-86　选择【斜面和浮雕】选项时的【图层样式】对话框

图 12-87　外斜面

  - 内斜面：在图层内容的内边缘上创建斜面，如图 12-88 所示。

➢ 浮雕效果：模拟使图层内容相对于下层图层呈浮雕状的效果，如图 12-89 所示。

图 12-88　内斜面　　　　　　　　　　　　图 12-89　浮雕效果

➢ 枕状浮雕：模拟将图层内容的边缘压入下层图层中的效果，如图 12-90 所示。

➢ 描边浮雕：将浮雕效果应用于图层的描边边界，如图 12-91 所示（如果图层中的图像没有进行描边，则【描边浮雕】效果不可见）。

图 12-90　枕状浮雕　　　　　　　　　　　图 12-91　描边浮雕

● 【方法】下拉列表：在该下拉列表中有 3 个选项，分别是【平滑】、【雕刻清晰】和【雕刻柔和】。

➢ 平滑：选择该选项可以得到边缘过渡比较柔和的效果，如图 12-92 所示。

➢ 雕刻清晰：选择该选项将产生边缘变化比较明显的效果。与【平滑】选项比起来，它产生的效果立体感比较强，如图 12-93 所示。

图 12-92　平滑　　　　　　　　　　　　　图 12-93　雕刻清晰

➢ 雕刻柔和：该选项与【雕刻清晰】类似，但是边缘的色彩变化要稍微柔和一点，如图 12-94 所示。

- 深度：用来指定斜面的深度。该值越高浮雕的立体效果越明显。

- 方向：用来设置浮雕的方向，包括【上】、【下】两上方向。

- 大小：用来设置斜面的大小。

- 软化：用来设置斜面和浮雕的柔和程度，该值越高，效果越柔和。

图 12-94　雕刻柔和

- 角度：用来设置光源的角度。通过拖动圆盘中的光标或在文本框中输入数值，即可更改光源的角度。

- 高度：用来设置光源的高度，在文本框中输入数值即可改变光源的高度。

- 【使用全局光】复选框：勾选该复选框后，所有图层应用样式的光线都是以一个方向进行照射，调整任意一个样式中光源的角度，其他样式的光源角度也会发生改变。

- 光泽等高线：这个选项的编辑和使用方法和前面讲到的等高线的编辑方法是一样的，这里就不再赘述了。

- 【消除锯齿】复选框：勾选该复选框后，可以使在用固定的选区做一些变化时，变化的效果不至于显得很突出，使效果过渡变得柔和。

- 高光模式：相当于在图层的上方有一个带色光源，光源的颜色可以通过右边的色块来调整，它会使图层达到许多种不同的效果。

- 阴影模式：可以调整阴影的颜色和模式。通过右边的色块可以改变阴影的颜色，在下拉列表中可以选择阴影的模式。

　　【等高线】和【纹理】是单独对【斜面和浮雕】进行设置的样式。在左侧的【样式】列表框中选择【等高线】选项，即可切换到【等高线】设置面板，如图 12-95 所示。使用【等高线】可以勾画在浮雕处理中被遮住的起伏、凹陷和凸起。

　　在左侧的【样式】列表框中选择【纹理】选项，即可切换到【纹理】设置面板，如图 12-96 所示。通过【纹理】选项可以为图像添加纹理。

图 12-95　【等高线】设置面板

图 12-96　【纹理】设置面板

- 图案：单击右侧的 ┊ 按钮，在弹出的面板中选择一种图案作为纹理。
- 贴紧原点：单击该按钮可使图案的浮雕效果从图像或者文档的角落开始。
- 缩放：拖动滑块或输入数值可以调整图案的大小。
- 深度：用来设置图案的纹理应用程度。
- 【反相】复选框：勾选该复选框可反转图案纹理的凹凸方向。
- 【与图层链接】复选框：勾选该复选框可以将图案链接到图层，此时对图层进行变换操作时，图案也会一同变换。

使用【斜面和浮雕】样式的操作步骤如下：

01 在菜单栏中选择【文件】|【打开】命令，在弹出的【打开】对话框中选择随书附带光盘中的【效果】|【原始文件】|【Chapter12】|【Unit 03】|【祥云.psd】，单击【打开】按钮，如图 12-97 所示。

02 在【图层】面板中选择【图层 1】，然后单击【添加图层样式】按钮 <i>fx.</i>，在弹出的下拉列表中选择【斜面和浮雕】选项，如图 12-98 所示。

图 12-97　打开的原始文件　　　　　　图 12-98　选择【斜面和浮雕】选项

03 弹出【图层样式】对话框，将【方法】设置为【雕刻清晰】，将【大小】设置为 6 像素，如图 12-99 所示。

04 完成后单击【确定】按钮，即可为图层添加斜面和浮雕效果，如图 12-100 所示。

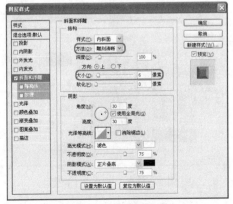

图 12-99　设置参数　　　　　　图 12-100　斜面和浮雕效果

光泽

应用【光泽】样式可以根据图层内容的形状在内部应用阴影。在【图层】面板中单击【添加图层样式】按钮 *fx.*，在弹出的下拉列表中选择【光泽】选项，弹出【图层样式】对话框，如图 12-101 所示。

使用【光泽】样式的操作步骤如下：

01 在菜单栏中选择【文件】|【打开】命令，在弹出的【打开】对话框中选择随书附带光盘中的【效果】|【原始文件】|【Chapter12】|【Unit 03】|【金属质感.psd】，单击【打开】按钮，如图 12-102 所示。

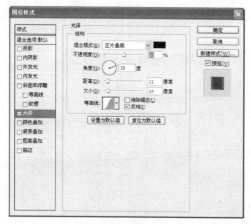

图 12-101　选择【光泽】选项时的【图层样式】对话框

图 12-102　打开的原始文件

02 在【图层】面板中选择【图层 1】，然后单击【添加图层样式】按钮 *fx.*，在弹出的下拉列表中选择【光泽】选项，如图 12-103 所示。

03 弹出【图层样式】对话框，在【光泽】选项卡中单击【混合模式】右侧的色块，在弹出的【选取光泽颜色：】对话框中将 RGB 值设置为 210、208、208，如图 12-104 所示。

图 12-103　选择【光泽】选项

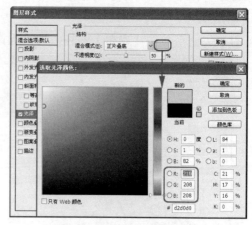

图 12-104　设置光泽颜色

04 设置完成后单击【确定】按钮，返回到【图层样式】对话框中，将【距离】设置为

7 像素，然后单击【等高线】右侧的 按钮，在弹出的等高线预设窗口中选择图 12-105 所示的等高线。

05 单击【确定】按钮，即可为图层添加光泽效果，如图 12-106 所示。

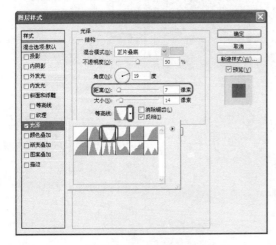 

图 12-105　设置参数　　　　　　　　　　　图 12-106　光泽效果

颜色叠加

【颜色叠加】样式可以将原有颜色改变为指定的颜色，并通过调整其混合模式和不透明度来控制叠加颜色的效果。在【图层】面板中单击【添加图层样式】按钮 *fx*，在弹出的下拉列表中选择【颜色叠加】选项，弹出【图层样式】对话框，如图 12-107 所示。

使用【颜色叠加】样式的操作步骤如下：

01 在菜单栏中选择【文件】|【打开】命令，在弹出的【打开】对话框中选择随书附带光盘中的【效果】|【原始文件】|【Chapter12】|【Unit 03】|【气球.psd】，单击【打开】按钮，如图 12-108 所示。

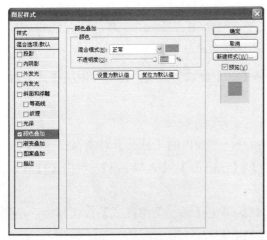 

图 12-107　选择【颜色叠加】选项时的【图层样式】对话框　　图 12-108　打开的原始文件

02 在【图层】面板中选择【图层 3】，然后单击【添加图层样式】按钮 *fx.*，在弹出的下拉列表中选择【颜色叠加】选项，如图 12-109 所示。

03 弹出【图层样式】对话框，在【颜色叠加】选项卡中将【不透明度】设置为 50%，然后单击【混合模式】右侧的色块，在弹出的【选取叠加颜色：】对话框中将 RGB 值设置为 253、109、231，如图 12-110 所示。

04 设置完成后单击【确定】按钮，返回到【图层样式】对话框中，再次单击【确定】按钮，即可为图层添加颜色叠加效果，如图 12-111 所示。

图 12-109　选择【颜色叠加】选项

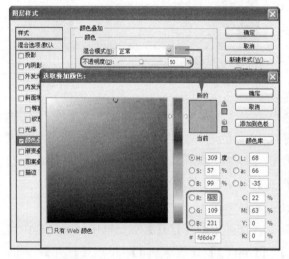

图 12-110　设置颜色和不透明度

图 12-111　颜色叠加效果

渐变叠加

应用【渐变叠加】样式可以为图层内容添加渐变颜色。在【图层】面板中单击【添加图层样式】按钮 *fx.*，在弹出的下拉列表中选择【渐变叠加】选项，弹出【图层样式】对话框，如图 12-112 所示。

使用【渐变叠加】样式的操作步骤如下：

01 在菜单栏中选择【文件】|【打开】命令，在弹出的【打开】对话框中选择随书附带光盘中的【效果】|【原始文件】|【Chapter12】|【Unit 03】|【人物.psd】，单击【打开】按钮，如图 12-113 所示。

02 在【图层】面板中选择【图层 0】，然后单击【添加图层样式】按钮 *fx.*，在弹出的下拉列表中选择【渐变叠加】选项，如图 12-114 所示。

图 12-112 选择【渐变叠加】选项时的【图层样式】对话框　　　图 12-113 打开的原始文件

03 弹出【图层样式】对话框，在【渐变叠加】选项卡中单击【渐变】右侧的□按钮，在弹出的面板中选择图 12-115 所示的渐变颜色。

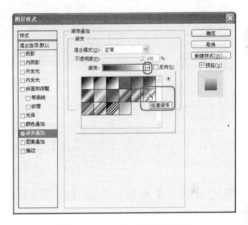

图 12-114 选择【渐变叠加】选项　　　　　图 12-115 选择渐变颜色

04 然后将【不透明度】设置为 80%，将【样式】设置为【菱形】，如图 12-116 所示。

05 设置完成后单击【确定】按钮，即可为图层添加渐变叠加效果，如图 12-117 所示。

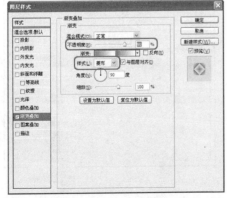

图 12-116 设置不透明度和样式　　　　　　图 12-117 渐变叠加效果

图案叠加

应用【图案叠加】样式可以选择一种图案叠加到原有图像上。在【图层】面板中单击【添加图层样式】按钮 ，在弹出的下拉列表中选择【图案叠加】选项，弹出【图层样式】对话框，如图 12-118 所示。

使用【图案叠加】样式的操作步骤如下：

01 在菜单栏中选择【文件】|【打开】命令，在弹出的【打开】对话框中选择随书附带光盘中的【效果】|【原始文件】|【Chapter12】|【Unit 03】|【花.psd】，单击【打开】按钮，如图 12-119 所示。

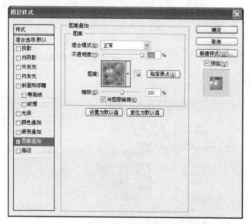

图 12-118　选择【图案叠加】选项时
的【图层样式】对话框

图 12-119　打开的原始文件

02 在【图层】面板中选择【图层 1】，然后单击【添加图层样式】按钮 ，在弹出的下拉列表中选择【图案叠加】选项，如图 12-120 所示。

03 弹出【图层样式】对话框，在【图案叠加】选项卡中单击【图案】右侧的按钮，在弹出的面板中单击右上角的 按钮，在弹出的下拉列表中选择【自然图案】选项，如图 12-121 所示。

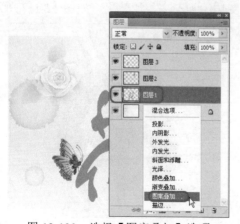

图 12-120　选择【图案叠加】选项

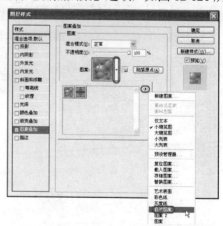

图 12-121　选择【自然图案】选项

04 在弹出的对话框中单击【追加】按钮，如图 12-122 所示。

05 然后在面板中选择一种图案，并将【不透明度】设置为 90%，如图 12-123 所示。

06 设置完成后单击【确定】按钮，即可为图层添加图案叠加效果，如图 12-124 所示。

图 12-122　单击【追加】按钮

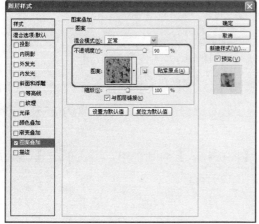

图 12-123　设置参数

图 12-124　图案叠加效果

描边

【描边】样式可以使用颜色、渐变或图案来描绘对象的轮廓。在【图层】面板中单击【添加图层样式】按钮 *fx.*，在弹出的下拉列表中选择【描边】选项，弹出【图层样式】对话框，如图 12-125 所示。

使用【描边】样式的操作步骤如下：

01 在菜单栏中选择【文件】|【打开】命令，在弹出的【打开】对话框中选择随书附带光盘中的【效果】|【原始文件】|【Chapter12】|【Unit 03】|【放飞梦想.psd】，单击【打开】按钮，如图 12-126 所示。

02 在【图层】面板中选择文字层，然后单击【添加图层样式】按钮 *fx.*，在弹出的下拉列表中选择【描边】选项，如图 12-127 所示。

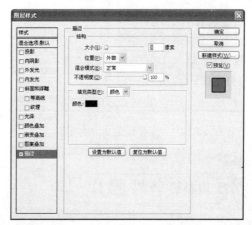

图 12-125　选择【描边】选项时的【图层样式】对话框

图 12-126　打开的原始文件　　　　　　　　图 12-127　选择【描边】选项

03 弹出【图层样式】对话框，在【描边】选项卡中将【大小】设置为 4 像素，然后单击【颜色】右侧的色块，在弹出的【选取描边颜色：】对话框中将 RGB 值设置为 255、255、255，如图 12-128 所示。

04 设置完成后单击【确定】按钮，返回到【图层样式】对话框中，再次单击【确定】按钮，即可为选择的文字层添加描边效果，如图 12-129 所示。

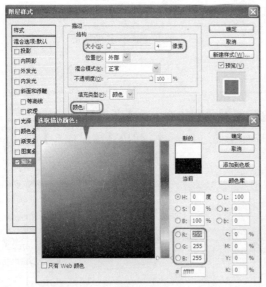

图 12-128　设置描边大小和颜色　　　　　　图 12-129　描边效果

实战应用　制作个性照片

本例将介绍个性照片的制作，主要是通过创建剪贴蒙版、使用【自定形状工具】以及添加图层样式来表现的，完成后的效果如图 12-130 所示。

图 12-130　完成后的效果

01 在菜单栏中选择【文件】|【打开】命令，在弹出的【打开】对话框中选择随书附带光盘中的【效果】|【原始文件】|【Chapter12】|【实战应用】|【背景图片.jpg】和【照片.jpg】文件，单击【打开】按钮，打开的原始文件效果如图 12-131 和图 12-132 所示。

图 12-131　背景图片.jpg

图 12-132　照片.jpg

02 单击【移动工具】按钮 将【照片.jpg】文件拖至【背景图片.jpg】文件中，并在【背景图片.jpg】文件中隐藏背景图层，如图 12-133 所示。

03 在【图层】面板中单击【创建新图层】按钮 ，新建【图层 2】，然后将其移至【图层 1】的下方，如图 12-134 所示。

图 12-133　移动【照片.jpg】文件

图 12-134　新建图层

04 将鼠标指针放在【图层】面板中分隔【图层 1】和【图层 2】两个图层的线上，按住 Alt 键，当鼠标指针变成 样式时，单击鼠标左键即可创建剪贴蒙版，如图 12-135 所示。

05 在工具箱中单击【自定形状工具】按钮 ，在工具选项栏中单击【形状图层】按钮 ，然后单击【形状】右侧的 按钮，在弹出的面板中选择一种图案，如图 12-136 所示。

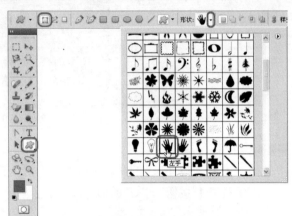

图 12-135　创建剪贴蒙版　　　　　图 12-136　选择图案

06 然后绘制图形，效果如图 12-137 所示。

07 在工具选项栏中单击【形状】右侧的 按钮，在弹出的面板中选择另外一种图案，然后单击【添加到形状区域】按钮 ，并继续绘制图形，如图 12-138 所示。

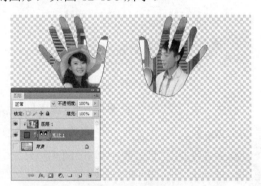

图 12-137　绘制图形　　　　　　　图 12-138　绘制图形

08 继续绘制其他的图形，然后单击【路径选择工具】按钮 选择新绘制的图形，如图 12-139 所示。

09 然后按 Ctrl+T 组合键，适当调整图形对象的旋转角度，调整完成后按 Enter 键确认，并调整其位置，如图 12-140 所示。

10 使用同样的方法，绘制一个心形图案，并对其旋转角度和位置进行调整，如图 12-141 所示。

11 在【图层】面板中选择【形状 1】图层，单击【添加图层样式】按钮 ，在弹出的下拉列表中选择【内阴影】选项，如图 12-142 所示。

图 12-139　选择绘制的图形

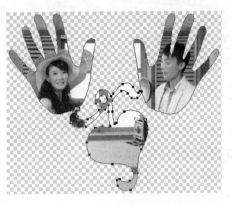

图 12-140　调整旋转角度和位置

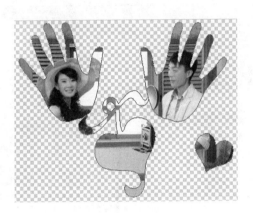

图 12-141　绘制心形

图 12-142　选择【内阴影】选项

12 弹出【图层样式】对话框，在【内阴影】选项卡中将阴影颜色的 RGB 值设置为 138、111、56，如图 12-143 所示。

13 在左侧的【样式】列表框中选择【外发光】选项，然后在【外发光】选项卡中将发光颜色的 RGB 值设置为 190、158、107，将【大小】设置为 51 像素，如图 12-144 所示。

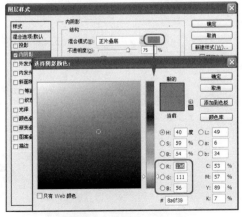

图 12-143　设置内阴影颜色

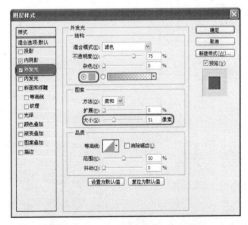

图 12-144　设置外发光参数

14 在左侧的【样式】列表框中选择【内发光】
选项，然后在【内发光】选项卡中将【不透明度】
设置为 100%，将发光颜色的 RGB 值设置为 255、
139、2，将【大小】设置为 6 像素，如图 12-145
所示。

15 然后单击【确定】按钮，为图层添加样式
后的效果如图 12-146 所示。

16 在【图层】面板中取消隐藏【背景】图层，
效果如图 12-147 所示。

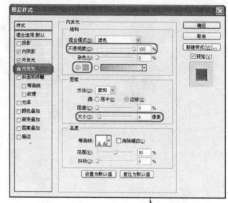

图 12-145 设置内发光颜色

图 12-146 添加样式后的效果

图 12-147 取消隐藏【背景】图层

13
Chapter

文字、路径与网页切片输出

如今使用 Photoshop 制作网页中的图像已成为当前的主流，并且其本身也为网页制作提供了强大的图像制作功能以及 Web 工具，随着对 Photoshop CS 5.1 学习的深入，本章将讲述如何创建文字、路径的创建与使用以及网页切片的创建与输出，这对我们以后制作网页中的素材图形有着至关重要的影响。

Unit 01 文字

文字不仅可以为人们传达信息，还能起到美化版面、强化主题的作用，因此在设计工作中尤为重要。

文字工具选项栏

在输入文字之前，需要在文字工具选项栏或者【字符】面板中设置文字的属性，包括字体、字体大小、文字颜色等，图 13-1 所示为文字工具选项栏。

图 13-1　文字工具选项栏

- 【切换文本取向】按钮 ⬚：如果当前文字为横排文字，单击该按钮，可将其转换为直排文字；如果是直排文字，则可将其转换为横排文字。
- 【设置字体系列】：在该下拉列表框中可以为文字选择一种字体。
- 【设置字体样式】：在该下拉列表中可以选择一种需要的字体样式，包括 Regular（规则的）、Italic（斜体）、Bold（粗体）和 Bold Italic（粗斜体）等。该选项只对部分英文字体有效。
- 【设置字体大小】：在该下拉列表中可以选择字体的字号，也可以直接输入数值来进行设置。
- 【设置清除锯齿的方法】：在该下拉列表中选择一种为文字消除锯齿的方法，Photoshop

可以通过部分填充边缘像素来产生边缘平滑的文字，这样，文字边缘就会混合到背景中。

- 设置文本对齐：可根据输入文字时光标的位置来设置文本的对齐方式，包括【左对齐文本】按钮、【居中对齐文本】按钮和【右对齐文本】按钮。
- 【设置文本颜色】：单击该色块，可在弹出的【选择文本颜色】对话框中设置文字的颜色。
- 【创建文字变形】按钮：单击该按钮，可在弹出的【变形文字】对话框中为文本设置变形样式，以创建变形文字。
- 【切换字符和段落面板】按钮：单击该按钮，可以显示或隐藏【字符】和【段落】面板。

输入文字

输入文字的工具有【横排文字工具】、【直排文字工具】、【横排文字蒙版工具】和【直排文字蒙版工具】4 种，其中【横排文字蒙版工具】和【直排文字蒙版工具】主要用来建立文字形选区。

使用输入文字工具可以输入两种类型的文字：点文字和段落文字。

1. 输入点文字

在处理标题、产品及书籍名称等字数较少的文字时，可以使用点文字。输入点文字的操作步骤如下：

01 在菜单栏中选择【文件】|【打开】命令，在弹出的【打开】对话框中选择随书附带光盘中的【效果】|【原始文件】|【Chapter13】|【Unit 01】|【父子.jpg】，单击【打开】按钮，如图 13-2 所示。

02 在工具箱中单击【横排文字工具】按钮，然后在工具选项栏中将字体设置为【汉仪行楷简】，将【字体大小】设置为 72 点，并设置一种字体颜色，然后在需要输入文字的地方单击鼠标左键插入光标，如图 13-3 所示。

图 13-2　打开的原始文件

图 13-3　设置文字属性并插入光标

03 输入需要的文字，如图 13-4 所示。

04 输入完成后，单击工具选项栏中的【提交所有当前编辑】按钮 ✔，即可完成点文字的输入，如图 13-5 所示。

图 13-4　输入文字　　　　　　　　　　　图 13-5　完成文字输入

2. 输入段落文字

当需要输入大量的文字内容时，可将文字以段落的形式输入。段落文字具有自动换行、调整文字区域大小等优点，具体的输入方法如下：

01 在菜单栏中选择【文件】|【打开】命令，在弹出的【打开】对话框中选择随书附带光盘中的【效果】|【原始文件】|【Chapter13】|【Unit 01】|【父子.jpg】，单击【打开】按钮，如图 13-6 所示。

02 在工具箱中单击【横排文字工具】按钮 T，然后在工具选项栏中将字体设置为【汉仪行楷简】，将【字体大小】设置为 30 点，并设置一种字体颜色，然后在需要输入文字的位置单击鼠标左键并拖动，创建出一个文本定界框，如图 13-7 所示。

图 13-6　打开的原始文件　　　　　　　图 13-7　设置文字属性并创建文本定界框

03 在文本定界框中输入需要的文字，如图 13-8 所示。

04 输入完成后，单击工具选项栏中的【提交所有当前编辑】按钮 ✔，即可完成段落文字的输入，如图 13-9 所示。

图 13-8　输入文字　　　　　　　　　　图 13-9　完成文字输入

基于文字创建工作路径

下面来介绍一下基于文字创建工作路径的方法，具体的操作步骤如下：

01 在菜单栏中选择【文件】|【打开】命令，在弹出的【打开】对话框中选择随书附带光盘中的【效果】|【原始文件】|【Chapter13】|【Unit 01】|【春暖花开.psd】，单击【打开】按钮，如图 13-10 所示。

图 13-10　打开的原始文件

02 在【图层】面板中选择文字层，然后在菜单栏中选择【图层】|【文字】|【创建工作路径】命令，如图 13-11 所示。

03 即可基于文字创建工作路径，然后隐藏文字层查看效果，如图 13-12 所示。

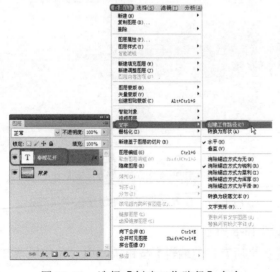

图 13-11　选择【创建工作路径】命令

图 13-12　基于文字创建工作路径

将文字转换为形状

在 Photoshop 中还可以将文字转换为形状后进行处理，具体的操作步骤如下：

01 在菜单栏中选择【文件】|【打开】命令，在弹出的【打开】对话框中选择随书附带光盘中的【效果】|【原始文件】|【Chapter13】|【Unit 01】|【春暖花开.psd】，单击【打开】按钮，然后在【图层】面板中选择文字层，如图 13-13 所示。

02 在菜单栏中选择【图层】|【文字】|【转换为形状】命令，如图 13-14 所示。

图 13-13　选择文字层

03 即可将文字转换为形状，此时，文字层也会变为形状图层，如图 13-15 所示。

图 13-14　选择【转换为形状】命令　　　图 13-15　将文字转换为形状

栅格化文字

将文字栅格化后，可以向处理一般的图像一样对文字进行处理。将文字栅格化的操作步骤如下：

01 在菜单栏中选择【文件】|【打开】命令，在弹出的【打开】对话框中选择随书附带光盘中的【效果】|【原始文件】|【Chapter13】|【Unit 01】|【春暖花开.psd】，单击【打开】按钮，然后在【图层】面板中选择文字层，如图 13-16 所示。

02 在菜单栏中选择【图层】|【栅格化】|【文字】命令，如图 13-17 所示。

图 13-16　选择文字层　　　　　　　　　　　图 13-17　选择【文字】命令

03 即可将文字栅格化，如图 13-18 所示。

图 13-18　栅格化文字

Unit 02　使用路径

路径是由线条及其包围的区域组成的矢量轮廓，它包括开放式路径和闭合式路径两种。此外它还是选择图像和精确绘制图像的重要媒介。

认识【路径】面板

【路径】面板主要用来存储和管理路径。在菜单栏中选择【窗口】|【路径】命令，即可

打开【路径】面板，如图 13-19 所示。

- 路径：当前文档中包含的路径。
- 工作路径：工作路径是出现在【路径】面板中的临时路径，用于定义形状的轮廓。
- 矢量蒙版：当前文档中包含的矢量蒙版。
- 【用前景色填充路径】按钮 ：单击该按钮，可以用前景色填充路径形成的区域。
- 【用画笔描边路径】按钮 ：单击该按钮，可以用画笔工具沿路径描边。

图 13-19　【路径】面板

- 【将路径作为选区载入】按钮 ：单击该按钮，可以将当前选择的路径转换为选区。
- 【从选区生成工作路径】按钮 ：如果创建了选区，单击该按钮，可以将选区边界转换为工作路径。
- 【创建新路径】按钮 ：单击该按钮，可以创建新的路径。如果按住 Alt 键单击该按钮，可以打开【新建路径】对话框，在对话框中输入路径的名称也可以新建路径。
- 【删除当前路径】按钮 ：选择路径后，单击该按钮，可删除路径。也可以将路径拖至该按钮上直接删除。

创建路径

使用【钢笔工具】 、【自由钢笔工具】 、【矩形工具】 、【圆角矩形工具】 、【椭圆工具】 、【多边形工具】 、【直线工具】 和【自定形状工具】 等都可以创建路径，不过需要提前在工具选项栏中单击【路径】按钮 ，如图 13-20 所示。

图 13-20　【路径】按钮

编辑路径

1. 选择路径

使用【路径选择工具】 可以选择整个路径，也可以移动路径。如果勾选工具选项栏中的【显示定界框】复选框，则被选择的路径会显示出定界框，如图 13-21 所示，拖动定界框上的控制点可以对路径进行变换操作。

使用【直接选择工具】 ⇘ 可以用来选择锚点和方向点。被选中的锚点显示为实心方形，没有选中的锚点显示为空心的方形，如图 13-22 所示。

在路径外单击可以隐藏锚点，在锚点上单击可以选择这个锚点，并且可以在锚点两侧出现控制柄。

如果在选择锚点时按住 Shift 键，则可以选择多个

图 13-21　显示出的定界框

锚点。也可以通过框选来选择多个锚点，如图 13-23 所示，选择后的锚点如图 13-24 所示。

锚点被选中后，可将光标放置在锚点上，通过拖动鼠标来移动锚点。当方向线出现时，可以用【直接选择工具】 ⇘ 移动控制点的位置，改变方向线的长短来影响路径的形状，如图 13-25 所示。

图 13-22　锚点的显示

图 13-23　框选锚点

图 13-24　选择后的锚点

图 13-25　调整路径形状

2．添加或删除锚点

在工具箱中单击【添加锚点工具】按钮 ✍ ，然后在图 13-26 所示的路径上单击即可添加锚点；在工具箱中单击【删除锚点工具】按钮 ✍ ，然后在图 13-27 所示的锚点上单击即可删除锚点。

图 13-26 添加锚点

图 13-27 删除锚点

3. 改变锚点性质

使用【转换点工具】⌐可以使锚点在角点、平滑点和转角之间进行转换。

● 将平滑点转换成角点：使用【转换点工具】⌐直接在锚点上单击即可，如图 13-28 所示。

图 13-28 将平滑点转换成角点

● 将角点转换成平滑点：使用【转换点工具】⌐在锚点上单击并拖动鼠标，即可将角点转换成平滑点，如图 13-29 所示。

图 13-29 将角点转换成平滑点

● 将平滑点转换成转角：使用【转换点工具】⌐单击方向点并拖动，更改控制点的位置或方向线的长短即可，如图 13-30 所示。

图 13-30　将平滑点转换成转角

4．删除路径

使用【路径选择工具】⬚选择路径后按 Delete 键，或者在路径上右击，在弹出的快捷菜单中选择【删除路径】命令，如图 13-31 所示。此时即可删除路径，如图 13-32 所示。

图 13-31　选择【删除路径】命令

图 13-32　删除路径效果

Unit 03　切片的创建

切片就是将一幅大图像分割为一些小的图像切片，然后在网页中通过没有间距和宽度的表格重新将这些小的图像没有缝隙地拼接起来，成为一幅完整的图像。

创建切片

创建切片使用的是切片工具，而且切片只能是矩形，不能是其他形状。创建切片时，会生成附加的自动切片来占据图像的其余区域。创建切片的操作方法如下。

01 首先打开随书附带光盘中【效果】|【原始文件】|【Chapter13】|【Unit 03】|【切片素材 1.jpg】文件，如图 13-33 所示。

02 单击工具箱中的【切片工具】按钮 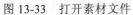，在工具选项栏中将【样式】设为【正常】，如图 13-34 所示。

图 13-33　打开素材文件　　　　　　　　　图 13-34　【切片工具】选项栏

在【切片工具】选项栏的【样式】下拉列表中一共有三种样式可以选择，分别为【正常】、【固定长宽比】和【固定大小】。

● 正常：选择该选项，以鼠标拖动的范围来确定切片的大小。此时【宽度】和【高度】文本框为灰色，表示无法使用。

● 固定长宽比：选择该选项，右侧【宽度】和【高度】文本框被激活，输入宽高比，则创建的切片宽高比为设定值，如图 13-35 所示。

● 固定大小：选择该选项，在右侧【宽度】和【高度】文本框中输入切片的宽度和高度，当拖动鼠标创建切片时切片大小为设定的固定值，如图 13-36 所示。

图 13-35　固定长宽比　　　　　　　　　　图 13-36　固定大小

03 在图中需要创建切片的位置处单击鼠标并拖出切片区域，如图 13-37 所示。

04 释放鼠标后即可创建切片，同时其余区域会被分成数块，并且切片将会依据切割的位置自动编号，如图 13-38 所示。

图 13-37　固定长宽比

图 13-38　固定大小

新建基于图层的切片

01 首先打开随书附带光盘中"【效果】|【原始文件】|【Chapter13】|【Unit 03】|【新建基于图层的切片.psd】文件，如图 13-39 所示。

02 打开【图层】面板，选择【图层 1】，如图 13-40 所示。

图 13-39　打开素材文件

图 13-40　选择【图层 1】

03 选择菜单栏中【图层】|【新建基于图层的切片】命令，如图 13-41 所示。

04 此时即可基于选择的图层创建切片，如图 13-42 所示。

图 13-41　选择【新建基于图层的切片】命令

图 13-42　基于图层创建切片

05 移动或缩放图层时切片也会随之调整，图 13-43 所示为移动图层文件后切片的位置，图 13-44 所示为缩放图层文件后切片的位置。

👆 **提 示**

使用切片工具创建的切片由实线显示，在其余区域自动生成的切片由点状线显示。

图 13-43　移动图层文件效果　　　　　图 13-44　缩放图层文件效果

Unit 04　编辑切片

切片创建完成后。多数情况下还需要我们进行进一步编辑处理，这样才可以达到我们所需的效果，下面我们学习编辑切片的方法。

移动和调整切片

切片创建完成后，如果需要进行细微调整时，可以对其进行移动和调整的操作，具体操作步骤如下：

01 单击工具箱中的【切片工具】按钮 📎，将其移至创建的切片内，此时鼠标变为【切片选择工具】 📎 样式，如图 13-45 所示。

02 按住鼠标左键进行拖动，即可移动切片，如图 13-46 所示。

👆 **提 示**

只有鼠标移动至用户创建的切片内时鼠标才会发生变化并可以移动切片，在自动生成的切片中无法进行上述操作。

03 将切片移动至合适位置时松开鼠标，即可完成对切片的移动，如图 13-47 所示。

除移动切片外，我们还可以对切片大小进行调整。

01 单击工具箱中【切片选择工具】按钮 📎，在需要移动的切片内单击鼠标将其选中，

此时切片边框会以暗黄色显示,将鼠标移动至切片边框线中,鼠标变为双箭头形状,如图 13-48 所示。

图 13-45　将鼠标放置在需要移动的切片内

图 13-46　移动切片

图 13-47　切片移动完成后效果

图 13-48　选择切片

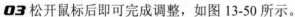

02 按住鼠标左键进行拖动,此时鼠标位置处出现虚线,代表移动后边框线位置,如图 13-49 所示。

03 松开鼠标后即可完成调整,如图 13-50 所示。

图 13-49　调整边框线位置

图 13-50　调整完成后效果

⊙ 提 示

　　选择创建的切片后，切片边框会出现八个控制点，通过对控制点的调整也可以完成对切片的调整。

改变切片图像的前后顺序及转换切片

　　如果连续使用【切片工具】✐多次切割图像时，图像上会出现多个可以编辑切片，此时我们可以改变切片前后顺序，以改变切割图像的数目。使用【切片选择工具】✐选取要改变顺序的切片，接着在选项控制面板中单击要改变的顺序按扭即可，如图 13-51 所示。

　　如果需要对自动生成的切片进行编辑处理，首先要将其转换为用户切片，在工具箱中单击【切片选择工具】按钮✐，选取需要转换的图片，如图 13-52 所示。然后单击切片选择工具选项栏中的 提升 按钮，如图 13-53 所示。

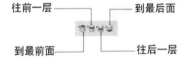

图 13-51　改变切割图片顺序按钮

图 13-52　选择需要转换的切片

　　此时即可将选择的切片转换为用户切片，如图 13-54 所示。

图 13-53　单击【提升】按钮

图 13-54　转换切片后的效果

提　示

　　除此之外，在需要提升的切片内部右击，在弹出的快捷菜单中选择【提升到用户切片】命令也可进行转换切片操作。

划分切片

　　如果需要将切片等分为几部分，可以使用【划分切片】命令进行操作。

　　01 在需要划分的切片内部右击，在弹出的快捷菜单中选择【划分切片】命令，如图 13-55 所示。

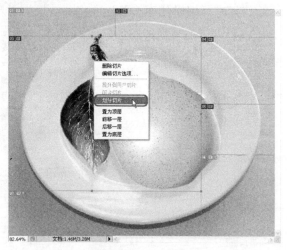

图 13-55　选择【划分切片】命令

　　02 此时会弹出【划分切片】对话框，勾选【水平划分为】和【垂直划分为】复选框，将【水平划分为】设为 3、【垂直划分为】设为 3，设置完成后单击【确定】按钮，如图 13-56 所示。

　　03 此时选择的切片将被划分为等分的六份，如图 13-57 所示。

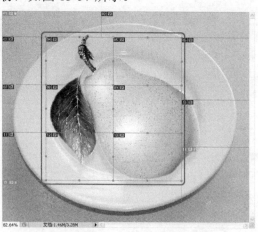

图 13-56　【划分切片】对话框　　　　　　　　图 13-57　划分切片效果

锁定、取消显示与清除切片

为避免创建好的切片被误操作，可以将其锁定，在暂时不需要的情况下可以对切片进行取消显示操作，当不需要切片时即可将切片清除。

01 首先打开随书附带光盘中【效果】|【原始文件】|【Chapter13】|【Unit 04】|【优化图像.tif】文件，然后为其创建切片，如图 13-58 所示。

02 执行菜单栏中【视图】|【锁定切片】命令，如图 13-59 所示，即可将切片锁定。

图 13-58　创建切片

图 13-59　【锁定切片】命令

03 再次执行菜单栏中【视图】|【锁定切片】命令，将切片解除锁定。执行菜单栏中的【视图】|【显示】|【切片】命令，如图 13-60 所示。

04 即可将切片取消显示，如图 13-61 所示。

 提　示

再次执行该命令，即可恢复切片显示。

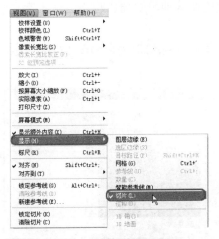

图 13-60　选择【切片】命令

图 13-61　取消切片显示

05 执行菜单栏中的【视图】|【清除切片】命令，如图 13-62 所示。

06 即可将切片清除，如图 13-63 所示。

图 13-62　选择【清除切片】命令

图 13-63　清除切片

Unit 05 优化输出图形

当切片创建完成后，就需要对其进行优化输出。

Web 安全颜色介绍

在 Photoshop 中创建的图形颜色不一定都能在浏览器中显示出来，所以在拾色器对话框中提供了【只有 Web 颜色】选项，我们在拾色器中将 R、G、B 值设为 188、12、12，此时会出现警告图标，如图 13-64 所示，其中各图标代表的含义如下：

- 【警告：打印时颜色超出色域】⚠：该警告表示选择此颜色已超出了印刷颜色区域，如果进行印刷输出，则需要替换成其他相近颜色以保证正常输出。
- 【警告：不是 Web 安全颜色】◯：表示该颜色在其他浏览器中也许无法正常显示，将会重新着色后进行显示。

将 R、G、B 值设为 153、102、102，此时两个警告图标将消失，如图 13-65 所示。表示我们选择颜色为安全颜色。

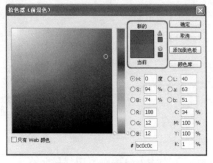

图 13-64　警告图标

图 13-65　安全颜色

当我们勾选【只有 Web 颜色】复选框时，所选择的颜色都为 Web 安全颜色，如图 13-66 和图 13-67 所示。

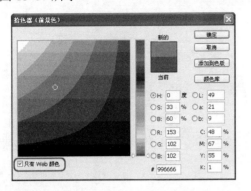

图 13-66　勾选【只有 Web 颜色】复选框

图 13-67　Web 安全颜色

优化输出图像

创建并编辑完成切片后，我们对图像进行优化，优化图像的作用在于可以降低图像大小，减少网页的下载时间。

01 打开随书附带光盘中【效果】|【原始文件】|【Chapter13】|【Unit 04】|【优化图像.tif】文件，执行菜单栏中的【文件】|【存储为 Web 和设备所用格式】命令，如图 13-68 所示。

02 弹出【存储为 Web 和设备所用格式】对话框，在该对话框中进行优化设置。

● 单击 Device Central... 按钮，可以在 Adobe Device Central 中进行测试，如图 13-69 所示。

● 单击 预览... 按钮，即可在系统默认浏览器中进行预览，在图片下方显示了图像文件信息，如图 13-70 所示。

图 13-68　选择【存储为 Web 和设备所用格式】命令

图 13-69　在 Adobe Device Central 中测试

03 图像优化设置完成后单击【存储】按钮，如图 13-71 所示。

图 13-70　在 Web 浏览器中预览

图 13-71　【存储为 Web 和设备所用格式】对话框

04 弹出【将优化结果存储为】对话框，在该对话框中设置文件名及存储路径，然后单击【保存】按钮，如图 13-72 所示。

05 在弹出的信息提示对话框中单击【确定】按钮，如图 13-73 所示，即可完成优化图像操作。

图 13-72　【将优化结果存储为】对话框

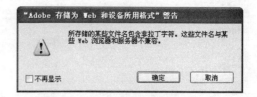

图 13-73　信息提示对话框

实战应用　制作 GIF 动画

　　在浏览网页时。我们经常可以看到一些 GIF 格式的小动画，这些小动画无须使用专业的动画软件制作，在 Photoshop 中即可完成。本节我们以案例的形式介绍如何制作 GIF 动画。

01 首先打开随书附带光盘中【效果】|【原始文件】|【Chapter13】|【实战应用】|【制作 GIF 动画.psd】文件，如图 13-74 所示。

02 打开【图层】面板，选择【礼花 1】图层，单击【图层】面板底部的【添加图层样式】按钮，在弹出的快捷菜单中选择【外发光】选项，如图 13-75 所示。

图 13-74 打开素材文件

图 13-75 选择【外发光】选项

03 在弹出的【图层样式】对话框的【外发光】选项卡中单击【设置发光颜色】图标，在弹出的【拾色器】对话框中将 R、G、B 值设为 250、200、101，如图 13-76 所示。

04 设置完成后单击【确定】按钮，返回到【图层样式】对话框，将【混合模式】设为亮光，如图 13-77 所示。

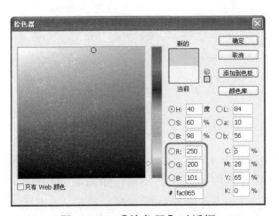

图 13-76 【拾色器】对话框

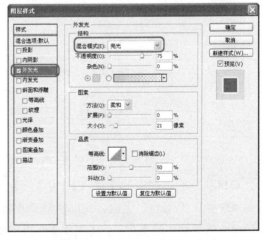

图 13-77 设置【外发光】选项

05 设置完成后单击【确定】按钮，效果如图 13-78 所示。

06 选择【礼花 1】图层并右击，在弹出的快捷菜单中选择【复制图层样式】命令，然后选择【礼花 2】图层并右击，在弹出的快捷菜单中选择【粘贴图层样式】命令，完成后的效果如图 13-79 所示。

图 13-78　外发光效果　　　　　　　　　图 13-79　复制粘贴图层样式

07 选择【礼盒】图层，单击【图层】面板底部的【添加图层样式】按钮，在弹出的快捷菜单中选择【外发光】选项，在弹出的【图层样式】对话框中使用默认设置，然后选择【内发光】选项，将【混合模式】设为【滤色】，【大小】设为 18 像素，如图 13-80 所示。

08 设置完成后单击【确定】按钮，完成后的效果如图 13-81 所示。

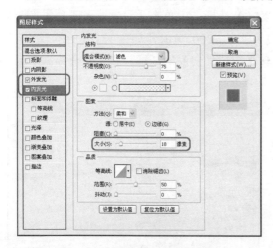

图 13-80　设置【内发光】选项　　　　　图 13-81　【礼盒】图层样式效果

09 执行菜单栏中的【窗口】|【动画】命令，如图 13-82 所示。

10 弹出【动画】面板，在面板底部单击 7 次【复制所选帧】按钮，如图 13-83 所示。

11 选择第一帧图像，在【图层】面板中取消除【背景】图层外所有图层显示，如图 13-84 所示。

12 选择第二帧图像，显示【礼花 1】图层，如图 13-85 所示。

 提　示

　　使用 Photoshop 制作动画的原理就是在一定时间内按顺序显示两帧以上不相同的图片，当帧快速显示时即可得到动画效果。这里我们利用每一帧显示和隐藏不同的图层来制作动画。

图 13-82 选择【动画】命令

图 13-83 复制帧

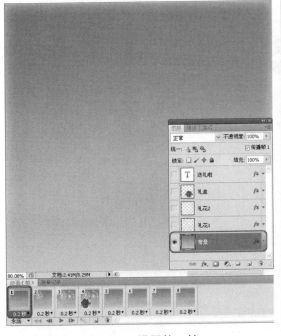

图 13-84 设置第一帧

图 13-85 设置第二帧

13 选择第三帧图像，显示【礼花 2】图层，如图 13-86 所示。

14 选择第四帧图像，显示【礼盒】图层，并调整该图层中礼盒的位置，如图 13-87 所示。

图 13-86　设置第三帧

图 13-87　设置第四帧

15 选择第五帧图像，显示【礼盒】图层，调整【礼盒】图层中礼盒的位置，如图 13-88 所示。

16 调整完成后按住 Shift 键选择剩余三帧图像，然后单击面板底部的【删除所选帧】按 钮，将选择的帧删除，如图 13-89 所示。

图 13-88　设置第五帧

图 13-89　删除帧

👆 **提 示**

礼盒位置调整后，为了使后三帧【礼盒】图层中的礼盒位置保持固定，可以先将之前创建的三帧删除，然后选择调整好礼盒位置的帧进行复制。当有不需要的帧时也可以通过此方式进行删除。

17 删除完成后选择第五帧，单击 3 次【复制所选帧】按钮，选择第六帧，显示文本图层，如图 13-90 所示。

18 使用相同的方法，在第七帧取消显示文本图层，在第八帧恢复显示，如图 13-91 所示。

图 13-90　设置第六帧

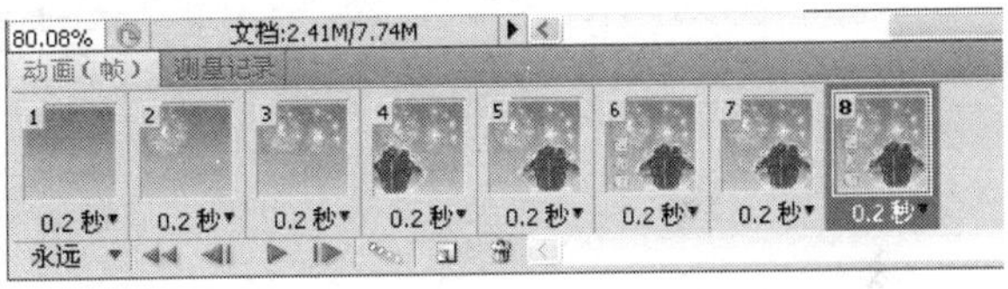

图 13-91　所有帧设置完成后效果

19 设置完成后单击面板底部的【播放动画】按钮进行动画预览，如图 13-92 所示。

20 选择第一帧，单击【帧延迟时间】按钮，在弹出的下拉列表中选择【0.1 秒】选项，如图 13-93 所示。

图 13-92　设置第六帧

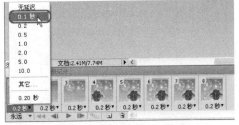

图 13-93　所有帧设置完成后效果

21 选择完成后选择第四帧，单击【帧延迟时间】按钮，在弹出的下拉列表中选择【其他】选项，如图 13-94 所示。

22 在弹出的【设置帧延迟】对话框中将延迟设为 0.3 秒，然后单击【确定】按钮，如图 13-95 所示。

提 示

【帧延迟时间】是指两帧之间的切换延迟时间，如果设置为【无延迟】，播放动画时速度会比较快，延迟时间过长又会导致动画拖沓，所以根据需要设置合理的延迟时间是保证动画流畅播放的关键。

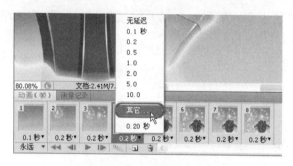

图 13-94 【其他】选项

图 13-95 【设置帧延迟】对话框

23 设置完成后，继续设置其他帧的延迟时间，完成后的效果如图 13-96 所示。

24 执行菜单栏中的【文件】|【存储为 Web 和设备所用格式】命令，弹出【存储为 Web 和设备所用格式】对话框，单击 预览... 按钮，在浏览器中预览图像，如图 13-97 所示。

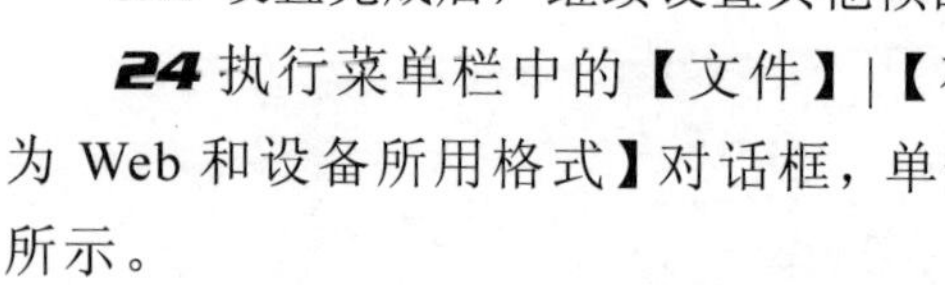

图 13-96 帧时间设置完成后效果

图 13-97 在浏览器中预览

25 预览完成后返回到【存储为 Web 和设备所用格式】对话框，单击【存储】按钮，如图 13-98 所示。

26 弹出【将优化结果存储为】对话框，在该对话框中设置文件名及存储路径，然后单

击【保存】按钮，如图 13-99 所示。在弹出的信息提示对话框中单击【确定】按钮。至此 GIF
动态图就制作完成了，打开存储后的 GIF 格式文件即可观看动画效果。

图 13-98　【存储为 Web 和设备所用格式】对话框　　图 13-99　【将优化结果存储为】对话框

14 Chapter

制作鲜花店网站

本章来介绍一下鲜花店网站的制作，该例主要是使用表格布局，然后插入图像和鼠标经过图像，最后输入文字，完成后的效果如图 14-1 所示。

Unit 01 插入表格

在本例开始之前，需先在页面中插入表格，用来布局页面。插入表格的操作步骤如下：

01 启动 Dreamweaver CS 5.5 软件后，在菜单栏中选择【文件】|【新建】命令，在弹出的对话框中单击【空白页】选项卡，然后在【页面类型】列表框中选择【HTML】，【布局】列表框中选择【无】，如图 14-2 所示。

图 14-1　完成后的效果

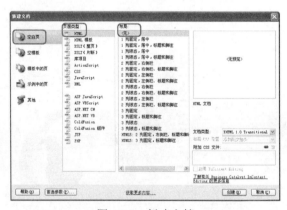

图 14-2　新建文档

02 单击【创建】按钮，新建一个空白文档，在【属性】面板中单击【页面属性】按钮，弹出【页面属性】对话框，在左侧的【分类】列表框中选择【外观（CSS）】选项，然后在右侧的设置区域中将【左边距】、【右边距】、【上边距】和【下边距】都设置为 0px，如图 14-3 所示。

03 单击【确定】按钮，然后在菜单栏中选择【插入】|【表格】命令，弹出【表格】对话框，将【行数】设置为 17，将【列】设置为 8，将【表格宽度】设置为 770 像素，将【边框粗细】、【单元格边距】和【单元格间距】都设置为 0，如图 14-4 所示。

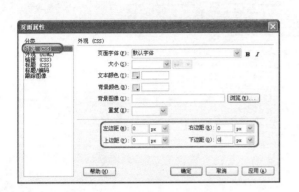

图 14-3 【页面属性】对话框   图 14-4 【表格】对话框

04 单击【确定】按钮，即可插入表格，然后在【属性】面板中将【对齐】设置为【居中对齐】，如图 14-5 所示。

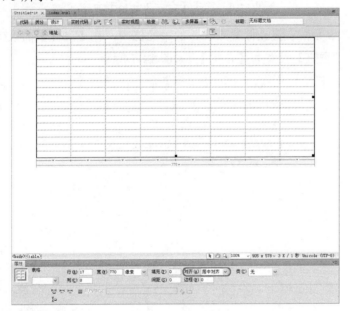

图 14-5 插入表格

Unit 02 添加内容

插入表格后，然后在单元格中添加网页内容，主要包括插入图片、鼠标经过图片和输入文字等，具体的操作步骤如下：

01 选择图 14-6 所示的单元格，然后右击，在弹出的快捷菜单中选择【表格】|【合并单元格】命令，如图 14-6 所示。

图 14-6　选择【合并单元格】命令

02 即可合并单元格，将光标置入合并的单元格中，在【属性】面板中将【水平】设置为【左对齐】，将【垂直】设置为【顶端】，如图 14-7 所示。

03 然后在菜单栏中选择【插入】|【图像】命令，弹出【选择图像源文件】对话框，在该对话框中选择随书附带光盘中的【效果】|【原始文件】|【Chapter14】|【images】|【郁金香 1.jpg】文件，单击【确定】按钮，如图 14-8 所示。

图 14-7　设置对齐方式

图 14-8　选择图像源文件

04 即可将选择的图像文件插入到单元格中，如图 14-9 所示。

05 选择图 14-10 所示的单元格，然后在【属性】面板中单击【合并所选单元格，使用跨度】按钮圖。

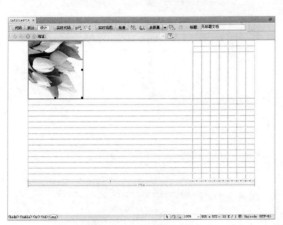
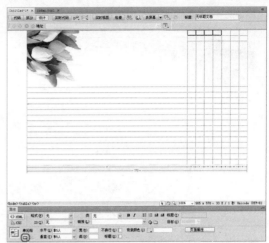

图 14-9　插入图像　　　　　　　　图 14-10　单击【合并所选单元格，使用跨度】按钮

06 即可将选择的单元格合并，将光标置入合并的单元格中，在菜单栏中选择【插入】|
【图像】命令，弹出【选择图像源文件】对话框，在该对话框中选择随书附带光盘中的【效果】
|【原始文件】|【Chapter14】|【images】|【文字 1.jpg】文件，单击【确定】按钮，如图 14-11
所示。

07 即可将选择的图像文件插入到单元格中，如图 14-12 所示。

图 14-11　选择图像源文件　　　　　　　　图 14-12　插入图像

08 选择图 14-13 所示的单元格，然后在【属性】面板中单击【合并所选单元格，使用
跨度】按钮。

09 即可将选择的单元格合并，将光标置入合并的单元格中，在菜单栏中选择【插入】
|【图像】命令，弹出【选择图像源文件】对话框，在该对话框中选择随书附带光盘中的【效
果】|【原始文件】|【Chapter14】|【images】|【文字 2.jpg】文件，单击【确定】按钮，即
可将选择的图像文件插入到单元格中，然后在【属性】面板中将【对齐】设置为【右对齐】，
如图 14-14 所示。

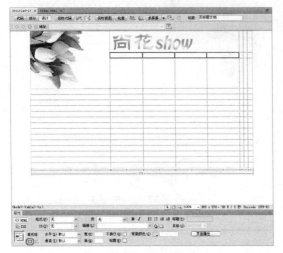

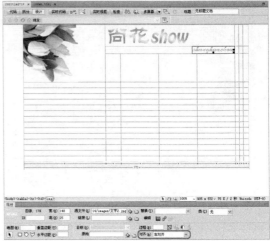

图 14-13　选择单元格　　　　　　　　　图 14-14　插入图像并设置对齐方式

10 选择图 14-15 所示的单元格，然后在【属性】面板中单击【合并所选单元格，使用跨度】按钮。

11 即可将选择的单元格合并，将光标置入合并的单元格中，在菜单栏中选择【插入】|【图像】命令，弹出【选择图像源文件】对话框，在该对话框中选择随书附带光盘中的【效果】|【原始文件】|【Chapter14】|【images】|【郁金香 2.jpg】文件，单击【确定】按钮，即可将选择的图像文件插入到单元格中，然后在【属性】面板中将【对齐】设置为【右对齐】，如图 14-16 所示。

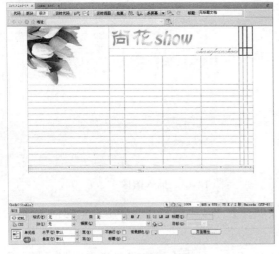

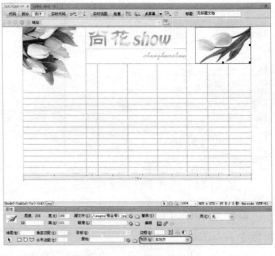

图 14-15　选择单元格　　　　　　　　　　图 14-16　插入图像

12 然后在其他单元格中插入图像，对齐方式为【默认值】即可，如图 14-17 所示。

13 在图 14-18 所示的单元格中输入文字，在【属性】面板中的【目标规则】下拉列表中选择【<新 CSS 规则>】选项，然后单击【编辑规则】按钮，如图 14-18 所示。

图 14-17　在其他单元格中插入图像　　　　图 14-18　输入文字

14 弹出【新建 CSS 规则】对话框，设置【选择器名称】为 w，将【规则定义】设置为【（仅限该文档）】，然后单击【确定】按钮，如图 14-19 所示。

15 弹出【.w 的 CSS 规则定义】对话框，在左侧的【分类】列表框中选择【类型】选项，然后将【Font-family】设置为【黑体】，将【Font-size】设置为 18px，将【Color】设置为#090，然后单击【确定】按钮，如图 14-20 所示。

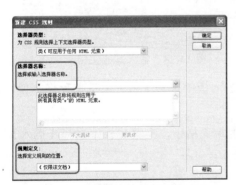 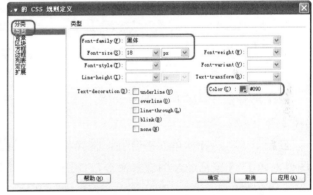

图 14-19　【新建 CSS 规则】对话框　　　图 14-20　【.w 的 CSS 规则定义】对话框

16 即可为输入的文字应用该样式，然后在【属性】面板中将【水平】设置为【居中对齐】，如图 14-21 所示。

17 使用同样的方法，在其他单元格中输入文字，并为输入的文字应用该样式，如图 14-22 所示。

18 在图 14-23 所示的单元格中输入文字，并在【属性】面板中将【水平】设置为【居中对齐】。

19 使用同样的方法，在其他的单元格中输入文字，如图 14-24 所示。

图 14-21　设置对齐方式

图 14-22　输入文字并应用样式

图 14-23　输入文字并设置对齐方式

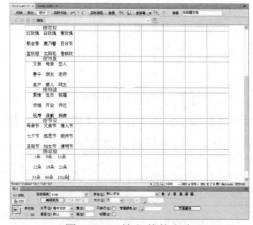

图 14-24　输入其他文字

20 选择图 14-25 所示的单元格，然后在【属性】面板中单击【合并所选单元格，使用跨度】按钮。

21 即可将选择的单元格合并，将光标置入合并的单元格中，在菜单栏中选择【插入】|【图像对象】|【鼠标经过图像】命令，如图 14-26 所示。

图 14-25　选择单元格

图 14-26　选择【鼠标经过图像】命令

22 弹出【插入鼠标经过图像】对话框，单击【原始图像】右侧的【浏览】按钮，弹出【原始图像】对话框，在该对话框中选择随书附带光盘中的【效果】|【原始文件】|【Chapter14】|【images】|【图片01.jpg】文件，如图14-27所示。

23 单击【确定】按钮，返回到【插入鼠标经过图像】对话框中，然后单击【鼠标经过图像】右侧的【浏览】按钮，弹出【鼠标经过图像】对话框，在该对话框中选择随书附带光盘中的【效果】|【原始文件】|【Chapter14】|【images】|【图片02.jpg】文件，如图14-28所示。

图14-27　选择原始图像　　　　图14-28　选择鼠标经过图像

24 单击【确定】按钮，返回到【插入鼠标经过图像】对话框中，如图14-29所示。

25 单击【确定】按钮，即可插入鼠标经过图像，如图14-30所示。

26 选择图14-31所示的单元格，然后在【属性】面板中单击【合并所选单元格，使用跨度】按钮。

图14-29　【插入鼠标经过图像】对话框

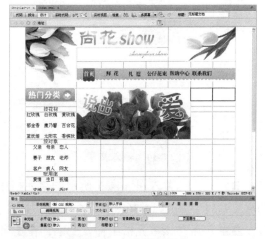

图14-30　插入鼠标经过图像　　　　图14-31　选择单元格

27 即可将选择的单元格合并，将光标置入合并的单元格中，在菜单栏中选择【插入】|【图像】命令，弹出【选择图像源文件】对话框，在该对话框中选择随书附带光盘中的【效果】

|【原始文件】|【Chapter14】|【images】|【联系我们 2.jpg】文件，单击【确定】按钮，即可将选择的图像文件插入到单元格中，如图 14-32 所示。

28 选择图 14-33 所示的单元格，然后在【属性】面板中单击【合并所选单元格，使用跨度】按钮⬚。

图 14-32　插入图像

图 14-33　选择单元格

29 即可将选择的单元格合并，然后在合并的单元格中输入文字，如图 14-34 所示。

30 使用前面介绍的方法将需要合并的单元格进行合并，合并后的效果如图 14-35 所示。

图 14-34　输入文字

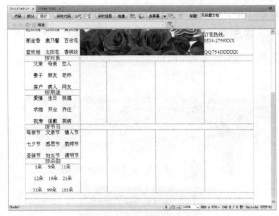

图 14-35　合并单元格

31 将光标置入图 14-36 所示的单元格中，然后在【属性】面板中将【背景颜色】设置为#CC99FF，如图 14-36 所示。

32 然后在该单元格中输入文字，在【属性】面板中的【目标规则】下拉列表中选择【<新 CSS 规则>】选项，然后单击【编辑规则】按钮，弹出【新建 CSS 规则】对话框，设置【选择器名称】为 e，将【规则定义】设置为【（仅限该文档）】，然后单击【确定】按钮，如图 14-37所示。

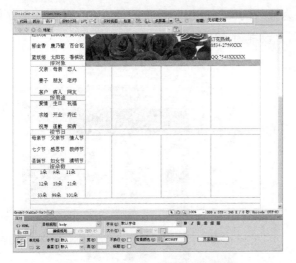

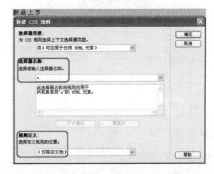

图 14-36 设置单元格的背景颜色　　　　图 14-37 【新建 CSS 规则】对话框

33 弹出【.e 的 CSS 规则定义】对话框，在左侧的【分类】列表框中选择【类型】选项，然后将【Font-family】设置为【黑体】，将【Color】设置为#FFF，单击【确定】按钮，如图 14-38 所示。

34 即可为输入的文字应用该样式，然后在【属性】面板中将【水平】设置为【居中对齐】，如图 14-39 所示。

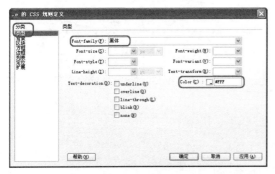

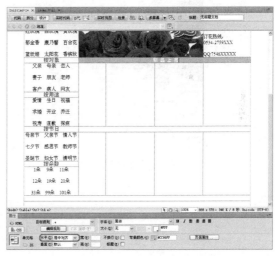

图 14-38 【.e 的 CSS 规则定义】对话框　　　图 14-39 设置对齐方式

35 使用同样的方法，为图 14-40 所示的单元格设置背景颜色，并输入文字，然后为输入的文字应用新设置的样式，如图 14-40 所示。

36 使用上面介绍的方法，在单元格中插入图像，如图 14-41 所示。

37 将光标置入图 14-42 所示的单元格中，然后在【属性】面板中将【背景颜色】设置为#FF9900，如图 14-42 所示。

38 然后在该单元格中输入文字，并为输入的文字应用新设置的样式，在【属性】面板中将【水平】设置为【居中对齐】，将【高】设置为 40，如图 14-43 所示。

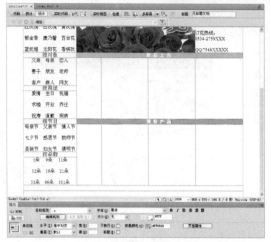

图 14-40　设置背景颜色并输入文字

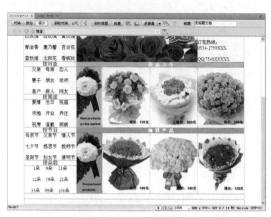

图 14-41　插入图像

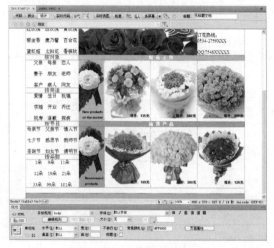

图 14-42　设置背景颜色

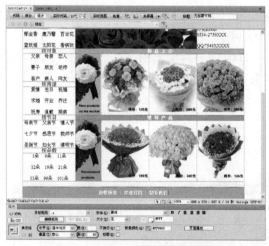

图 14-43　输入并设置文字

15 Chapter 制作学校网站

随着网络技术的发展和传播范围的不断扩大，网站已经成为各大公司、企业、学校等部门向大众进行宣传和展示形象的主要手段，在提升知名度的同时也对自身特点和优势进行了宣传，所以制作一个好的网站对业务的发展和认知度的提高是很有帮助的。本章我们将结合本书所学的三个软件学习学校网站的制作。

Unit 01 使用 Photoshop 设计网站页面

主界面的设计风格直接影响用户的感受，我们首先需要在 Photoshop 中进行网站页面的设计和制作，然后将制作完成后的图像按照需要进行划分，最后导入到网页制作软件中。

设置背景颜色

01 在菜单栏中选择【文件】|【打开】命令，在弹出的【打开】对话框中选择随书附带光盘中的【效果】|【原始文件】|【Chapter15】|【images】|【首页.psd】，单击【打开】按钮，如图 15-1 所示。

02 文件打开后的效果如图 15-2 所示。

图 15-1 【打开】对话框

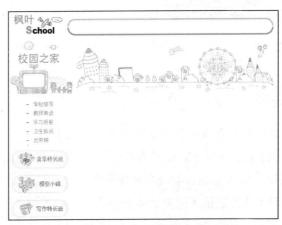

图 15-2 打开素材文件

03 在【图层】面板中选择【背景】图层。按住 Ctrl 键的同时在【图层】面板【背景】图层缩览图中单击鼠标左键，将图层变为选区，如图 15-3 所示。

04 单击工具箱中的【渐变工具】按钮 ，选择【渐变工具】选项栏中的渐变颜色色块，在弹出的【渐变编辑器】对话框中单击左侧颜色色标，然后单击色标下方颜色块，如图 15-4 所示。

图 15-3　转换为选区

图 15-4　【渐变编辑器】对话框

05 在弹出的【选择色标颜色】对话框中将 R、G、B 值设为 176、251、255，然后单击【确定】按钮，如图 15-5 所示。

06 在背景图层选区中按住 Shift 键从上至下拖动鼠标，创建渐变颜色，如图 15-6 所示。创建完成后按 Ctrl+D 组合键取消选区。

图 15-5　【选择色标颜色】对话框

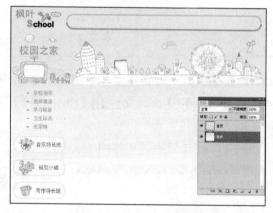

图 15-6　创建渐变背景

输入文本并导出图片

01 在工具箱中单击【横排文字工具】按钮 T，然后在工具选项栏中将字体设置为【黑体】，将【字体大小】设置为 24 点，然后在需要输入文字的地方单击鼠标左键插入光标并输入文字，输入完成后单击文本颜色色块，如图 15-7 所示。

02 在弹出的【选择文本颜色】对话框中将 R、G、B 值设为 255、109、1，然后单击【确定】按钮，如图 15-8 所示。

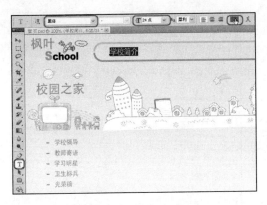
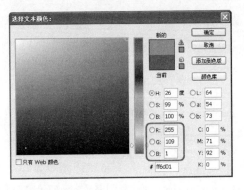

图 15-7　输入文字　　　　　　图 15-8　【选择文本颜色】对话框

03 使用相同的方法继续输入其他文本，完成后的效果如图 15-9 所示，然后将所有图层合并。

04 输入完成后执行菜单栏中的【视图】|【标尺】命令，打开标尺显示并拖出参考线，此时参考线颜色与背景颜色重叠，如图 15-10 所示。下面我们对参考线颜色进行修改。

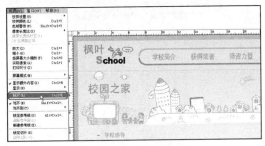

图 15-9　文本输入完成后的效果　　　　图 15-10　显示标尺

05 执行菜单栏中的【编辑】|【首选项】|【参考线、网格和切片】命令，在弹出的【首选项】对话框中更改参考线颜色，如图 15-11 所示。修改完成后单击【确定】按钮。

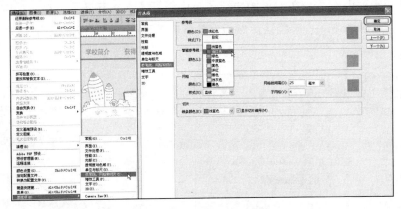

图 15-11　更改参考线颜色

06 在标尺栏中拖出参考线，此时发现参考线已更改，如图 15-12 所示。

07 使用相同的方法继续拖出参考线，完成后的效果如图 15-13 所示。

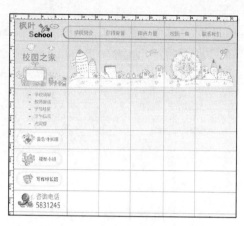

图 15-12　创建参考线

图 15-13　参考线设置完成效果

08 打开随书附带光盘中的【效果】|【原始文件】|【Chapter15】|【images】|【花.psd】
文件，如图 15-14 所示。

09 将【花】图像拖至【首页】文件中，调整其位置，如图 15-15 所示。

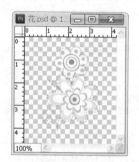

图 15-14　打开【花.psd】素材

图 15-15　调整素材位置层

10 调整完成后将花文件所在图层进行复制，选择复制后图层，按 Ctrl+t 组合键，打开
变形命令，在变形框中右击，在弹出的快捷菜单中选择【水平翻转】命令，如图 15-16 所示。

11 翻转完成后按 Enter 键确认，然后调整翻转图形位置，将所有图层合并，如图 15-17
所示。

图 15-16　选择【水平翻转】命令

图 15-17　合并图

12 单击工具箱中的【矩形选框工具】按钮，在划分好标尺的图像中拖动鼠标创建矩形选区，如图 15-18 所示。

13 选区创建完成后，按 Ctrl+Shift+C 组合键复制所选区域，然后按 Ctrl+N 组合键创建一个新文档，如图 15-19 所示。

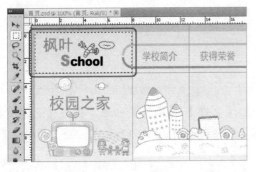

图 15-18　创建选区

图 15-19　创建新文档

提　示

此时创建的新文档大小与选区大小相同，直接单击【确定】按钮创建即可。

14 在创建的新文档中按 Ctrl+V 组合键粘贴选区，如图 15-20 所示。

15 按 Ctrl+E 组合键合并图层，打开【存储为】对话框，将文件设置为 JPEG 格式，然后输入文件名并设置存储路径，设置完成后单击【保存】按钮，如图 15-21 所示。

16 使用相同的方法继续创建其他选区，并分别将选区存储为 JPEG 格式图片，完成后的效果如图 15-22 所示。

图 15-20　粘贴选区

图 15-21　【存储为】对话框

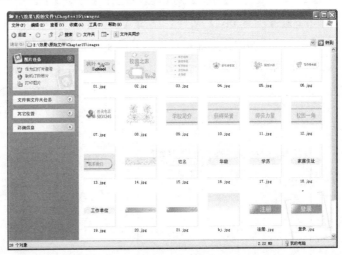

图 15-22　图像存储完成后的效果

Unit 02 使用 Flash 制作宣传动画

页面设计完成后，下面我们使用 Flash 制作网页中的宣传动画，使用静态图片与动画结合会使网页更加具有吸引力。

创建文档

01 运行 Flash CS 5.5 软件，执行菜单栏中的【文件】|【新建】命令，打开【新建文档】对话框，将宽、高分别设为 694 像素、193 像素，将【帧频】设为 12.00fps，然后单击【确定】按钮，如图 15-23 所示。

02 执行菜单栏中的【文件】|【导入】|【导入到库】命令，如图 15-24 所示。

图 15-23　新建文档

图 15-24　【导入到库】命令

03 弹出【导入到库】对话框，选择【效果】|【原始文件】|【Chapter15】|【images】|【枫叶.psd】、【图片.psd】文件，单击【打开】按钮，如图 15-25 所示。

04 打开【将"图片.psd"导入到库】对话框，勾选两个图层前的复选框，然后单击【确定】按钮，如图 15-26 所示。使用相同的方法将【枫叶.psd】文件导入到库。

图 15-25　【导入到库】对话框

图 15-26　【将"图片.psd"导入到库】对话框

05 在【库】面板中选择【01】图像，将其拖至舞台中，打开【对齐】面板，勾选【与舞台对齐】复选框，分别单击【水平中齐】按钮 ![] 和【垂直中齐】按钮 ![]，将图像对齐至舞台中心，如图 15-27 所示。

06 选择【图层 1】第 25 帧并右击，在弹出的快捷菜单中选择【插入空白关键帧】命令，完成后的效果如图 15-28 所示。

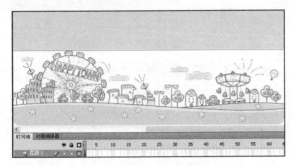

图 15-27　对齐图像

图 15-28　插入空白关键帧

07 新建【图层 2】，在【库】面板中选择【02】图像，将其拖至舞台中，打开【对齐】面板，勾选【与舞台对齐】复选框，分别单击【水平中齐】按钮 ![] 和【垂直中齐】按钮 ![]，将图像对齐至舞台中心，如图 15-29 所示。

08 将【图层 2】第 1 帧关键帧拖至第 25 帧位置处，如图 15-30 所示。

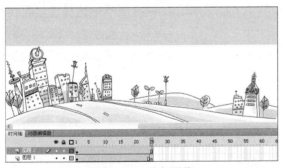

图 15-29　对齐图像

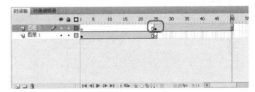

图 15-30　调整关键帧位置

输入文本并设置文本动画

01 新建【图层 3】，单击工具箱中的【文本工具】按钮 ![T]，在舞台中输入文本，选中输入的文本，打开【属性】面板，在【字符】组下进行设置，将【系列】设为【隶书】，【大小】设为 42 点，【颜色】设为#FF6600，如图 15-31 所示。

02 设置完成后选择【图层 3】第 25 帧并右击，在弹出的快捷菜单中选择【插入空白关键帧】命令。然后选择第 1 帧，调整该帧中文本位置，如图 15-32 所示。

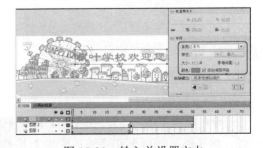

图 15-31　输入并设置文本

03 在该层第 24 帧插入关键帧，然后调整文本位置，如图 15-33 所示。

图 15-32　插入空白关键帧

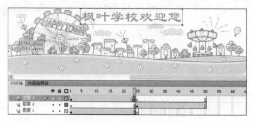

图 15-33　插入关键帧

04 设置完成后新建【图层 4】，单击【文本工具】按钮 T 在舞台中输入文本，将【图层 4】第 1 帧关键帧拖至第 25 帧位置处，然后调整该关键帧中文本的位置，如图 15-34 所示。

05 调整完成后在【图层 4】第 50 帧插入关键帧，然后调整文本位置，如图 15-35 所示。

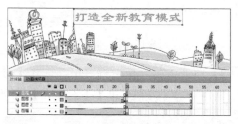

图 15-34　创建文本

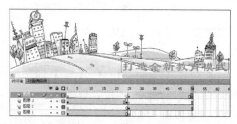

图 15-35　调整文本位置

06 在【图层 3】第 1～24 帧之间任意位置右击，在弹出的快捷菜单中选择【创建传统补间】命令，如图 15-36 所示。

07 使用相同的方法在【图层 4】第 25～50 帧之间创建传统补间动画，完成后的效果如图 15-37 所示。

图 15-36　选择【创建传统补间】命令

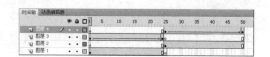

图 15-37　创建传统补间动画

创建路径动画

01 新建【图层 5】，在【库】面板中选择枫叶图像，将其拖至舞台中，打开【变形】面板，将【缩放高度】和【缩放宽度】进行约束，然后将缩放数值设为 39.0%，【旋转】设为 50°，并调整枫叶位置，如图 15-38 所示。

02 在【图层 5】名称上右击，在弹出的快捷菜单中选择【添加传统运动引导层】命令，然后单击工具箱中的【铅笔工具】按钮 ✐ 绘制路径，如图 15-39 所示。

图 15-38　设置缩放比例

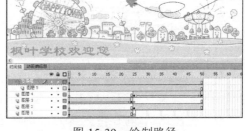

图 15-39　绘制路径

03 分别为【引导层】和【图层 5】第 24 帧插入关键帧，然后在【图层 5】第 1～24 帧之间创建传统补间动画，如图 15-40 所示。

04 在【引导层】和【图层 5】第 25 帧插入空白关键帧，新建【图层 6】，在【库】面板中选择枫叶图像，将其拖至舞台中，打开【变形】面板，将【缩放高度】和【缩放宽度】进行约束，

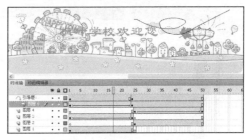

图 15-40　创建传统补间动画

然后将缩放数值设为 39.0%，【旋转】设为 40°，并调整枫叶位置，将该层第 1 帧关键帧拖至第 25 帧，如图 15-41 所示。

05 在【图层 6】名称上右击，在弹出的快捷菜单中选择【添加传统运动引导层】命令，然后单击工具箱中的【铅笔工具】按钮 ✐ 绘制路径，并将第 1 帧关键帧拖至第 25 帧，如图 15-42 所示。

图 15-41　调整缩放比例

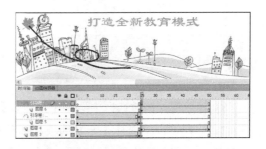

图 15-42　绘制路径

06 分别为【引导层】和【图层 6】第 50 帧插入关键帧，然后在【图层 6】25～50 帧之间创建传统补间动画，如图 15-43 所示。

07 按 Ctrl＋Enter 组合键测试影片，效果如图 15-44 所示。

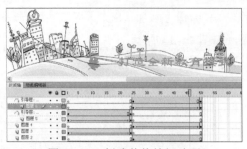 

图 15-43　创建传统补间动画　　　　　　　　　图 15-44　预览影片

08 执行菜单栏中的【文件】|【另存为】命令，在弹出的【另存为】对话框中选择一个存储路径，为文件命名，单击【保存】按钮，如图 15-45 所示。

09 输出场景动画，执行菜单栏中的【文件】|【导出】|【导出影片】命令，在弹出的【导出影片】对话框中单击【保存】按钮，如图 15-46 所示，将动画输出。

图 15-45　【另存为】对话框　　　　　　　　　图 15-46　【导出影片】对话框

Unit 03　使用 Dreamweaver 制作页面

最后我们使用 Dreamweaver 制作页面。

创建页面框架并插入图片

01 启动 Dreamweaver CS 5.5 软件，执行菜单栏中的【文件】|【新建】命令，打开【新建文档】对话框，在对话框中选择【空白页】，在【页面类型】列表框中选择【HTML】选项，在【布局】列表框中选择【无】选项，然后单击【创建】按钮，如图 15-47 所示。

02 执行菜单栏中的【插入】|【表格】命令，在弹出的【表格】对话框中将【行数】设为 9，【列】设为 6，【表格宽度】设为 937 像素，然后单击【确定】按钮，如图 15-48 所示。

03 插入表格后的效果如图 15-49 所示。

04 执行菜单栏中的【文件】|【保存】命令，在弹出的【另存为】对话框中选择存储路径，输入文档名，然后单击【保存】按钮，如图 15-50 所示。

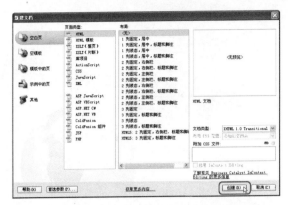

图 15-47 【新建文档】对话框

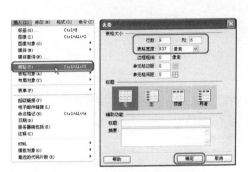

图 15-48 【表格】对话框

图 15-49 插入表格效果

图 15-50 【另存为】对话框

05 将光标置于第一行第一个单元格中，执行菜单栏中的【插入】|【图像】命令，打开【选择图像源文件】对话框，选择随书附带光盘中的【效果】|【原始文件】|【Chapter15】|【images】|【01.jpg】文件，然后单击【确定】按钮，如图 15-51 所示。

06 插入图像后的效果如图 15-52 所示。然后将光标置于第一行第二个单元格中。

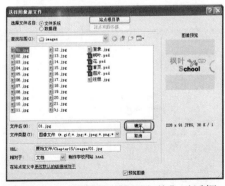

图 15-51 【选择图像源文件】对话框

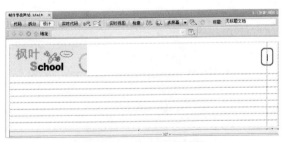

图 15-52 插入图像效果

07 执行菜单栏中的【插入】|【图像】命令，打开【选择图像源文件】对话框，选择随书附带光盘中的【效果】|【原始文件】|【Chapter15】|【images】|【09.jpg】文件，然后单击【确定】按钮，如图 15-53 所示。

08 插入图像后的效果如图 15-54 所示。

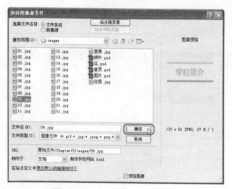

图 15-53　选择素材图像

图 15-54　插入完成后的效果

09 使用相同的方法插入其他图像，完成后的效果如图 15-55 所示。

10 选择图 15-56 所示的单元格，然后将其合并。

图 15-55　插入左侧图像效果

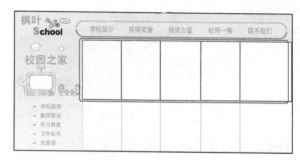

图 15-56　选择单元格

11 在合并后的单元格中插入素材图像，如图 15-57 所示。

12 设置完成后单击面板底部的【页面属性】按钮，弹出【页面属性】对话框，单击【背景图像】右侧的【浏览】按钮，如图 15-58 所示。

图 15-57　合并单元格

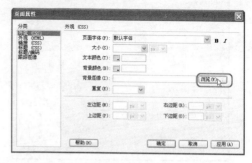

图 15-58　【页面属性】对话框

13 在弹出的【选择图像源文件】对话框中选择【bj.jpg】文件，然后单击【确定】按钮，如图 15-59 所示。

 提　示

该文件所在位置为【效果】|【最终效果】|【Chapter15】|【bj.jpg】。

14 返回到【页面属性】对话框，将【重复】设为【repeat-x】，然后单击【确定】按钮，如图 15-60 所示。

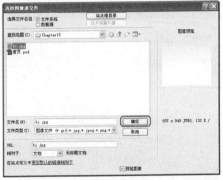

图 15-59 【选择图像源文件】对话框

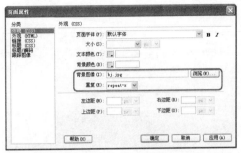

图 15-60 【页面属性】对话框

15 背景图像插入完成后的效果如图 15-61 所示。选择整个表格，在【表格】属性面板中将【对齐】设为【居中对齐】。

16 设置完成后，按 F12 键在浏览器中预览效果，如图 15-62 所示。

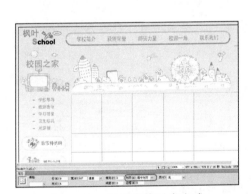

图 15-61 设置表格对齐方式

图 15-62 浏览效果

17 将光标置于第三行第二列单元格中，执行菜单栏中的【插入】|【媒体】|【SWF】命令，如图 15-63 所示。

18 在弹出的【选择 SWF】对话框中选择随书附带光盘中的【效果】|【最终效果】|【Chapter15】|【动画.jswf】文件，然后单击【确定】按钮，如图 15-64 所示。

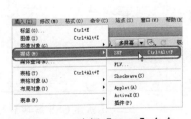

图 15-63 选择【SWF】命令

图 15-64 【选择 SWF】对话框

19 此时即可将选择的文件插入到单元格中，如图 15-65 所示。

20 按 F12 键在浏览器中预览效果，如图 15-66 所示。

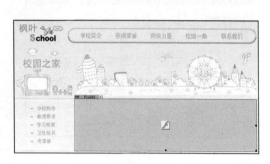

图 15-65　插入 Flash 效果

图 15-66　浏览效果

输入并设置网页文本

01 将单元格按照图 15-67 所示进行拆分。

02 拆分完成后在单元格中插入图片并输入文本，将文本和图片对齐方式都设为【居中对齐】，如图 15-68 所示。

图 15-67　拆分中间单元格

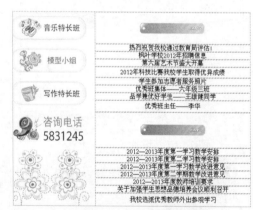

图 15-68　输入文本

03 选择输入的文本，单击【属性】面板中的【编辑规则】按钮，弹出【新建 CSS 规则】对话框，在该对话框中将【选择器类型】定义为【类(可应用于任何 HTML 元素)】，然后输入选择器名称，设置完成后单击【确定】按钮，如图 15-69 所示。

04 弹出【规则定义】对话框，在左侧【分类】列表框中选择【类型】，将【color】设为#F90，勾选【underline】复选框，然后单击【确定】按钮，如图 15-70 所示。

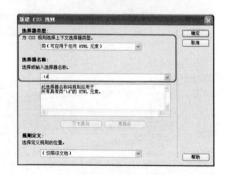

图 15-69　【新建 CSS 规则】对话框

05 所有文本应用样式后的效果如图 15-71 所示。

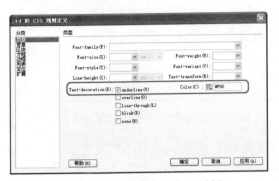

图 15-70 【规则定义】对话框

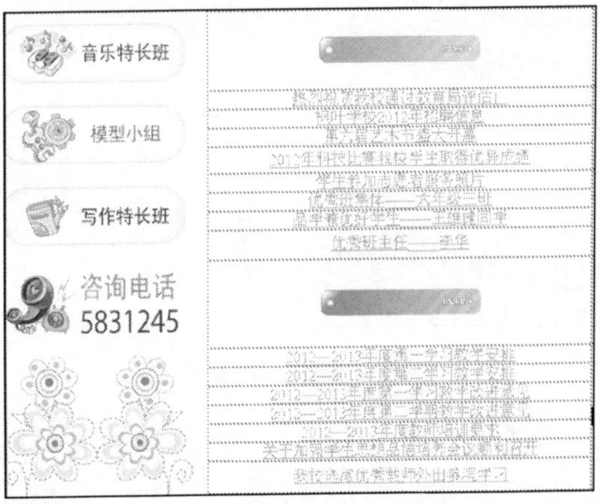

图 15-71 应用 CSS 样式

06 将最右侧单元格进行拆分，拆分效果如图 15-72 所示。

07 在拆分后的单元格中插入图片，将单元格对齐方式设为【居中对齐】，完成后的效果如图 15-73 所示。

图 15-72 拆分右侧单元格

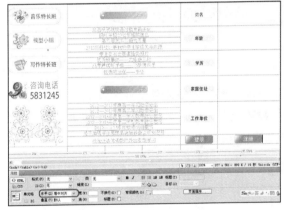

图 15-73 设置【居中对齐】

插入并设置表单

01 选择【姓名】右侧的单元格，在【插入】面板中选择【常用】选项，然后单击【表单】按钮，在【表单】下拉列表中选择【文本字段】选项，如图 15-74 所示。

02 此时即可在光标所在单元格中插入文本字段，如图 15-75 所示。

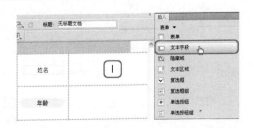

图 15-74 选择【文本字段】选项

03 使用相同的方法继续在【年龄】右侧的单元格中插入文本字段，在【学历】右侧的单元格中插入【选择（列表/菜单）】，如图 15-76 所示。

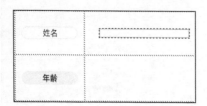

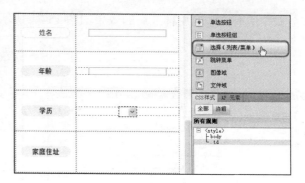

图 15-75　插入【文本字段】选项　　　　　　图 15-76　插入【选择（列表/菜单）】

04 选择插入的【选择（列表/菜单）】，在【属性】面板中单击【列表值】按钮，如图 15-77 所示。

05 在弹出的【列表值】对话框中输入项目，如图 15-78 所示。输入完成后单击【确定】按钮。

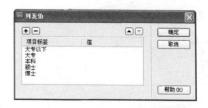

图 15-77　单击【列表值】按钮　　　　　　图 15-78　【列表值】对话框

06 完成后的效果如图 15-79 所示，将【初始化时选定】设为【大专】。

07 设置完成后分别在【家庭住址】和【工作单位】右侧单元格中插入【文本区域】，在【属性】面板中将【字符宽度】设为 30，如图 15-80 所示。

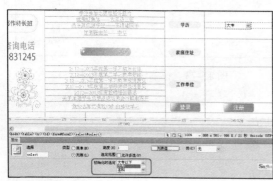

图 15-79　设置【初始化时选定】　　　　　图 15-80　插入并设置【文本区域】

08 设置完成后使用前面章节介绍的方法输入版权信息，完成后的效果如图 15-81 所示。

09 至此我们的学校网站就制作完成了，将完成后的效果进行存储，然后按 F12 键在浏览器中预览效果，如图 15-82 所示。

图 15-81　输入版权信息　　　　　　图 15-82　浏览最终效果

16 Chapter 制作公司网站页面

在网络技术普及的今天，网站在各领域的作用也日益凸显。要制作一个完整的网站，首先要了解制作网站的目的以及网站所能提供给浏览者的内容，其次要体现出行业特点。本章将从实际应用出发，介绍公司网站的制作，帮助读者增长实际网页制作的经验。

Unit 01 制作公司网站首页

网站首页是一个网站的入口网页，所以首页设计是否新颖美观会直接影响到用户的点击率和浏览量，所以我们在设计网站首页的时候一定要明确内容和抓住用户。

网站主页总体布局

01 按 Ctrl+N 组合键，在弹出的对话框中选择【空白页】选项卡，在【页面类型】列表框中选择【HTML】选项，在【布局】列表框中选择【无】选项，如图 16-1 所示。

02 设置完成后，单击【确定】按钮，在菜单栏中选择【插入】|【表格】命令，如图 16-2 所示，在文件中插入表格。

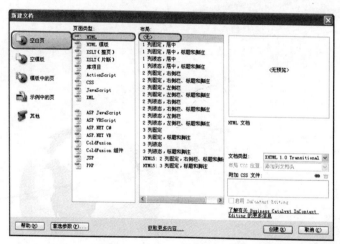

图 16-1 【新建文档】对话框

图 16-2 选择【表格】命令

03 在弹出的【表格】对话框中，设置添加表格的属性参数，将【行数】设为 8，【列】设为 4，【表格宽度】设为 695 像素，【边框粗细】设为 0 像素，如图 16-3 所示。

04 设置完成后单击【确定】按钮，拖动鼠标选中插入的表格，在菜单栏中选择【窗口】|【属性】命令，如图 16-4 所示。

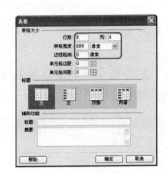

图 16-3 【表格】对话框　　　　　　　　图 16-4 选择【属性】命令

05 在【属性】面板中，在【对齐】下拉列表中选择【居中对齐】方式，将插入的表格居中对齐，如图 16-5 所示。

图 16-5 选择【居中对齐】命令

06 拖动鼠标选中插入表格第一行的四个单元格，右击选中区域，在弹出的快捷菜单中选择【表格】|【合并单元格】命令，如图 16-6 所示，将选中的单元格合并。

07 继续拖动鼠标，将第 2 行和第 3 行的单元格进行合并，效果如图 16-7 所示。

图 16-6 选择【合并单元格】命令　　　　　图 16-7 合并单元格后的效果

08 按上述方法将插入表格的第二列的第 4567 单元格和最后一行的四个单元格进行【合作单元格】操作，如图 16-8 所示。

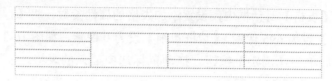

图 16-8   合并单元格后的效果

插入图片元素

01 移动鼠标将光标移至表格第一行单元格内，选择菜单栏中的【插入】|【图像】命令，如图 16-9 所示。

02 在弹出的【选择图像源文件】对话框中选择随书附带光盘中的【效果】|【原始文件】|【Chapter16】|【images】|【index_01.gif】，如图 16-10 所示。

图 16-9   选择【图像】命令

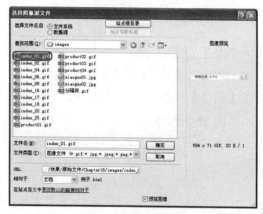

图 16-10   选择图像源文件

03 单击【确定】按钮，即可插入选中的素材，如图 16-11 所示。

04 再将光标移动至第 4 行的第一个单元格内，然后选择菜单栏中的【插入】|【图像】命令，在弹出的对话框中选择随书附带光盘中的【效果】|【原始文件】|【Chapter16】|【images】|【index_04.gif】，如图 16-12 所示。然后单击【确定】按钮。

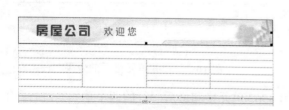

图 16-11   插入素材后的效果

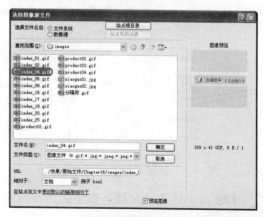

图 16-12   【选择图像源文件】对话框

05 移动光标至第 5 行的第一个单元格内，在菜单栏中选择【插入】|【表格】命令，在弹出的【表格】对话框中，设置【行数】为 4，【列】为 2，【表格宽度】为 169 像素，【边框粗细】为 0，如图 16-13 所示，然后单击【确定】按钮。

06 移动鼠标选中新插入表格的第 1 行的两个单元格并将其合并，如图 16-14 所示。

图 16-13 【表格】对话框

图 16-14 合并单元格

07 在弹出的对话框中选择随书附带光盘中的【效果】|【原始文件】|【Chapter16】|【images】|【index_08.gif】，如图 16-15 所示。然后单击【确定】按钮。

08 移动鼠标至第 6 行第一个单元格内，在菜单栏中选择【插入】|【表格】命令，将行数设置为 2，列数为 1，宽度为 169 像素，边框粗细为 0 的表格，如图 16-16 所示，然后单击【确定】按钮。

图 16-15 选择素材文件

图 16-16 【表格】对话框

09 移动光标至新插入表格的第一行单元格内，按 Ctrl+Alt+I 组合键，在弹出的对话框中选择随书附带光盘中的【效果】|【原始文件】|【Chapter16】|【images】|【index_16.gif】，如图 16-17 所示，然后单击【确定】按钮。

10 将光标移动至新插入表格的第 2 行单元格内，继续按 Ctrl+Alt+I 组合键，将【index_18.gif】文件插入单元格内，如图 16-18 所示。

图 16-17　选择素材文件　　　　　　　　图 16-18　插入素材文件

11 移动光标至大表格的第 4 行第三列单元格内，在菜单栏中选择【插入】|【表格】命令，在弹出的【表格】对话框中，将【行数】设为 2，【列】设为 1，【表格宽度】设为 479 像素，【边框粗细】设为 0，如图 16-19 所示，然后单击【确定】按钮。

12 在新插入的表格的第一行的单元格内插入随书附带光盘中的【效果】|【原始文件】|【Chapter 16】|【images】|目录下的【index_06.gif】图像文件，插入后的效果如图 16-20 所示。

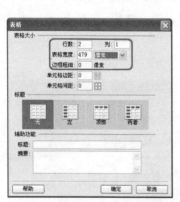

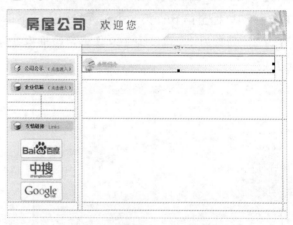

图 16-19　【表格】对话框　　　　　　　图 16-20　插入素材文件

13 使用同样的方法将【index_17.gif】、【index_20.gif】素材文件插入，完成后的效果如图 16-21 所示。

14 将光标移动至大表格的最后一行，按 Ctrl+Alt+I 组合键，插入【index_25.gif】图像文件，如图 16-22 所示。

15 选择大表格的第二行，按 Ctrl+Alt+I 组合键，插入【index_02.gif】图像文件，如图 16-23 所示。

16 移动鼠标，选中大表格中所有单元格，在【属性】面板中将【水平】设置为【左对齐】，将【垂直】设置为【顶端】，如图 16-24 所示，按 Ctrl+S 组合键将其保存。

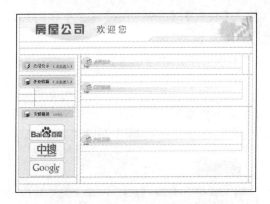

图 16-21　插入其他素材后的效果

图 16-22　插入素材文件后的效果

图 16-23　插入素材文件

图 16-24　【属性】面板

添加导航栏

01 将光标移至大表格第三行单元格内，在【属性】面板中设置该单元格的【背景颜色】为#FF0000，如图 16-25 所示。

02 在菜单栏中选择【插入】|【表格】命令，在弹出的对话框中将【行数】设为 1，【列】设为 7，【表格宽度】设为 695 像素，【边框粗细】设为 0，如图 16-26 所示，然后单击【确定】按钮。

图 16-25　设置背景颜色

图 16-26　【表格】对话框

03 在新插入的表格中的七个单元格中分别输入【首页】、【新闻动态】、【关于我们】、【产品世界】、【服务下载】、【招贤纳士】、【联系我们】，如图 16-27 所示。

04 选中新插入表格的七个单元格，在【属性】面板中单击【CSS】按钮，单击【编辑规则】按钮，如图 16-28 所示。

图 16-27　输入文字　　　　　　　　图 16-28　单击【编辑规则】按钮

05 在弹出的【新建 CSS 规则】对话框中，将【选择器名称】设置为【.nav】，如图 16-29 所示，然后单击【确定】按钮。

06 在弹出的对话框的【分类】列表框中选择【类型】选项，在【Font-family】下拉列表中选择【编辑字体列表】选项，如图 16-30 所示。

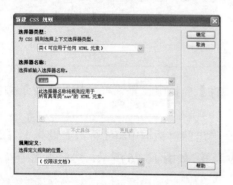

图 16-29　【新建 CSS 规则】对话框　　　图 16-30　选择【编辑字体列表】选项

07 再在弹出的对话框中的【可用字体】列表框中选择【微软雅黑】，单击≪按钮，将其添加到【字体列表】中，如图 16-31 所示。

08 设置完成后，单击【确定】按钮，在【Font-family】下拉列表中选择【微软雅黑】，然后再设置其他参数，参数设置如图 16-32 所示，设置完成后，单击【确定】按钮退出 CSS 规则编写对话框。

图 16-31　【编辑字体列表】对话框

09 单击【属性】面板中的【居中对齐】按钮，然后按 Ctrl+S 组合键将其保存。

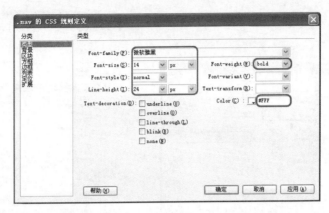

图 16-32 【.nav 的 CSS 规则定义】对话框

文字列表信息设置

01 将光标移至大表格中的第 5 行第一个单元格中插入表格内，然后输入文字【用户名：】，如图 16-33 所示。

02 选中输入文字，在 Dreamweaver 工作区下的【属性】面板中单击【CSS】按钮，单击【编辑规则】按钮，在弹出的【新建 CSS 规则】对话框中，设置【选择器名称】为【.left】，如图 16-34 所示，然后单击【确定】按钮。

图 16-33 输入文字

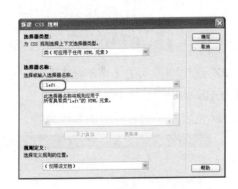

图 16-34 设置选择器名称

03 在弹出的【.left 的 CSS 规则定义】对话框中设置参数，如图 16-35 所示，然后单击【确定】按钮。

04 移动光标至右侧的单元格，选择菜单【插入】|【表单】|【文本域】命令，如图 16-36 所示。

05 执行该命令后，即可弹出【输入标签辅助功能属性】对话框，使用其默认参数设置，如图 16-37 所示。

06 然后单击【确定】按钮，在弹出的"是否添加表单标签"的对话框中单击【否】按钮，如图 16-38 所示。

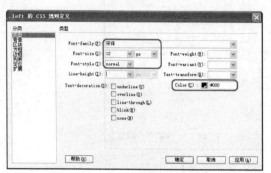

图 16-35 【.left 的 CSS 规则定义】对话框

图 16-36 选择【文本域】命令

图 16-37 【输入标签辅助功能属性】对话框

图 16-38 提示对话框

07 选中刚插入的【文本域】标签，然后在工作区下的【属性】面板中将【字符宽度】设置为 10，如图 16-39 所示。

08 使用同样的方法添加其他内容，添加后的效果如图 16-40 所示。

图 16-39 设置【字符宽度】

图 16-40 添加其他内容

09 移动鼠标，将光标放置在文字【密码:】下面的单元格中，然后选择【插入】|【表单】|【按钮】命令，如图 16-41 所示。

10 在弹出的【输入标签辅助功能属性】对话框中单击【确定】按钮，然后在弹出的"是否添加表单标签"的对话框中单击【否】按钮，选中新插入的按钮标签，在【属性】面板中将【值】设为【重置】，【动作】设为【重设表单】，【类】设为 left，如图 16-42 所示。

图 16-41　选择【按钮】命令

图 16-42　设置属性

11 使用相同的方法在新插入按钮标签右侧的单元格中插入一个【值】为【登录】、【动作】为【提交表单】、【类】为【left】的新按钮，如图 16-43 所示。

12 将光标移至公司简介图片下方的单元格内，输入图 16-44 所示的文字。

图 16-43　添加新按钮

图 16-44　输入文字

13 选中输入的文字，在工作区下的【属性】面板中单击【CSS】按钮，再单击【编辑规则】按钮，在弹出的【新建 CSS 规则】对话框中设置【选择器名称】为【.content】，然后单击【确定】按钮，如图 16-45 所示。

14 在弹出的【.content 的 CSS 规则定义】对话框中设置参数，如图 16-46 所示，然后单击【确定】按钮。

15 移动光标至公司公示图片下方，然后输入文字，如图 16-47 所示。

16 选中刚输入的文字内容，在【属性】面板中单击【目标规则】右侧的下三角按钮，在弹出的下拉列表中选择【应用类】|【.content】样式，如图 16-48 所示。

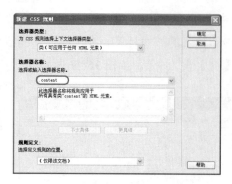

图 16-45　设置选择器名称

图 16-46　【.content 的 CSS 规则定义】对话框

图 16-47　输入文字

图 16-48　选择.content 样式

17 移动光标至新闻动态图片下面的单元格内，在菜单栏中选择【插入】|【表格】命令，在弹出的【表格】对话框中设置【行数】为 5，【列】为 2，【表格宽度】为 100 百分比，【边框粗细】为 0，如图 16-49 所示，然后单击【确定】按钮。

18 然后在单元格中输入相应的文字，并为其应用【.content】样式，效果如图 16-50 所示。对该文件进行保存。

图 16-49　【表格】对话框

图 16-50　输入文字

图片滚动的设置

01 在设计视图中，将光标移至产品展示图片下面的单元格内，然后切换至拆分或者代码视图中，在代码页面中光标停留的地方输入【滚动图片代码.txt】文件中的代码，如图 16-51 所示。

02 输入代码之后保存场景，然后按 F12 键，页面预览效果如图 16-52 所示。到此，主页制作已完成。

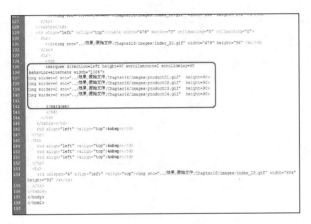

图 16-51　输入代码

16-52　完成后的效果

Unit 02　制作公司网站二级页

由于网站二级栏目页面大部分相同，因此可以采用模板制作。使用模板创建网页最大的好处就是当修改模板时使用该模板创建的所有网页可以一次自动更新，大大提高了网页的维护效率。

制作二级页模板

01 选择菜单中的【文件】|【新建】命令，在弹出的【新建文档】对话框中，设置【页面类型】设置为【HTML】，【布局】为【无】，如图 16-53 所示，然后单击【创建】按钮。

02 在菜单栏中选择【插入】|【表格】命令，在弹出的【表格】对话框中设置【行】为 5，【列数】为 3，【表格宽度】为 695 像素，【边框粗细】为 0，如图 16-54 所示，然后单击【确定】按钮。

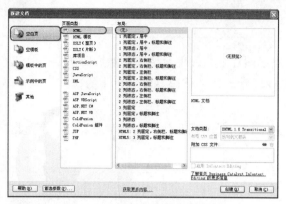

图 16-53 【新建文档】对话框

图 16-54 【表格】对话框

03 拖动鼠标选中插入表格中第 1 行的三个单元格，然后右击，在弹出的快捷菜单中选择【表格】|【合并单元格】命令，如图 16-55 所示。

04 使用同样的方法将表格的第 2、3、5 行单元格进行合并，单元格合并之后如图 16-56 所示。

图 16-55 选择【合并单元格】命令

图 16-56 单元格合并效果

05 移动光标至第 4 行的第二个单元格内，然后在【属性】面板中设置【宽】为 670，【高】为 300，【水平】为【左对齐】，【垂直】为【顶端】，如图 16-57 所示。

06 选中整个表格，然后在【属性】面板中将【对齐】设置为【居中对齐】，如图 16-58 所示。

07 然后将该文件保存到 index.html 相同的目录下，并命名为 common.html。

08 按照上一节内容，为该页面添加头部图片、Flash 和导航条以及其他图片，浏览效果如图 16-59 所示。至此，一个简单的二级页模板已经做完了。

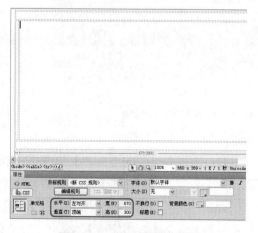

图 16-57 单元格属性设置

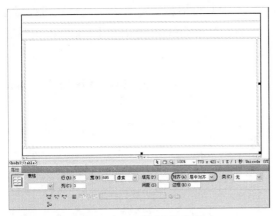

图 16-58　表格属性设置

图 16-59　完成后的效果

制作公司网站产品页

公司网站的产品页主要是图片展示，本节通过 Dreamweaver CS 5.5 中自带的鼠标经过图像时更换显示图像的功能来实现案例。

01 继续上面的操作，将光标移至的第四行单元格内，在【属性】面板中将【水平】为【居中对齐】，将【垂直】设置为【顶端】，如图 16-60 所示。

02 在该单元格中输入文字，在菜单栏中选择【插入】|【图像对象】|【鼠标经过图像】命令，如图 16-61 所示。

图 16-60　设置单元格属性

图 16-61　选择【鼠标经过图像】命令

03 在弹出的【插入鼠标经过图像】对话框中，设置【图像名称】为 xiaoguo01，在【原始图像】右侧单击【浏览】按钮，如图 16-62 所示。

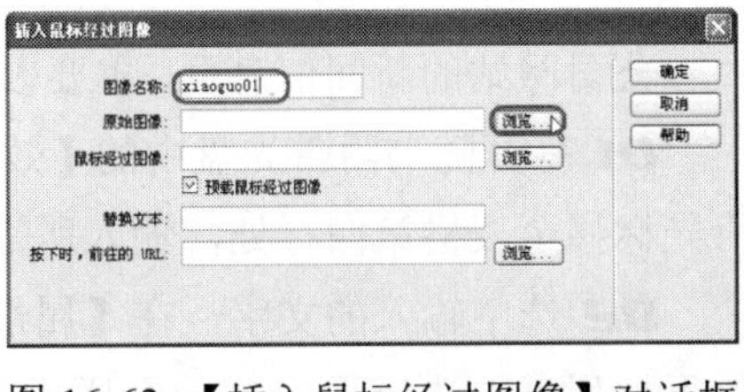

04 在弹出的【原始图像】对话框中选择随书附带光盘中的【效果】|【原始文件】|【Chapter16】|【images】|【xiaoguo01.jpg】，如图 16-63 所示。

图 16-62　【插入鼠标经过图像】对话框

05 单击【确定】按钮，返回【插入鼠标经过图像】对话框中，单击【鼠标经过图像】右侧的【浏览】按钮，在弹出的对话框中选择随书附带光盘中的【效果】|【原始文件】|【Chapter16】|【images】|【xiaoguo02.jpg】，如图 16-64 所示。

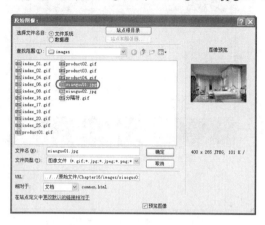

图 16-63　选择素材文件　　　　　　图 16-64　选择素材文件

06 单击【确定】按钮，返回到【插入鼠标经过图像】对话框中，单击【确定】按钮，即可插入素材，如图 16-65 所示。

07 选中刚插入的图像文件，在【属性】面板中将【宽】设置为【400】，将【高】设置为【265】，如图 16-66 所示，对完成后的场景进行保存。

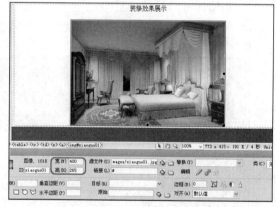

图 16-65　插入素材后的效果　　　　　　图 16-66　设置【宽】和【高】

制作公司网站新闻信息页

公司网站的新闻信息页，主要以文字为主，本节通过设置文字在页面中的显示来实现案例。

01 打开随书附带光盘中的【效果】|【最终效果】|【Chapter16】|【common.html】文件，将光标移至表格第四行处，输入所需要的文本，如图 16-67 所示。

02 选中输入的文字，在【属性】面板中单击【目标规则】右侧的下三角按钮，在弹出的下拉列表中选择【.content】样式，效果如图 16-68 所示。对完成后的场景进行保存。

图 16-67　输入文字

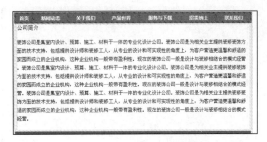

图 16-68　应用【.content】样式

Unit 03　制作公司网站超链接

网站是通过不同网页的相互链接形成一个整体的，本节为大家介绍网页中超链接的制作过程。

01 打开随书附带光盘【效果】|【最终效果】|【Chapter16】|【index.html】文件，选中导航栏中文字【关于我们】，在菜单栏中选择【插入】|【超链接】命令，如图 16-69 所示。

02 在弹出的【超链接】对话框中，单击【链接】右侧的【浏览】按钮□，如图 16-70 所示。

图 16-69　选择【超链接】命令

图 16-70　单击【浏览】按钮

03 在弹出的【选择文件】对话框中选择【wenzi.html】（此文件在随书附带光盘中的【效果】|【最终效果】|【Chapter16】），如图 16-71 所示，然后单击【确定】按钮。

04 返回到【超链接】对话框中，单击【确定】按钮，如图 16-72 所示。

05 然后使用同样的方法为其他对象添加超链接，对完成后的场景进行保存。

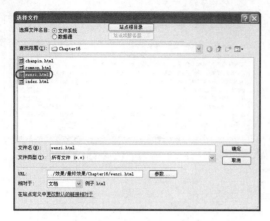

图 16-71 【选择文件】对话框   图 16-72 【超链接】对话框

读者意见反馈表

亲爱的读者：

感谢您对中国铁道出版社的支持，您的建议是我们不断改进工作的信息来源，您的需求是我们不断开拓创新的基础。为了更好地服务读者，出版更多的精品图书，希望您能在百忙之中抽出时间填写这份意见反馈表发给我们。随书纸制表格请在填好后剪下寄到：北京市西城区右安门西街8号中国铁道出版社综合编辑部 于先军 收（邮编：100054）。或者采用传真（010-63549458）方式发送。此外，读者也可以直接通过电子邮件把意见反馈给我们，E-mail地址是：46768089@qq.com，我们将选出意见中肯的热心读者，赠送本社的其他图书作为奖励。同时，我们将充分考虑您的意见和建议，并尽可能地给您满意的答复。谢谢！

- -

所购书名：_____

个人资料：

姓名：_____ 性别：_____ 年龄：_____ 文化程度：_____

职业：_____ 电话：_____ E-mail：_____

通信地址：_____ 邮编：_____

- -

您是如何得知本书的：

□书店宣传 □网络宣传 □展会促销 □出版社图书目录 □老师指定 □杂志、报纸等的介绍 □别人推荐
□其他（请指明）_____

您从何处得到本书的：

□书店 □邮购 □商场、超市等卖场 □图书销售的网站 □培训学校 □其他

影响您购买本书的因素（可多选）：

□内容实用 □价格合理 □装帧设计精美 □带多媒体教学光盘 □优惠促销 □书评广告 □出版社知名度
□作者名气 □工作、生活和学习的需要 □其他

您对本书封面设计的满意程度：

□很满意 □比较满意 □一般 □不满意 □改进建议

您对本书的总体满意程度：

从文字的角度 □很满意 □比较满意 □一般 □不满意
从技术的角度 □很满意 □比较满意 □一般 □不满意

您希望书中图的比例是多少：

□少量的图片辅以大量的文字 □图文比例相当 □大量的图片辅以少量的文字

您希望本书的定价是多少：

本书最令您满意的是：

1.

2.

您在使用本书时遇到哪些困难：

1.

2.

您希望本书在哪些方面进行改进：

1.

2.

您需要购买哪些方面的图书？对我社现有图书有什么好的建议？

您更喜欢阅读哪些类型和层次的计算机书籍（可多选）？

□入门类 □精通类 □综合类 □问答类 □图解类 □查询手册类 □实例教程类

您在学习计算机的过程中有什么困难？

您的其他要求：

图形图像

集行业的深度与专业与一体
量身打造平面表现技法